重庆工商大学制造装备机构设计与控制重庆市重点实验室资金资助

高速电主轴动力学理论与检测技术

田胜利　合　烨／著

吉林大学出版社
·长春·

图书在版编目（CIP）数据

高速电主轴动力学理论与检测技术 / 田胜利, 合烨著. -- 长春 : 吉林大学出版社, 2022.5
ISBN 978-7-5768-0322-8

Ⅰ. ①高… Ⅱ. ①田… ②合… Ⅲ. ①高速度－主轴－动力学 Ⅳ. ①TH133.2

中国版本图书馆CIP数据核字(2022)第154309号

书　　名：高速电主轴动力学理论与检测技术
GAOSU DIANZHUZHOU DONGLIXUE LILUN YU JIANCE JISHU

作　　者：田胜利　合　烨　著
策划编辑：李承章
责任编辑：卢　婵
责任校对：王寒冰
装帧设计：刘　丹
出版发行：吉林大学出版社
社　　址：长春市人民大街4059号
邮政编码：130021
发行电话：0431-89580028/29/21
网　　址：http://www.jlup.com.cn
电子邮箱：jldxcbs@sina.com
印　　刷：湖南省众鑫印务有限公司
开　　本：787mm × 1092mm　1/16
印　　张：16.25
字　　数：310千字
版　　次：2022年5月　第1版
印　　次：2024年3月　第1次
书　　号：ISBN 978-7-5768-0322-8
定　　价：78.00元

前　言

以高切削速度、高进给速度、高加工精度为特征的高速加工技术被称为是继数控技术之后出现的具有革命性意义的先进制造技术。高速电主轴单元是高端数控机床中最重要的功能部件，是实现高速和超高速切削的载体。高速电主轴体现了机械、电气、热力以及自动控制工程等众多学科领域的最新技术进步，集成了机械设计与制造、机械动力学、电机学与电气控制、润滑理论与摩擦学、传热与多相流理论、界面工程、可靠性理论和技术的最新成果。随着高速/超高速、精密/超精密加工要求不断提高、高速电主轴系统的动态特性和运行品质成为高速电主轴技术发展的重点和难点。

基于国家高端制造技术及装备的重大需求，自20世纪90年代以来，国内有关行业协会、科技界一直都在探讨发展高速电主轴单元等功能部件的技术途径。从2005年起，在国家自然科学基金委、重庆市科委和重庆大学的支持下，陈小安教授成立了“高速机电传动课题组”，围绕高速电主轴动力学理论、驱动与控制技术、试验方法与技术及装备开展研究工作，在国内形成了自己的特色。课题组不仅发挥了高校基础研究较强的优势，而且秉持“原理一方法一技术一装备”的研究思路，建成了多套“高速电主轴多参数测试与动态试验平台”，针对转速范围8 000～150 000 r/min的高速电主轴系统积累了大量的理论储备和试验经验。

田胜利2013年加入课题组，在国家自然科学基金“数控机床高速电主轴系统复杂动力学行为与运行品质研究”的资助下，开展高速电主轴复杂动力学行为与运行品质检测技术研究，在较好地完成项目目标的同时也取得了博士学位。田胜利毕业后在重庆工商大学机械工程学院任职，同时在重庆长江轴承股份有限公司兼职博士后，继续从事关于高速电主轴与高速轴承的科学研究。重庆工商大学与重庆大学之间密切的学术交流和科研合作为推动高速电主轴技术的发展起到了积极的促进作用。

基于两所高校多年的潜心研究，希望通过总结在高速电主轴复杂动力学行为与试验检测技术领域的研究成果和实践经验，出版本书以进一步促进高速电主轴系统的发展与应用。与本书相关的研究项目有：重庆市教育委员会科学技术研究项目（KJQN201900815），重庆工商大学学校立项项目

（2151045），重庆工商大学高层次人才科研启动项目（2056002），重庆市博士后科研项目特别资助项目（2020921003），国家自然科学基金项目（51475054），国家重点研发计划项目（2018YFB2000500）。

全书由田胜利统编，其中第1、2、3、6、7、8章由田胜利编写，第4、5章由合烨编写。全书汇集了重庆工商大学和重庆大学在高速电主轴动力学理论和检测技术领域的研究成果。主要涉及陈小安教授以下博士生的研究成果：田胜利、合烨、刘俊峰、康辉民、孟杰、张朋、单文桃等。全书涉及高速电主轴系统的两类研究内容：第一类重点介绍了高速电主轴系统运行所涉及的多物理过程、多尺度、多参量、复杂耦合作用下的复杂动力学行为的基本理论和最新知识；第二类重点介绍了高速电主轴系统运行品质的试验检测方法与新兴技术。本书可作为从事高速加工行业的科技工作者的参考书。真诚地希望通过本书的介绍，让读者掌握高速电主轴动力学行为与检测技术的基本原理和先进技术，更深入地研究高速电主轴系统动力学行为机理，更好地发展与应用高速电主轴检测技术。

本书出版获得了重庆工商大学制造装备机构设计与控制重庆市重点实验室资金资助。在此谨向重庆工商大学机械工程学院、重庆大学机械传动国家重点试验室、重庆长江轴承股份有限公司、吉林大学出版社，以及参与本书撰写、编辑与校对等工作的全体人员致以衷心的感谢。

限于作者的水平，书中难免有不妥之处，诚恳希望专家和读者批评和指正。

田胜利

2022年4月12日

目　录

第1章　高速电主轴系统简介与设计 …… 1
1.1　电主轴的结构原理 …… 1
1.2　电主轴的关键技术 …… 2
1.2.1　支承技术 …… 3
1.2.2　润滑技术 …… 7
1.2.3　冷却技术 …… 13
1.2.4　电动机驱动与控制技术 …… 14
1.2.5　动平衡技术 …… 15
1.2.6　刀具接口技术 …… 16
1.2.7　精密加工和精密装配技术 …… 17
1.3　电主轴的结构设计 …… 18
1.3.1　集成多种检测功能的电主轴结构设计 …… 18
1.3.2　电主轴结构设计细则 …… 21
1.4　电主轴的动态优化设计方法 …… 22
1.4.1　动态设计步骤 …… 22
1.4.2　设计参数的确定 …… 22
1.4.3　设计参数对系统固有频率的影响 …… 23
1.4.4　设计参数灵敏度分析 …… 25
1.4.5　电主轴动态设计应用示例 …… 27

第2章　轴承的热-机耦合拟静力学建模与分析 …… 29
2.1　热膨胀量对轴承预紧状态的影响 …… 29
2.2　高速球轴承的热-机耦合拟静力学模型 …… 33
2.3　轴承动态支承刚度分析 …… 38
2.3.1　单个轴承的动态支承刚度 …… 40
2.3.2　配对轴承的动态支承刚度 …… 43

2.4 轴承的摩擦损耗模型 …… 49
2.4.1 整体经验法 …… 50
2.4.2 局部分析法 …… 54
2.4.3 滚动体与套圈的摩擦系数 …… 64

第 3 章 高速电主轴的热态特性分析 …… 67
3.1 电主轴功率流模型 …… 67
3.2 电主轴热源分析 …… 68
3.2.1 电动机电磁损耗 …… 68
3.2.2 轴承摩擦损耗 …… 72
3.1.3 风阻损耗 …… 75
3.3 散热边界条件 …… 76
3.4 电主轴的热模型与仿真分析 …… 79
3.4.1 电主轴的有限元热模型与分析 …… 79
3.4.2 考虑热-机耦合因素的电主轴热模型与分析 …… 88
3.5 电主轴热态特性的试验研究 …… 90
3.5.1 试验方案 …… 90
3.5.2 电动机电磁损耗模型试验验证 …… 92
3.5.3 电主轴热模型的试验验证 …… 94

第 4 章 高速电主轴的多场耦合动力学模型 …… 97
4.1 电主轴多场耦合动力学模型 …… 97
4.1.1 电主轴热-机耦合动力学模型 …… 98
4.1.2 轴承动态支承刚度模型 …… 104
4.1.3 计及电磁不平衡力的电主轴多场动力学模型 …… 106
4.2 电主轴多场耦合动力学行为仿真分析 …… 108
4.2.1 多场耦合动力学模型计算流程 …… 108
4.2.2 电主轴热-机耦合模态特征分析 …… 109
4.2.3 电主轴多场耦合模态特征分析 …… 114
4.3 电主轴多场耦合动力学行为试验研究 …… 116
4.3.1 电主轴自由模态试验 …… 117

4.3.2　电主轴热-机耦合模态特征的试验验证 …… 120
4.3.3　电主轴多场耦合模态特征的试验验证 …… 123

第5章　高速电主轴的铣削稳定性 …… 126
5.1　电主轴-刀具动力学模型 …… 126
5.1.1　模型的建立与分析 …… 127
5.1.2　模型的试验修正与分析 …… 128
5.2　刀具切削点处的传递函数 …… 132
5.2.1　传递函数的理论建模 …… 133
5.2.2　传递函数的试验测量 …… 134
5.3　电主轴铣削稳定性模型 …… 137
5.3.1　铣削力模型 …… 138
5.3.2　铣削稳定性模型 …… 141
5.3.3　铣削稳定性分析 …… 143
5.4　电主轴铣削稳定性试验研究 …… 147

第6章　高速电主轴动态扭矩加载方法 …… 152
6.1　基于测功机的高速电主轴动态扭矩加载方法 …… 152
6.1.1　测功机简介 …… 152
6.1.2　基于测功机的电主轴对拖式扭矩加载 …… 155
6.1.3　基于测功机的电主轴非接触式扭矩加载 …… 160
6.2　基于磁流变液的高速电主轴动态扭矩加载方法 …… 163
6.2.1　磁流变液加载系统的原理与组成 …… 163
6.2.2　加载扭矩的理论建模 …… 166
6.2.3　加载扭矩的试验分析 …… 170
6.2.4　加载性能的试验分析 …… 174
6.3　高速电主轴动态扭矩加载的其他方法 …… 176
6.4　电主轴动态扭矩加载法的横向对比 …… 177

第7章　高速电主轴动态径/轴向力加载方法 …… 179
7.1　电主轴刚性接触式动态径/轴向力加载方法 …… 179

7.1.1 传统的动静转换加载法 …… 179
7.1.2 新颖的动静转换加载法 …… 181
7.2 电主轴柔性接触式动态径/轴向力加载方法 …… 184
7.2.1 高压水射流加载系统的原理和组成 …… 184
7.2.2 高压水射流加载系统的设计和分析 …… 188
7.2.3 高压水射流加载系统的加载性能测试 …… 193
7.3 电主轴非接触式动态径/轴向力加载方法 …… 199
7.3.1 基于电磁原理的电主轴非接触式加载方法 …… 199
7.3.2 基于静压气膜的电主轴非接触式加载方法 …… 201
7.4 电主轴动态径/轴向力加载的其他方法 …… 202
7.5 电主轴动态径/轴向力加载法的横向对比 …… 203

第 8 章 高速电主轴的试验检测方法 …… 205
8.1 电主轴试验平台建立的基础条件 …… 205
8.1.1 电主轴试验平台对电源质量的要求 …… 205
8.1.2 电主轴对安装环境的要求 …… 209
8.2 电主轴的操作规范 …… 211
8.2.1 启动前的安全检查 …… 211
8.2.2 操作规程细则 …… 214
8.2.3 维护保障制度 …… 215
8.3 电主轴运行品质的测试方法 …… 215
8.3.1 前后轴承动态支承刚度的测试方法 …… 215
8.3.2 电主轴轴承摩擦损耗的测试方法 …… 222
8.3.3 电主轴回转特性的测试方法 …… 229
8.3.4 电主轴其他特性的测试方法 …… 234

参考文献 …… 235

第 1 章　高速电主轴系统简介与设计

数控技术的出现大幅减少了辅助加工时间，使制造技术发生了第一次革命性的飞跃，成为现代制造技术的第一个里程碑[1]。以高速切削、高速进给、高加工精度为主要特征的高速加工技术大幅度节省了切削时间，并实现了高效精密生产，是当代四大先进制造技术之一，也是继数控技术之后制造技术的第二次革命性变革，成为现代制造技术的第二个里程碑[2]。

高速加工机床工作性能主要取决于高速主轴单元、高速进给系统、高速控制系统、高速刀具系统及高速测试技术等。其中，高速电主轴是高速加工机床的核心功能部件。本章首先介绍了电主轴的结构原理和关键技术；在此基础上，完成了一款集成多种检测功能的电主轴结构设计；最后提出了电主轴关键结构参数的动态优化设计方法。本章为电主轴单元的结构设计和电主轴系统的设计奠定了理论基础。

1.1　电主轴的结构原理

高速电主轴是将高频电动机直接热装在机床主轴上直接驱动，并且具有配套的驱动控制、轴承润滑、冷却和系统散热等装置的综合功能部件。其典型的结构形式如图 1.1 所示[3]。高频电动机的定子（4）和转子（13）分别通过热装的方式安装在壳体（7）和转轴（14）上，驱动转轴直接完成高速旋转。高速轴承（1 和 10）安装于转轴前/后，起到支撑作用。电动机定子和轴承外圈通过冷却水套（6）实现循环水冷却，以降低热膨胀对主轴加工精度和动态性能的影响。润滑管道（3）用于实现对前/后轴承的润滑和冷却（风冷）。刀具（2）通过刀柄安装于转轴前端，刀柄通常采用拉刀机构固定于转轴上。由此可见，电主轴电动机的转子就是机床的主轴，机床主轴单元的壳体就是电机座，这种电动机与机床主轴合二为一的传动结构形式，将机床主传动链的长度缩短为零，实现了电动机与机床主轴之间的“零传动”，可直接高效完成高速切削任务。

高速电主轴与普通电动机的差异体现在：①高速电主轴需要专用的润滑和冷却装置，而普通电动机的冷却装置一般为自带的风扇冷却；②高速电主轴需要高性能的变频控制装置驱动，而普通电动机一般不需要；③高速电主轴对轴承的性能要求比普通电机高得多，需要耐高温、耐磨损的高性能主轴轴承；④高速电主轴对结构的动平衡要求比普通电机高许多，是影响高速电主轴性能的关键技术之一。高速电主轴与普通电机的相同点在于工作原理相同，都是成熟的电磁场理论。理论上，高速电主轴可直接被当作普通高速电动机，从而可以大大提高工作效率、降低环境噪声和系统振动等。因此，高速电主轴也常被用于高速驱动单元，例如高速轴承检测时用电主轴驱动。

与传统机床主轴相比，高速电主轴具有如下特点：①由内装式电机直接驱动，省去了中间传动环节，结构紧凑、机械效率高、噪声低、振动小和精度高；②采用交流变频调速和矢量控制，输出功率大，调整范围宽，功率转矩特性好，还可以实现准确的 C 轴定位和传动功能；③机械结构简单，转动惯量小，可实现很高的速度和加速度及定角度的快速准停，动态精度和动态稳定性好；④由于没有中间传动环节的外力作用，运行更平稳，轴承寿命得到延长。

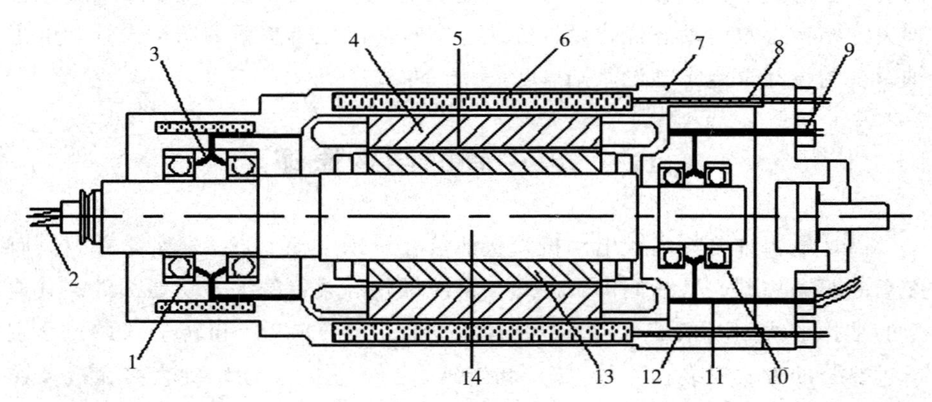

1—前轴承；2—刀具；3—润滑管道；4—定子；5—气隙；6—冷却水套；
7—壳体；8—出水管；9—进气管；10—后轴承；11—出气管；
12—进水管；13—转子；14—转轴。

图 1.1　高速电主轴的结构简图

1.2　电主轴的关键技术

高速电主轴系统主要包括：电主轴单元、高频电动机驱动与控制装置、轴承润滑装置、冷却装置、供气装置、动平衡装置、内置编码器等，如图 1.2 所示[4]。高速电主轴极高的工作转速，对其设计、制造和控制提出了严苛的要求，并带来了一系列的技术难题，如主轴的支承、润滑、散热、动平衡及控制等相关技术。

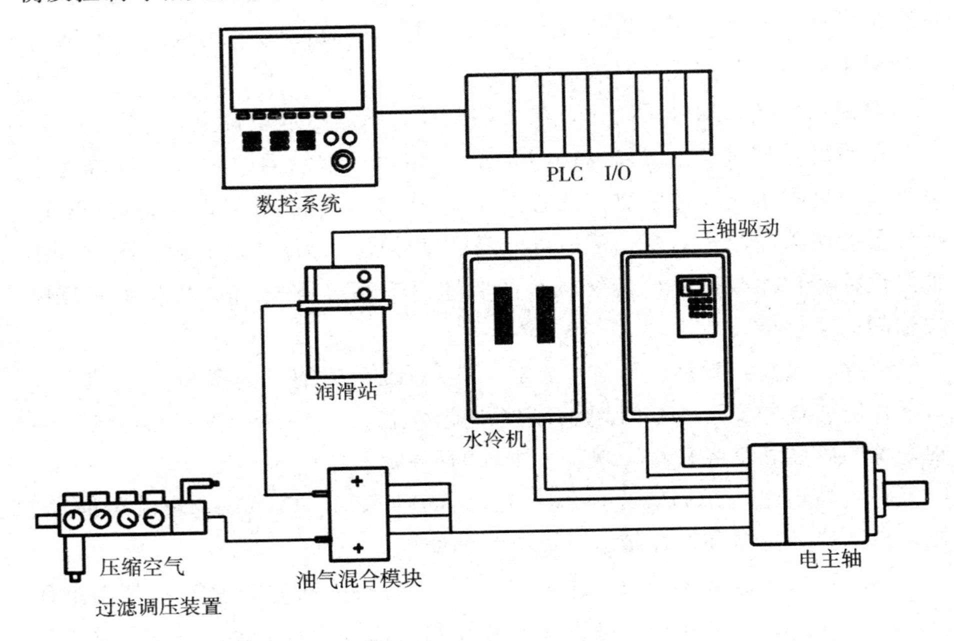

图 1.2　高速电主轴系统的组成

1.2.1　支承技术

主轴轴承技术是高速电主轴的一项关键技术，电主轴的最高转速取决于轴承的大小、布置和润滑方式，同时轴承也是决定主轴寿命和负载容量的核心部件。目前，轴承的主要支承形式包括：陶瓷球轴承、液体动压轴承、液体静压轴承、液体动静压混合轴承、磁悬浮轴承和气体轴承等。

①角接触球轴承

角接触球轴承根据制作材料的不同分为钢制或陶瓷制角接触球轴承。根据陶瓷材料在轴承上的应用情况，陶瓷轴承可分为全陶瓷轴承和混合陶瓷轴承两种。全陶瓷轴承是指滚动体与内外圈均由陶瓷材料组成。混合陶瓷轴承有两种形式，一种是滚动体为陶瓷材料，内外圈均由轴承钢构成；另一种是滚动体和内圈都是陶瓷材料，轴承外圈由轴承钢构成。

目前在高速加工机床中陶瓷轴承应用得较多。由于普通钢制轴承的性能限制了轴承的极限转速，使主轴的高速性等优良特性得不到充分的发挥。陶瓷材料优良的物理、化学和机械性能，使它在制作高负荷和高温机械零件中得到越来越广泛的应用。陶瓷轴承的应用与进步，为高速电主轴的进一步发展提供了新的空间。现代陶瓷轴承的材料主要是氮化硅（Si_3N_4），Si_3N_4 是一种人工合成的新型无机材料。

与钢制角接触球轴承相比，采用陶瓷球轴承具有以下优点：

质量轻：密度为 $3.218\times10^3\ kg/m^3$，相当于轴承钢的 40%。在高速下可以大幅度减小滚动体的惯性离心力和陀螺力矩，减少打滑，从而减小对轴承外圈的压力和摩擦力矩，不但可以降低发热度，提高使用寿命，还可减小轴向位移和预加载荷，比传统轴承的转速可提高 25%～35%，利于实现电主轴的高速性能。

弹性模量高：弹性模量 $E=3.22\times10^9$ GPa，比轴承钢高 50%。相同负荷下，陶瓷球的变形小，轴承的刚度提高了 15%～20%，从而也提高了主轴系统的刚度和临界转速，减轻了主轴的振动。

硬度高：能达到 HV 1 600～1 700，为轴承钢的 2.3 倍，可减少磨损，提高轴承疲劳寿命和抗黏结、剥蚀损坏的能力。

热膨胀系数低：$\alpha=3.2\times10^{-6}$/℃；大约为轴承钢的 25%。在高温工作条件下，轴承的变形较小，减少了温升导致的轴承轴向位移，提高了轴承工作的可靠性。

耐腐蚀性强：陶瓷材料的化学特性不活泼，应用在水、酸和碱介质中，可避免轴承钢作为滚动体的轴承只适用于温度不太高、负荷较小的场合的弊端。

此外，陶瓷球轴承还有低发热、无磁性、绝缘和极高温度下具有良好的尺寸稳定性等性能，并改善了滚动体与滚道间的摩擦性能，使其润滑系统也得到了简化。由于陶瓷球轴承的这些优点，使其与其他轴承材料相比综合性能明显更佳，是制作高速轴承较理想的材料。尽管混合陶瓷球轴承成本高，但仍在高速电主轴中获得广泛的应用。

角接触球轴承的预紧方式和配置形式对电主轴系统的动力学特性及其切削性能和系统温升产生较大的影响，不同功能和应用的电主轴应该采用不同的轴承预紧方式和配置形式。角接触球轴承的预紧方式包括：定位预紧、定压预紧和调压预紧。定位预紧轴承支承刚度高，但是产热和温升较大；定压预紧轴承支承刚度较低，但是产热和温升较小；调压预紧则克服上述预紧方式的缺点，实现了轴承预紧力的按需调整，但是其调压装置的复杂性导致其应用并不广泛。角接触球轴承的配置方式包括："背靠背"形式、"面对面"

形式和此两种形式的混合应用。图1.3表示角接触球轴承常用的预紧方式和配置形式。

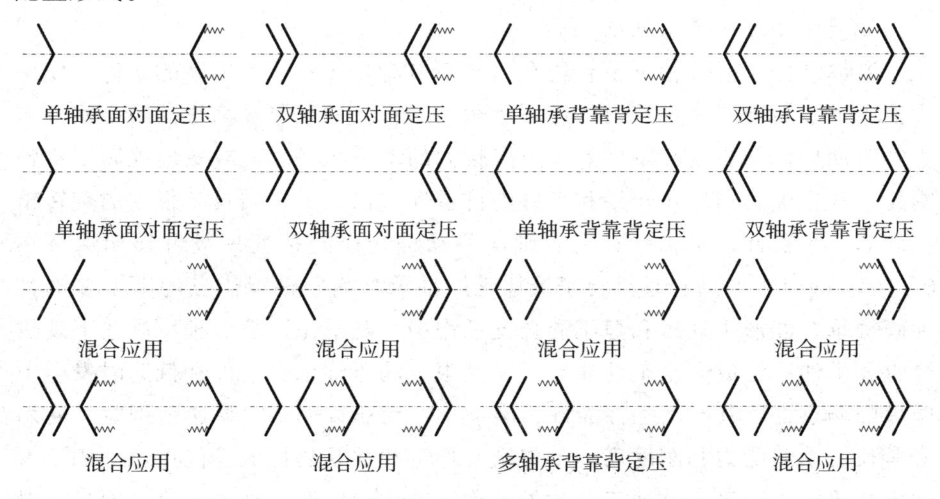

图1.3　角接触球轴承常用的预紧方式和配置形式

②液体动压轴承与静压轴承[5,6]

按照油膜压强产生的方式，可以分为液体动压轴承与静压轴承两种方式。

液体动压轴承是利用轴的转动将油带入油楔从而产生承载能力，承载能力与轴的转动速度成正比。动压轴承的主要优点有：结构简单、运转平稳、噪声小、抗阻尼特性好、造价低廉等。但在高速转动过程中，油层层流之间的相互摩擦将产生大量的热量，容易因润滑油脂的失效而造成轴承的失效。而其承载能力则依赖于主轴转速，启动和停止时不可避免地会发生轴和轴承表面的接触，速度的变化也将导致油膜厚度的变化，使轴承不能在变载荷状态和正、反向时正常工作。另外，动压轴承在高速时功耗大、效率低，易导致油膜温度超过极限值。

液体静压轴承是利用专门的供油装置，通过专门设计的节流器，将具有一定压力的油输送到机构中去，在油腔内形成一部分不可压缩的油层，以承载外加载荷。轴承的内圆柱面内等间隔地开有几个油腔，每个油腔都开有回油槽，一部分油通过回油槽径向回油到油箱，一部分通过轴承两端轴向回油到油箱。当油泵压入一定的压力油，经过节油器进行降压，通入各个油腔将油推向各轴承中心。油压在轴承两端减小到零，回流到油箱。它具有径向刚度好、定位精度高、抗震性好等优点，寿命理论上不受限制，使用速度范围从零速至高速，因此得到普遍的重视和广泛的应用。但是，液体静压轴承的摩擦功率很大。

③液体动静压混合轴承

液体动静压混合轴承是利用孔式环面节流与浅腔节流串联的结构，使压力油进入油腔中产生足够大的静压承载力，将主轴悬浮在高压油膜中间，当主轴启动后，依靠浅腔阶梯效应形成较大的动压承载力，有效地提高了主轴刚度。高压油膜的均化作用和良好的抗震性，保证了主轴具有很高的旋转精度和运转平稳性，主轴的径向、轴向跳动综合误差精度一般可长期保持在 0.003 mm 以内[7]。它是综合了液体动压轴承与静压轴承优点的新型多油楔油膜轴承，能产生动压和静压混合支承作用，既避免了静压轴承高速下发热严重和供油系统庞大复杂的缺点，又克服了动压轴承在启停和低速时发生干摩擦的弱点[8]，具有动态性能好、磨损小、无温升循环、调速范围宽、使用寿命长、承载能力和刚度高、工作精度稳定和油泵功耗低等优点，适用于大功率的粗加工和高速精加工。此类轴承标准化程度低、维护困难，而且还要考虑紊流、流体惯性和压缩性、温度黏度变化及空穴等复杂现象。必须根据特定的机床进行专门设计、单独生产，目前在高速主轴中的应用较少。

液体动静压混合轴承可分为沟槽节流无油腔动静压混合轴承、高压小油腔结构液体动静压混合轴承、阶梯腔液体动静压混合轴承、倾斜腔液体动静压混合轴承和摆动瓦液体动静压混合轴承等。

④磁悬浮轴承

随着对主轴转速和功率要求的提高，传统的轴承结构已难以满足这种需求，磁悬浮轴承的出现使主轴高转速、大功率的实现成为可能。磁悬浮轴承技术逐渐发展为高速电主轴的关键技术之一，已在大功率超高速的机床上得到应用。

磁悬浮轴承又称磁力轴承，是利用定子线圈产生的电磁力将转轴悬浮固定于空间的一种新型高性能智能化轴承。磁悬浮轴承根据电磁力的状态，可分为主动型和被动（无源）型磁悬浮轴承两种。

由于磁悬浮轴承的转轴与定子线圈之间间隔 0.3～1.0 mm，没有机械接触，因此与传统的滑动轴承和滚动轴承相比，具有机械磨损极小、无须润滑、发热小、能耗低、噪声小、寿命长、利于高速回转等优点，能在真空及有腐蚀介质的环境中工作。此外，它还可以通过控制定子线圈的电流或电压来调节电磁力，从而实现对轴承刚度和阻尼的控制。磁悬浮轴承电主轴在空气中旋转，其 $d_m n$ 值比滚动轴承高 1～4 倍，主轴回转精度可达到 0.2 μm，轴向尺寸变化也很小。

磁悬浮轴承是主轴轴承中一种较为理想的支承形式，已成功地应用在高速电主轴中。但其制造成本昂贵，电气控制系统复杂，承载能力相对较低。因此，限制了它在工业上的推广和应用。

⑤气体轴承

气体轴承采用空气冷却和气膜支承，运转平滑。由于气体的黏度小，允许在摩擦损耗不大、润滑剂和支承的温升不高的情况下实现高速旋转。因此，特别适合作高速回转副的支承元件，但由于受到所能承受的切削载荷及过载能力小的限制，在机床结构中，通常适宜于应用在高速内圆磨床磨轴的轴承。气体轴承具有精度高、结构紧凑、摩擦功耗低等优点，适合于高速精密和超精密的场合。但是其功率一般不是很大，存在刚度不高、散热性不好等问题。气体轴承与磁悬浮轴承相比，具有结构简单、制造容易和便于推广应用的优点。在结构设计上，近年相继出现了表面节流、浅腔二次节流、多孔质节流及浮环轴承等新类型。在这些新型结构中，气体浮环轴承是一种较理想的高速轴承。气体浮环轴承一般是指径向轴承，在其轴与轴承之间嵌入一浮动环，它或者悬浮其间，或者随轴以一定速度旋转，构成一个双膜轴承。这种浮环型轴承当轴承高速旋转时，由于润滑气体的黏滞作用，使环也随之以一定速度旋转，即形成内外气膜的双膜轴承；也可以环不旋转，在外部供气作用下悬浮在轴承与轴承之间，同样也形成一种双膜轴承。这种双膜轴承具有功耗低和高速稳定性好两大优点[9]。

以上几种轴承是目前高速电主轴中采用的主要支承形式，各具特点，在实际应用中具体选用哪种支承，主要依据具体的机床设计要求来决定。目前，以钢球或陶瓷球角接触球轴承为支承形式的电主轴在工程实践中应用最广。因此，本书的主要研究对象是采用角接触球轴承的电主轴。

1.2.2 润滑技术

高速电主轴的润滑是指支承轴承的润滑。润滑方式的选取取决于电主轴转速的高低，如低速时采用脂润滑，高速时采用油雾或油气润滑等。而根据电机原理中电机转速越高，电机结构尺寸越小的原则，在实际使用过程中，为了方便主轴轴承润滑方式的选用标准，将高速电主轴的尺寸和实际转速结合起来，以轴承中径 d_m 与同步转速 n 的乘积作为轴承润滑方式选用的依据，高速电主轴轴承润滑方式及其主要特点如表 1.1 所示[10]。因喷射润滑和环下润滑在高速电主轴润滑系统中很少采用，所以本节只扼要提及，而其他几种比较常见的润滑方式的原理和优缺点详细介绍如下：

表 1.1　高速电主轴轴承润滑方式及其特点

润滑方式	使用条件	特点
脂润滑	$d_m n \leqslant 1.0\times10^6$	使用方便、无污染，但轴承温升较高，允许轴承工作的最高转速较低，工作寿命也较短
油雾润滑	$1.0\times10^6 < d_m n \leqslant 2.2\times10^6$	易实现、价格便宜、设备简单、维修方便，为持续润滑，有利于高速电主轴稳定工作，但其供油量无法精确控制，不易回收，对环境污染较严重
油气润滑	$1.0\times10^6 < d_m n \leqslant 2.2\times10^6$	利于高速电主轴持续稳定工作，润滑油可回收，能有效降低轴承温升和环境污染
环下润滑	$2.2\times10^6 < d_m n \leqslant 2.5\times10^6$	润滑效率高，冷却好
喷射润滑	$d_m n > 2.5\times10^6$	润滑冷却效果好，但功耗大，成本高。

①脂润滑

脂润滑的工作原理，是依靠润滑脂内的三维纤维网状结构在剪切力的作用下被拉断时所析出的润滑油，在轴承的转动元件、轴承座和轴承座圈上形成一层润滑油膜而起润滑作用。即润滑脂首先从转动元件上被甩出，并快速地在轴承盖的腔内循环、冷却，随后又从旋转的轴承座圈外侧切入到转动元件上，紧贴着转动元件表面的那部分脂在剪切力作用下拉断润滑脂的纤维网状结构，使少量析出的润滑油在转动元件和座圈表面上形成一层润滑膜。而其余部分的润滑脂仍然保持完好的纤维网状结构，起冷却和密封作用。在轴承刚开始转动时，润滑脂的湍动会产生摩擦热，使轴承温度上升并逐步达到最大值，但随着析出润滑油量的不断增多，当轴承的转动元件、轴承座和轴承座圈上的润滑膜形成后，轴承的摩擦热减少，结合不断从转动元件甩到轴承盖空腔内的润滑脂的冷却作用，使轴承温度又逐渐下降，趋近于一个平衡值。

因此，脂润滑不是依靠脂黏附在轴承滚动体各接触面上起润滑作用，而是像液体般在轴承盖的空腔内不断地循环流动，即不断的从转动元件上甩出到轴承盖空腔内，又不断地从轴承盖空腔返回到转动元件上，这种不断反复的剪切作用，既保证了轴承各接触界面润滑油膜的形成，剩余的润滑脂又起到冷却的作用，从而使轴承不发生异常温升。为此，润滑脂量应该保持在轴承盖内全部空腔的1/3，留下2/3的空间，以保证其有足够的空间让从转动元件上甩出的润滑脂能够充分冷却后再返回到转动元件上，达到控制温升的目的。但润滑脂量又不可过少，否则从转动元件上甩出的润滑脂无法从轴承盖内再返回到转动元件上，从而造成润滑不足。且脂润滑是一次性永久润滑，不需要任何设备和特别维护，在 $d_m n$ 值较低的电主轴中较为常见。脂润滑型电主轴结构简单、无污染、使用方便，但相对来说，主轴温升较高，极限转速较低，工作寿命也较短。

②油雾润滑

油雾润滑系统是利用流动的干燥压缩空气在油雾发生器内通过一文氏（Venturi）管或利用涡旋效应，借助压缩空气载体将液态润滑油雾化成悬浮在高速空气（约 6 m/s 以下，压力为 0.25～0.5 MPa）喷射流中的微细油颗粒，形成空气与油颗粒相混合、粒度在 2 μm 以下的烟雾状干燥油雾后，经管路输送至被润滑点部位，通过润滑点附近的凝缩嘴将微小的油颗粒凝聚为较大的油颗粒，并通过节流使油雾压力达到 0.1 MPa，速度提高到 40 m/s 以上时，形成油、气两相流体射流直接引向摩擦副，使一部分润滑油均匀弥散于各润滑表面，形成润滑油膜，起润滑作用，而剩下的油雾则逸入周围大气中。但随着油、气两相流体射流在摩擦副内逐渐扩散，由于润滑表面的阻滞，其动能转化为压力势能，使摩擦副内的压力增高，形成动压油膜，对轴承起保护、防止外界的水分和杂质侵入轴承内腔的作用，又因润滑油的黏度随着压力的上升而增加，从而使油膜的承载能力和厚度及摩擦力均发生变化。

另一方面，油雾润滑时，摩擦副在高速转动过程中会出现近似边界摩擦状态，由此产生大量的热量，而实际润滑所需的油量很少，自身所带的少量油滴就能满足润滑要求，而压缩空气比热小，流速高，很容易带走摩擦所产生的热量，从而大大降低摩擦副的工作温度，起冷却的作用。所以空气的作用是输送润滑油、带走热量和降低温升，而真正起润滑作用的是油液，润滑区仍然属于单相流体润滑，并遵守弹性流体动压润滑理论。其油路的典型结构如图 1.4 所示。

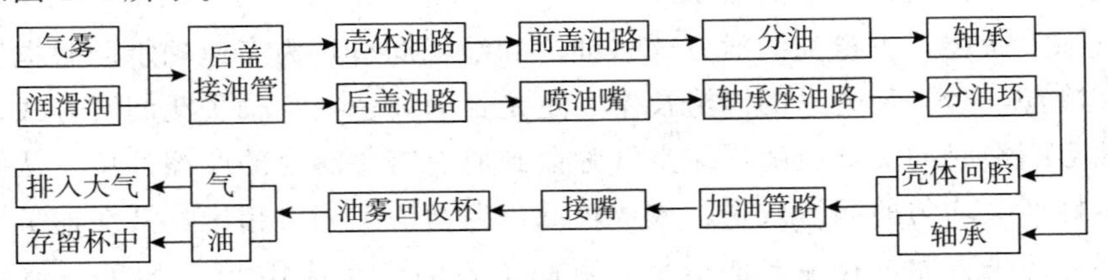

图 1.4　油雾润滑油路典型结构图

在高速电主轴的润滑系统中，因油雾润滑容易实现、价格便宜、设备简单、维修方便，属持续润滑，且有利于高速电主轴的稳定运行，但由于其供油量无法精确控制，不易回收，对环境污染严重，容易损害工人健康及油耗比较高等缺点，正逐渐被油气润滑方式所代替。

③油气润滑

油气润滑的原理[11]是利用定量活塞式分配器将非常微量的润滑油（0.01～0.06 mL），由定量柱塞泵分配器以最佳的周期（0.5～60 min）间歇性地排出，使其在到达轴承之前形成连续液流，并随同干燥后的压缩空气（压力为 0.3～0.6 MPa，流量为 20～50 L/min）经内径为 2～5 mm 的尼龙管以及安装在轴承近处的喷嘴送入轴承，停留在摩擦点处。

对气动式油气润滑系统而言，其主要结构包括主站、两级油气分配器、PLC 电气控制装置、中间连接管道和管道附件等组成。其中主站是润滑油供给和分配、压缩空气处理、油气混合和油气流输出以及 PLC 电气控制的总成。工作时，PLC 电气控制模块首先根据润滑设备的需油量和事先设定的工作程序接通气动泵，使压缩空气经过压缩空气处理装置进行处理。同时，润滑油经递进式分配器分配后被输送到与压缩空气网络相连的油气混合块中，并在油气混合块中与压缩空气混合形成油气流，从油气出口输出进入油气管道。

在油气管道中，由于压缩空气的作用，润滑油沿着管道内壁波浪式向前移动，并逐渐形成一层薄薄的连续油膜。而经油气混合块混合形成的油气流通过油气分配器的分配，最后以一股与压缩空气分离的、极其精细的连续油滴流喷射到润滑点，且油气分配器可实现油气流的多级分配。而进入轴承内部的压缩空气，既能使轴承润滑部位得到冷却，又能使润滑部位保持着一定的正压，使外界的脏物和水不能侵入，起到良好密封的作用。因此，油气润滑是“气液两相流体冷却润滑”，它成功解决了油脂润滑和油雾润滑等单相流体润滑技术无法解决的油量控制和空气污染难题，是一种新型、先进的润滑技术，其原理如图 1.5 所示[12]。

综上所述，少量油润滑方式（油雾和油气润滑）为高速轴承同时提供润滑和冷却，是一种先进的润滑技术，也是目前高速电主轴主流润滑方式。尽管油雾润滑时的油雾能随压缩空气弥散到所有需要润滑的摩擦部位，从而获得良好而又均匀的润滑效果，成本较低，但与油气润滑相比，其在油量控制和环境污染方面，存在严重不足，限制了它的广泛应用[13]。为了更清楚地显示出两者的区别，将两者的特性列于表 1.2 中[14]。

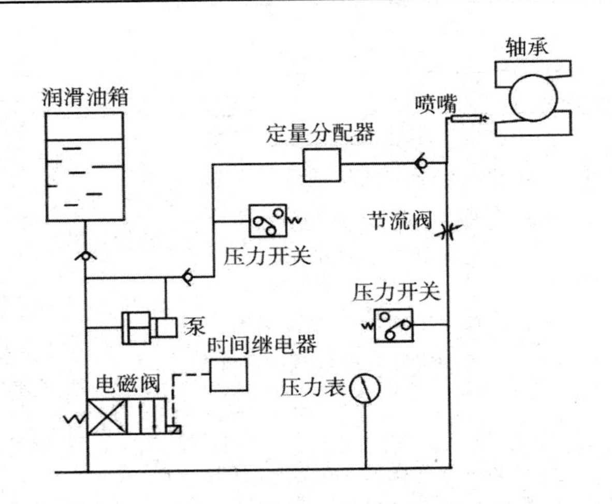

图 1.5　油气润滑系统原理图

表 1.2　油雾润滑与油气润滑性能比较

比较项目	油雾润滑	油气润滑
流体形式	一般型气液两相流体	典型气液两相流体
输送润滑剂的气压	4～6 kPa	200～1000 kPa
气流速	2～5 m/s（润滑剂和空气紧密融合成油雾气，气流速＝润滑剂流速）	30～80 m/s（润滑剂没有被雾化，气流速远远大于润滑剂流速），特殊情况下可高达 150～200 m/s
润滑剂流速	2～5 m/s（润滑剂和空气紧密融合成油雾气，气流速＝润滑剂流速）	2～5 cm/s（润滑剂没被雾化，气流速远远大于润滑剂流速）
加热与凝缩	对润滑剂进行加热与凝缩	不对润滑剂进行加热与凝缩
对润滑剂黏度的适应性	仅仅可适应于较低黏度（150 mm²/40 ℃以下）的润滑剂，对高黏度的润滑剂雾化率相应降低	适应于几乎任何黏度的油品，粘度大于 680 mm²/40 ℃或添加有高比例固体颗粒的油品都能顺利输送
在恶劣工况下的适用性	在高速、高温和轴承座受脏物、水及有化学危害性的流体侵蚀的场合适用性差；不适用于重载场合	适用于高速（或极低速）、重载、高温和轴承座受脏物、水及有化学危害性的流体侵蚀的场合
对润滑剂的利用率	因润滑剂黏度大小的不同而雾化率不同，对润滑剂的利用率只有约 60％或更低	润滑剂 100％被利用
耗油量	是油气润滑的 10～12 倍	是油雾润滑的 1/10～1/12

续表

比较项目	油雾润滑	油气润滑
给油的准确性及调节能力	加热温度、环境温度以及气压的变化和波动均会使给油量受到影响，不能实现定时定量给油；对给油量的调节能力极其有限	可实现定时定量给油，要多少给多少；可在极宽的范围内对给油量进行调节
附壁效应	受附壁效应的影响，无法实现油雾气多点平均分配或按比例分配	REBS公司专有的 TURBOLUB 系列分配器可实现油气多点平均分配或按比例分配
管道布置	管道必须布置成向下倾斜的坡度以使油雾顺利输送；油雾管的长度一般不大于 20 m	对管道的布置没有限制，油气可向下或克服重力向上输送，中间管道有弯折或呈盘状及中间连接接头的应用均不会影响油气正常输送；油气管可长达 100 m
用于轴承时轴承座内的正压	≤0.002 MPa；不足以阻止外界脏物、水或有化学危害性的流体侵入轴承座并危害轴承	0.03～0.08 MPa；可防止外界脏物、水或有化学危害性的流体侵入轴承座并危害轴承
可用性	因危害人身健康及污染环境，其可用性受到质疑	可用
系统监控性能	弱	所有动作元件和流体均能实现监控
轴承使用寿命	适中	很长，是使用油雾润滑的2～4倍
投资收益	税后回报小于 20%	税后回报达 50%以上
环保	雾化时有 20%～50%的润滑剂通过排气进入外界空气中成为可吸入油雾，对人体肺部极其有害并污染环境；油雾润滑在西方工业国家中不再使用	油不被雾化，也不和空气真正融合，对人体健康无害，也不污染环境

④环下润滑

环下润滑是一种改进的润滑方式，分为环下油润滑和环下油气润滑。实施环下油或者油气润滑时，润滑油或油气从轴承的内圈喷入润滑区，在惯性离心力的作用下润滑油更易于到达轴承润滑区，因而比普通的喷射润滑和油气润滑效果好，可进一步提高轴承的转速，如普通油气润滑角接触陶瓷球轴承的 $d_m n$ 值为 2.0×10^6 左右，采用加大油气压力的方法可将 $d_m n$ 值提高到 2.2×10^6，而采用环下油气润滑则可达到 2.5×10^6[15]。

⑤喷射润滑

喷射润滑是直接用高压润滑油对轴承进行润滑和冷却，功率消耗较大，成本高，常用在 $d_m n$ 值为 2.5×10^6 以上的超高速主轴上[15]。

1.2.3　冷却技术

尽管电主轴轴承可以通过油气/油雾润滑中的高速空气进行风冷，但电主轴内置电动机定子和转子的内阻，在电流的作用下会产生大量的热，轴承在高速旋转时也产生大量的摩擦热。且随负载的增加，电机产热和轴承产热会进一步增大，如果不能及时散发出去，则将对电主轴的可靠性产生严重影响，甚至毁坏电主轴。鉴于此，在电主轴设计时，专门针对电主轴轴承和定子绕组的散热问题，在定子绕组外壳上设计循环螺旋冷却水套；并将该冷却水套延伸至前轴承外圈，保证轴承在高速旋转时，不会因轴承发热而失效。

根据主轴的功率和转速情况，对冷却水套中的冷却介质分别选用水冷、油冷或油水热交换的方式。水冷比油冷的冷却效果更好，但是对密封性要求更高。图 1.6 为油水热交换冷却系统的示意图。为了保证电机的绝缘性，系统采用连续、大流量的冷却油对定子进行循环冷却。冷却油从主轴壳体上的入油口流入，通过定子冷却套与电机定子进行热交换，带走电机产生的绝大部分热量，再从壳体上的出油口流出，然后流入逆流式冷却交换器，并在交换器中与冷却水进行热交换，当其温度降低到接近室温时，便流回油箱，再经过油泵增压输送到入油口，从而实现循环冷却。循环冷却水或者油系统结构较简单，如图 1.7 所示。

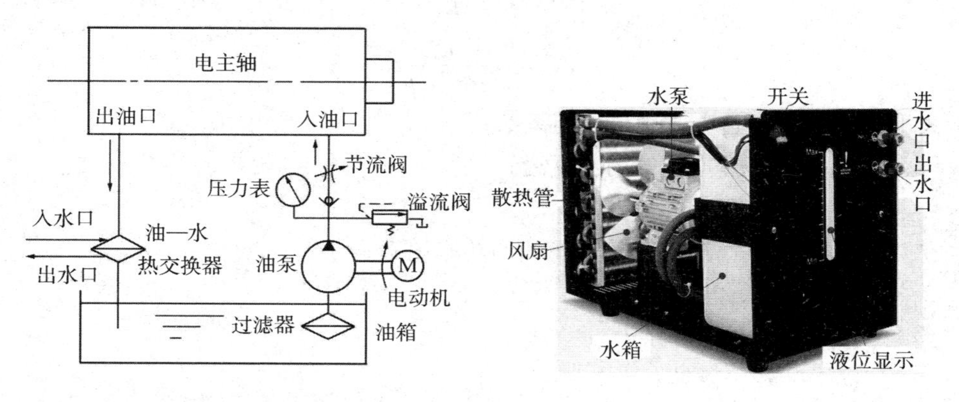

图 1.6　油水热交换冷却系统示意图

图 1.7　循环冷却水系统

1.2.4 电动机驱动与控制技术

高速电主轴因将机床主轴与高频电机结合在一起，所以既具有电机高效的机电能量转换功能，又具有高性能机床主轴的功率传递特征。而高速电主轴定子和转子之间的气隙磁场是这种机电能量转换的媒介，为主轴的运动提供所需的电磁转矩，从而将系统的电能转换为机械能和主轴旋转系统的动能。由牛顿定律可得高速电主轴的运动方程为[16]：

$$T_{\mathrm{e}} - T_{\mathrm{L}} = \frac{J}{p_{\mathrm{m}}}\frac{\mathrm{d}\omega}{\mathrm{d}t} \tag{1.1}$$

式中：T_{e}——电磁转矩；

T_{L}——负载转矩；

J——主轴系统的转动惯量；

p_{m}——电主轴的磁极对数；

ω——高速电主轴的旋转角频率。

式（1.1）中，转动惯量 J 与磁极对数 p_{m} 是高速电主轴的固有特性参数。对一台具体的高速电主轴而言，主轴旋转角频率 ω 的大小取决于电磁转矩 T_{e} 和负载转矩 T_{L} 的差值。电磁转矩越大，则主轴带负载能力越强，在同样的负载转矩下时，主轴的转速会更高，抗扰动能力更强。根据电磁场原理，电磁转矩 T_{e} 的计算公式为[17]：

$$T_{\mathrm{e}} = C_{\mathrm{T}}\varphi_{\mathrm{m}} I'_2 \cos\varphi_2 \tag{1.2}$$

$$\begin{cases} T_{\mathrm{e}} = p_{\mathrm{m}} \dfrac{L_{\mathrm{m}}}{L_2} i_1 \psi_2 \\ \psi_2 = \dfrac{r'_2 L_{\mathrm{m}}}{r'_2 + L_2 p} i_{\mathrm{m}} \end{cases} \tag{1.3}$$

式中：C_{T}——高速电主轴的转矩系数；

Φ_{m}——高速电主轴的主磁通；

I'_2——转子电流；

$\cos\varphi_2$——高速电主轴转子侧的功率因素；

i_1——转矩电流；

i_{m}——励磁电流；

ψ_2——转子磁链；

r'_2——转子电阻；

L_2——转子的自感；

L_{m}——定子和转子的互感；

p——微分算子。

由式（1.2）和（1.3）可分别得到电磁转矩 T_e 的两类不同控制方法：基于稳态性能的恒压频比 U/f 控制和基于动态特性的矢量控制或直接转矩控制[18]。U/f 控制是普通变频器的标量驱动和控制，其驱动控制特性为恒转矩驱动，输出功率和转速成正比；低速时输出功率不稳定，不能满足低速大转矩的要求，也不具备主轴准停和 C 轴功能。矢量变频控制是模拟直流电机调速特性，将磁通分解为相互垂直的励磁分量和转矩分量，使之受励磁电流和转矩电流的控制，运行时控制励磁电流不变而调整转矩电流以控制转矩输出；其驱动特性为，在低速段为恒转矩驱动，在中、高速段为恒功率驱动。直接转矩控制与矢量控制不同，它直接控制定子磁链空间矢量和电磁转矩，这种对电磁转矩的直接控制无疑更为简捷和迅速，进一步提高了主轴系统的动态响应能力，同时直接转矩控制具有对主轴转子参数不敏感的优点，但是直接转矩控制存在容易产生抖颤的缺点。因此，必须进一步解决主轴驱动控制系统中的非线性、参数变化、扰动和噪声等控制问题，电动机驱动与控制技术逐步向混合驱动控制以及智能控制的方向发展[16]。

1.2.5　动平衡技术

由于高速电主轴的转速很高，旋转时微小的不平衡量都会引发主轴的振动，影响加工的质量和精度。主轴的不平衡质量以主轴转速的平方影响其动态性能，同时电主轴内置电机转子直接固定在主轴上，又增加了主轴的转动质量，所以高速电主轴在动平衡精度方面有着严格的要求，以保证电主轴在高速运转时有良好的动态性能和加工精度。高速电主轴的动平衡精度一般应达到 G0.1～G0.4[19]（$G=e\omega$，e 为质量中心与回转中心之间的位移，即偏心量；ω 为角速度）。因此电主轴在设计及制造上都应尽可能减小不平衡质量。在设计时应采用严格的对称性设计思想。由于键联接和螺纹联接是高速运转情况下造成动不平衡的主要原因，其机械结构的关键零件，尤其是旋转零件，应尽量避免常规机械结构设计中的键联接和螺纹联接。过盈联接一般用热装法和压力油注入法来进行装拆，只要过盈套的质量均匀，不但不用破坏主轴，而且主轴的动平衡也不会受到破坏。过盈联接具有定位可靠、可提高主轴刚度，不影响主轴的旋转精度等优点。此外，在轴承预紧时也不会使轴承因受力不均而影响其寿命。因此电主轴的高速转子上常采用过盈联接的方式。

在制造、装配过程中，不但装配前要对主轴的每个零件（包括要装夹、更换的刀具）分别在高速精密动平衡机上进行动态校验动平衡，装配后还要对整体进行动平衡测试，保证电主轴动平衡精度的要求。

去重法和增重法是主轴动平衡常用的两种方法。去重法多用于小型主轴和普通电机，增重法是近年来为适应超高速电主轴发展而采用的方法。去重法在电机的转子两端设有去重盘，根据整体动平衡测试的结果，从去重盘上切去不平衡量。增重法在电机转子的两端设有平衡盘，平衡盘的周向加工有均匀分布的螺纹孔，根据整体动平衡测试的结果，通过控制拧入螺纹孔内螺钉的深度和周向位置来平衡主轴的偏心量。

1.2.6 刀具接口技术

随着机床向高速、高精度、大功率方向发展，要求机床有较高的刚性和可靠性，传统的标准机床刀具接口 7/24 锥联接已经不能满足高速主轴的要求，因此对机床的刀具接口提出了更高的要求：

①确保高速下主轴与刀具的连接状态不会发生变化。在高速条件下，高速主轴的前端在惯性离心力的作用下会使主轴发生膨胀，膨胀的大小与旋转半径和转速成正比。主轴的膨胀会引起刀柄及夹紧机构的偏心，影响主轴的动平衡。同时由于标准的 7/24 实心刀柄的膨胀量比主轴的膨胀量小，会使联接的刚度下降，刀具的轴向位置也会发生改变。

②保证常规的刀具接口在高速下有可靠的接触定位。这需要一个很大的过盈量来消除高速旋转时主轴锥孔端部的膨胀和锥度配合的公差带。但过盈量的增大要求拉杆产生的预紧拉力增加，对换刀极为不利，同时还会使主轴膨胀，对主轴前轴承也有不良影响。

③常规的刀具接口由于锥孔较长，难以实现全长无间隙配合，间隙的存在会引起刀具的径向圆跳动，影响整个主轴单元的动平衡。

④常规的刀具接口用键来传递转矩，键和键槽的受损会破坏主轴系统的动平衡，因而在高速电主轴的刀具接口中应取消键联接。

⑤传统的刀具接口限制了主轴转速和机床精度的进一步提高。分析表明，在加工过程中刀尖 25%～50%的变形来源于主轴的 7/24 前端锥孔结合面，只有 40%左右的变形来源于主轴和轴承。因此，必须研究适合超高速主轴要求的主轴轴端结构。

要解决高速电主轴刀具接口中存在的问题，应该从以下几个方面进行考虑[20]：

①对现有的标准刀具接口的结构进行改进，消除配合时配合面之间的间

隙，改善标准刀具接口的静态性能。

②严格规定配合公差，增大轴向拉力。

③在不改变标准结构的前提下，实现锥孔和端面同时接触定位。

④改用小锥度、空心短锥柄结构，实现锥体和端面同时接触定位。

⑤增大配合的预加过盈量，同时采取措施防止锥孔膨胀，改善标准刀具接口的高速性能。

⑥ 取消键联接，采用摩擦力或三棱圆传递转矩的结构，消除键联接引发的动平衡问题。

⑦在刀柄上安装自动动平衡装置，满足高速加工对刀具提出的在线动平衡的苛刻要求。

⑧ 在刀柄内安装减振装置，防止刀柄的振动。

在众多刀具接口方案中，已被DIN标准化的HSK短锥刀柄，采用1∶10锥度比标准的7/24锥度要短一些，锥柄部分采用薄壁结构。这种结构对刀具接口处的公差带要求为2～6 μm，刀柄利用锥面与端面同时实现轴向定位，可以保证每次换刀后的精度不变，具有较高的重复定位精度及联接刚度。当主轴高速旋转时，短锥与主轴锥孔可保持较好的接触，因此，主轴转速对联接性能影响很小，特别适合在高速、高精度情况下使用，已广泛被高速电主轴所采用。

1.2.7　精密加工和精密装配技术

要使高速电主轴获得良好的动态性能和使用寿命，必须对其各个部分进行精心的设计和制造。精密加工和精密装配技术是电主轴的核心技术之一。

为了保证电主轴在高速运转时的回转精度和刚度，关键零部件必须进行精密或超精密加工与装配，其加工或装配误差一般都在微米级以下。主轴单元的精密加工件包括主轴、壳体、前后轴承座以及随主轴高速旋转的轴承套圈和定位过盈套等。主轴锥孔与刀柄的配合面、主轴拉刀孔、主轴与内装电机转子的结合面的精密度，主轴前后轴承配合面的同轴度，主轴的跳动等都是必须保证的精度指标。在高速电主轴上，由于转速的提高，对轴上零件的装配要求也非常高。主轴单元的精密装配包括主轴与电机转子、主轴和前后轴承、主轴与轴承套以及定位过盈套、主轴与刀具、轴承与轴承座、轴承座与壳体间的精密装配。精密装配必须要保证的两点是电主轴的整体刚度和整体动平衡精度。轴承的定位元件与主轴不宜采用螺纹联接，电机转子与主轴也不宜采用键联接，而普遍采用可拆的阶梯过盈联接。围绕精密加工和精密装配开发的工装和专用机床是高速精密电主轴核心技术的重要组成部分[20]。

1.3 电主轴的结构设计

1.3.1 集成多种检测功能的电主轴结构设计

课题组自主设计、加工和组装了一款特殊的高速电主轴，其结构示意图如图 1.8 所示。旋转轴（20）由两对精密混合陶瓷球轴承支承，并且采用串联后背对背（QBC 配置）的安装方式。前轴承和后轴承分别是一对 B7005/HQ1P4（22）和 B7003/HQ1P4（18）串联，其轴承参数如表 1.3 所示。轴承采用油气润滑的方式进行润滑和冷却，电主轴内部需设计润滑油路和废油回收油路。电机定子和前轴承采用循环水冷却，电主轴内部需设计循环水回路。旋转轴由异步感应电机（4 和 5）驱动。壳体的外表面设计成光滑的圆柱形，利用包夹的方式固定在工作台上。该电主轴的基本参数见表 1.4。

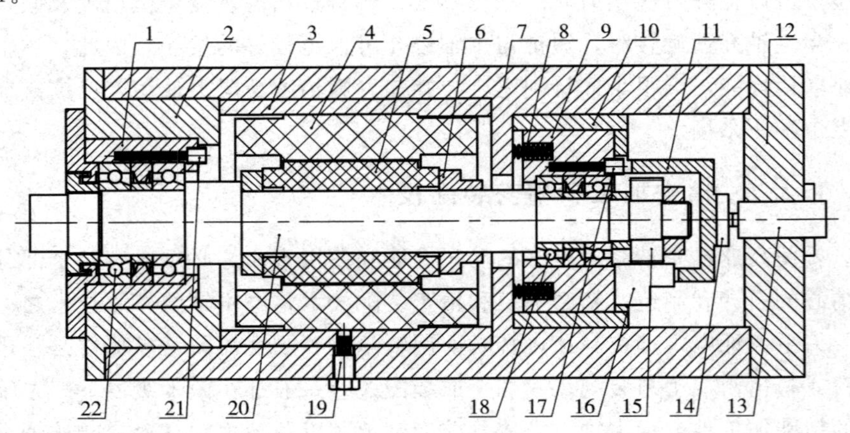

1—前轴承座；2，3—循环水套；4—电机定子；5—电机转子；6—动平衡环；7—壳体；8—弹簧；9—后轴承座；10—轴向滚珠滚道；11—U 形支架；12—后端盖；13—压电陶瓷；14—微型压力传感器；15—齿轮；16—磁栅编码器；17，19，21—温度传感器；18，22—混合陶瓷球轴承；20—旋转轴。

图 1.8 高速电主轴的结构示意图

表 1.3　轴承结构参数

基本参数项	前轴承	后轴承
型号	B7005C/HQ1P4	B7003C/HQ1P4
滚动体材料	陶瓷球	陶瓷球
滚动体直径/mm	5.5	4
滚动体数量/个	15	13
内沟道半径/mm	3.135	2.28
外沟道半径/mm	2.97	2.16
内滚道沟底直径/mm	30.48	21.98
外滚道沟底直径/mm	41.52	30.01

表 1.4　125MST30Y3 型电主轴的基本参数

	功率	转速	电压	扭矩	频率
电机参数	3.0 kW	30 000 r/min	220 V	1 N·m	500 Hz
轴承型号	B7005C/HQ1P4；B7003C/HQ1P4				
预紧方式	定压/调压				
润滑方式	油气润滑				
冷却方式	循环水冷却				
控制方式	U/f 控制				

前轴承（22）和后轴承（18）同时通过预紧力在线调节装置实现调压预紧。预紧力在线调节装置包括一系列压缩弹簧（8），轴向可移动的后轴承座（9），微型压力传感器（14）和封装压电陶瓷（13）。封装压电陶瓷通过螺纹连接安装于后端盖（12）上。通过压电陶瓷驱动电源调控压电陶瓷的供电电压可以控制其膨胀量，进而调控压电陶瓷对后轴承座的推力，推力值由微型压力传感器测量。轴承的预紧力等于压缩弹簧提供的恒定预紧力减去压电陶瓷提供的推力[21]。课题组选用的压电陶瓷和驱动电源的实物图如图 1.8 所示。其中压电陶瓷的型号为 PSt 150/7/40 VS12，其额定驱动压力为150 V，标称行程为 40 μm。该压电陶瓷为封装式，具有方便安装和不易损坏的特点。微型压力传感器的型号为 LH-Y01-20-H5，量程为 500 N。该压力传感器最大的特点为体积小，适用于各种小空间测力，其外形尺寸如图 1.9 所

示。压缩弹簧的恒定预紧力在安装之前通过压簧机测量。

温度传感器（17 和 21）安装在轴承座上，并且与轴承外圈接触。为了防止电主轴内部温度传感器因主轴振动而发生松动，通过在安装螺纹上涂抹高温胶的方式将其加固。温度传感器的外形和尺寸如图 1.10 所示。另一个温度传感器（19）安装在壳体（7）上，并且与电机定子（4）接触。温度传感器采用 PT100 结合变送器的方式，其温度测量范围为 0～300 ℃，模拟量输出电压为 0～10 V。

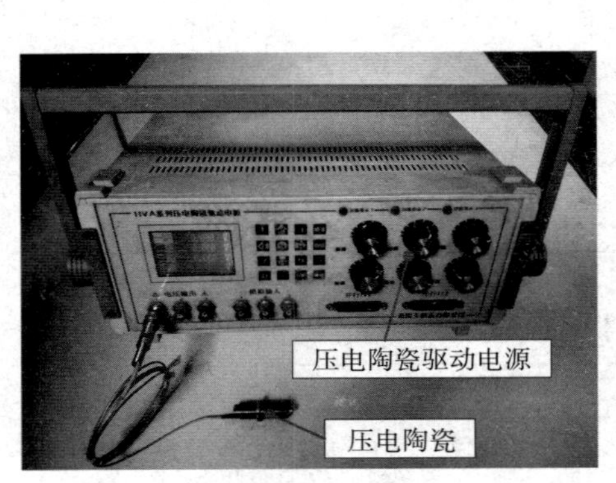

图 1.8　封装压电陶瓷及其驱动电源

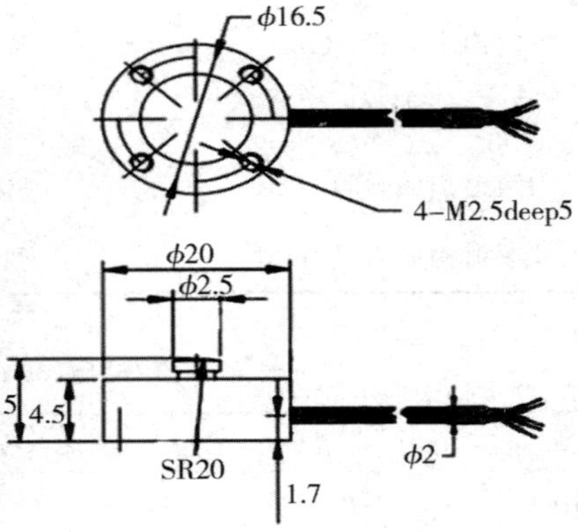

图 1.9　微型压力传感器的尺寸图

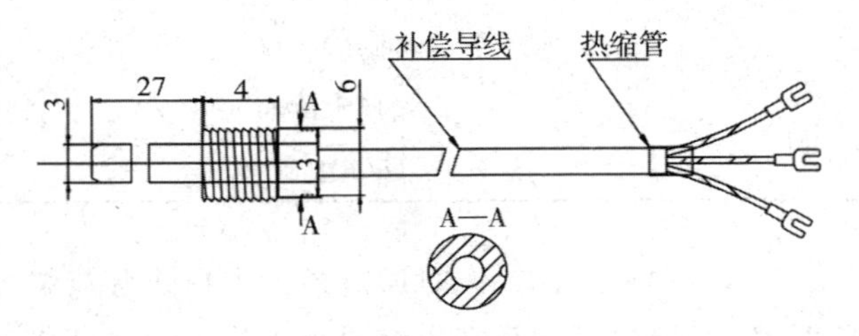

图 1.10　前轴承的温度传感器的尺寸图

内置磁感应式编码器（16）安装在后轴承座上，编码器的实物如图 1.11 所示，其型号为 IGS05-T16-MINI，倍频为 16。齿轮的齿数为 64 齿。旋转轴的速度等于编码器捕获的脉冲数除以齿轮的齿数、编码器的倍频和采样时间。该微型磁感应编码器的主要特点是：体积小且智能化，利于安装于电主轴内部；输出带宽可达 1Mb/s，可用于电主轴在高速情况下的转速测量和闭环控制；IP68 高防护性，适用于电主轴内部因油气润滑而形成的恶劣环境；高精度，可实现电主轴±4″的重复定位精度。在实际使用中，该磁感应式编码器对供电电压要求较高，不稳定的供电电压极易损坏该编码器。

课题组采用线性直流稳压电源GPD-4303S与稳压二极管并联的方式为该编码器提供稳定的电源。

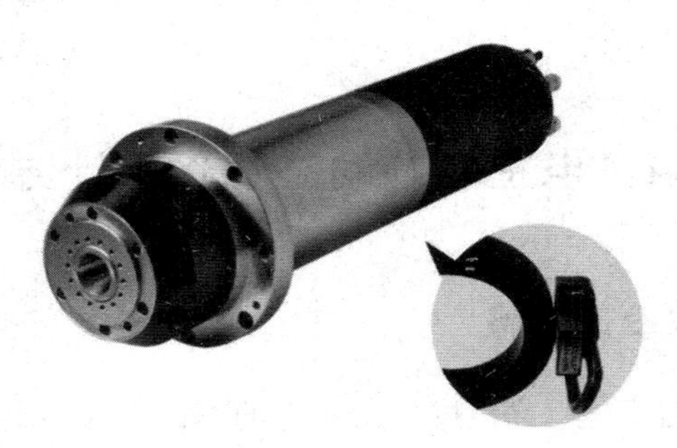

图1.11　磁感应式编码器实物图

1.3.2　电主轴结构设计细则

电主轴结构设计较为复杂，对以下重要设计和安装细则加以说明[22]：

①零件间的尺寸公差以及零件的加工精度对电主轴的质量和性能起到了决定性的作用，其中组配零件间的重要尺寸公差如下：电机转子（5）、动平衡环（6）与旋转轴（20）之间为中过盈；前/后轴承（18，22）与旋转轴（20）之间为轻过盈；前/后轴承（18，22）与前/后轴承座（1，9）之间为过度；前轴承座（1）与循环水套（2）之间为重过盈；循环水套（2）与壳体（7）之间为过度；循环水套（3）与壳体（7）之间为重过盈；电机定子（4）与循环水套（3）之间为轻间隙；轴向滚珠滚道（10）与壳体（7）之间为中过盈；后轴承座（9）与轴向滚珠滚道（10）之间须保证钢球的滚动顺畅。

②采用循环水冷却的方式必须保证不会漏液。在装配时需对循环水孔通气后放入水中检查是否有气泡产生。以下措施有助于减小发生漏液的概率：适当增大通过热装的密封距离；水路通过配合界面时，应当选择平面的配合面，而不是圆柱形配合面，因为圆柱形配合面采用O形密封圈的密封效果不可靠。

③动平衡环（6）设计成L形有助于增加其与旋转轴的接触面，防止两者发生松动。

④转子前端螺纹和后端螺纹，内螺纹和外螺纹的旋向根据电主轴的旋转方向而设计，需要保证主轴高速旋转时，螺纹配合件之间越旋越紧。同时，电主轴实际使用中，不可反向旋转使用。采用螺纹连接时，必须对主轴做整体动平衡校准。

⑤安装后检查定子绝缘电阻不低于100 MΩ，避免电机在安装过程中出

现漏电现象。电源线应采取防水措施。电主轴在使用时，外壳必须接地。

⑥ 电动机定子端平面必须与相邻金属零件保持 10 mm 以上间距，以防产生不必要的磁通回路。

1.4 电主轴的动态优化设计方法

1.4.1 动态设计步骤

电主轴一直朝着高速、高精度、大功率的方向发展，这就要求电主轴具有更好的结构和材料属性，维持高速下良好的动态性能。电主轴的固有频率（临界转速）制约着电主轴极限工作转速，因此电主轴动态设计的主要目的之一是对电主轴结构和材料参数进行动力学优化，以期获得更高的固有频率和极限转速。高速电主轴动态设计的原理方法是基于旋转机械轴系的非线性动力学设计基础理论和方法的发展与延伸[23-25]，其设计内容和步骤主要包括：

①高速电主轴动力学建模；

②高速电主轴动力学模型的求解；

③高速电主轴固有频率的计算分析；

④高速电主轴设计参数的确定；

⑤高速电主轴的稳定性设计。

第 4 章将详细给出高速电主轴动力学模型的建模、求解方法以及计算结果分析，指导完成动态设计的前三步。本节将基于分析结果确定电主轴的设计参数，分析设计参数变化时系统固有频率的变化规律，得到各个设计参数对系统固有频率的设计灵敏度，指导电主轴结构和材料参数的优化，完成系统的动力学设计，以期提高系统的固有频率和极限工作转速。

1.4.2 设计参数的确定

在对电主轴系统进行动力学设计时，设计参数一般概括为三类：轴承相关参数、材料参数和其他尺寸参数[26]。轴承相关参数包括预紧力和轴承位置（跨距）。预紧力对主轴固有频率的影响远小于轴承位置参数，且要考虑轴承产热温升以及寿命的问题，故在此未将轴承预紧力作为设计参数，同时在避免各轴承位置参数相互影响的基础上，本节只考虑了前后轴承组间距和主轴前端悬伸量（转轴前端端面到前轴承组中心的距离）两个轴承位置参数。材料参数取转轴材料的弹性模量。其他尺寸参数主要为转轴外径 R 和

转轴长度 L。本节结合电磁不平衡力影响，提出一个电动机参数，为 $R_s \cdot L_r \cdot \Lambda_0 / (2\sigma^2)$，其单位为 $R_s \cdot L_r \cdot \Lambda_0 / (2\sigma^2)$ 的倍数。其中 R_s 为电动机定子内圆半径；L_r 为电动机转子有效长度；Λ_0 为不均匀气隙磁导率；σ 为不均匀气隙系数；各参数的物理意义详见后续第 4.1.3 节。本节确定的 4 个重要设计参数如表 1.5 所示，用代号表示各设计参数。

表 1.5　设计参数

代号	含义	单位
DV1	前后轴承组间距	mm
DV2	主轴前端悬伸量	mm
DV3	电动机参数	$R_s \cdot L_r \cdot \Lambda_0 / (2\sigma^2)$ 的倍数
DV4	转轴材料	MPa

以 170MD15Y20 型号电主轴为例，DV1 和 DV2 的初始值分别为236 mm和150 mm，DV4 的初始值为 206 000 MPa，主轴单元示意图如图 1.12 所示。

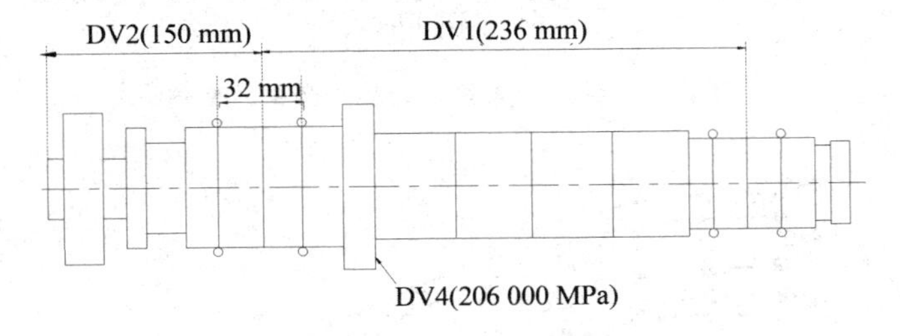

图 1.12　主轴单元示意图

1.4.3　设计参数对系统固有频率的影响

将各个 DV 的不同数值代入后续第 4 章电主轴多场耦合动力学模型中，求解 DVs 对主轴系统前固有频率的影响。在计算分析时，主轴转速为12 000 r/min，加载转矩为 10 N · m；角接触球轴承组配方式包括背靠背安装、面对面安装和串联安装；角接触球轴承的预紧方式包括定位预紧和定压预紧。

图 1.13 所示的是 DV1 对主轴系统一阶固有频率的影响。根据内置电动机尺寸和主轴功率转速范围特点，DV1 的取值范围为 200～260 mm。由图 1.13 可知 DV1 的取值为 205 mm 左右时系统一阶固有频率最大，当 DV1 超过其最优值后，系统一阶频率迅速下降。

DV2 对主轴系统一阶固有频率的影响如图 1.14 所示。考虑到主轴前端需要足够的悬伸量来满足对拖式加载，DV2 的下限值取 130 mm，同时根据主轴结构特点取上限值 170 mm。由图可知系统一阶固有频率均随着 DV2 值的上升而下降，且轴承串联组配时下降最快。需要说明的是，根据图 1.14 所示的曲线变化规律可推断出 DV2 存在一个最优值，且在 120～130 mm 之间，这也跟其他文献[26]中的结果相符，只是由于 DV2 的设计取值要求，在此未精确找出该最优值。

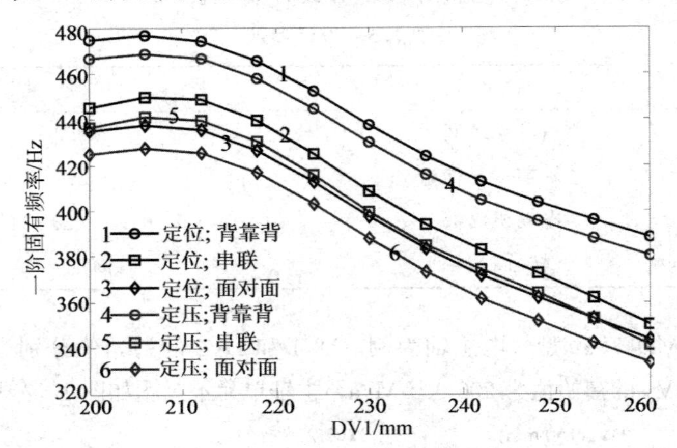

图 1.13　DV1 对系统一阶固有频率的影响

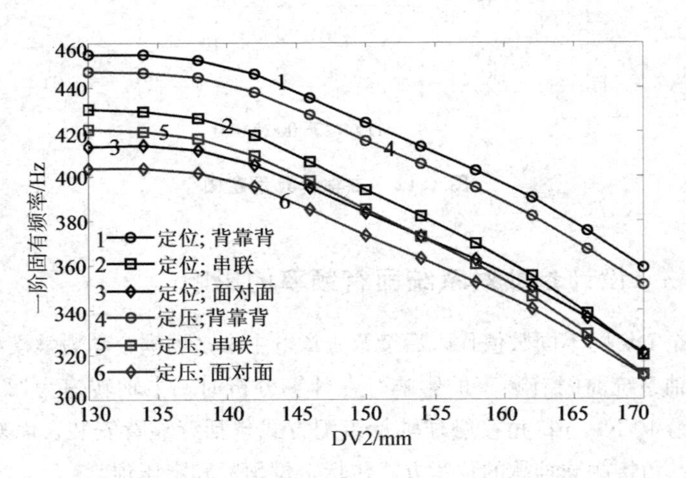

图 1.14　DV2 对系统一阶频率的影响

当 DV3 变化时，电动机定子内圆半径 R_s 和转子有效长度 L_r 保持同样的变化率，而均匀气隙宽度 δ_0 保持不变，故气隙处的转轴半径也和电动机定子内圆半径 R_s 保持同样的变化率（轴承处转轴半径不变）；转子有效长度 L_r 变化时 DV1 保持不变，故由于试验主轴结构尺寸限制，DV3 值的变化范围为0.5～1.5倍。图1.15表示DV3对主轴系统一阶固有频率的影响，由图1.15可知对于系统一阶固有频率DV3的最优值约为0.8倍，且在最优值之前的上升趋势小于该最优值之后的下降趋势。

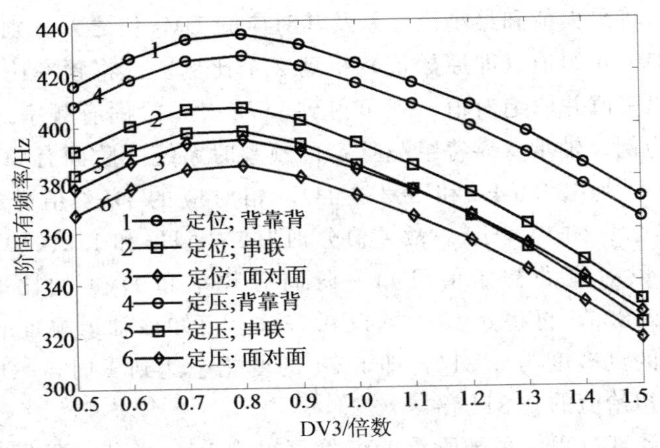

图1.15　DV3对系统一阶固有频率的影响

DV4对主轴系统一阶固有频率影响如图1.16所示。由图可知一阶固有频率均随着DV4值的增大而增大，因此高强度（弹性模量高）材料可以提高电主轴系统稳定性，这也符合其他研究工作[26]的分析结果。

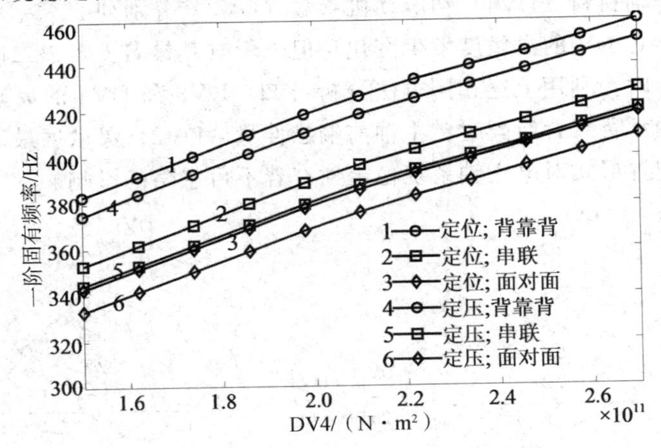

图1.16　DV4对系统一阶固有频率的影响

1.4.4　设计参数灵敏度分析

上一节内容讨论了DVs对系统一阶固有频率的影响，但图1.13－1.16

无法直观地比较各 DV 对系统固有频率的影响程度，接下来将讨论 DVs 对系统固有频率的灵敏度，直观比较各 DV 的影响程度。

从图 1.13－1.16 中找出一阶固有频率的最大值和最小值及其各自对应的 DVs 值，将最大值和最小值之差及其对应的 DVs 值之差分别除以初始固有频率和 DVs 初始值（即原始值）得到 2 个比例值，将频率比率值除以相应的 DVs 比率值并取绝对值，就可得到 DVs 对一阶固有频率的灵敏度值。以图 1.16 为例，轴承背靠背组配且定位预紧时系统一阶固有频率的最大值和最小值分别为459.5 Hz和 382.7 Hz，相对应的 DV4 值分别为 $1.5\times10^{11}\,N/m^2$ 和 $2.7\times10^{11}\,N/m^2$，故差值分别为 76.8 Hz 和 $1.2\times10^{11}\,N/m^2$，将差值分别除以对应的初始值可知一阶固有频率和 DV4 的比率值分别为 0.1812 和 0.5825，再将 0.1812 除以 0.5825，可知该轴承配置下 DV4 对一阶固有频率的灵敏度为 0.311，即 DV4 的变化率达到 1 时，一阶固有频率的变化值为初始值的 0.311 倍。

将上述计算过程应用于所有 DVs，可得到 DVs 关于一阶固有频率的灵敏度对比图如图 1.17 所示，图中的正负号表示固有频率的变化趋势，如图 1.17（a）中 DV1（－）表示 DV1 导致系统一阶固有频率减小，DV4（＋）则意味着 DV4 将使系统一阶固有频率增大。由图可知，若以系统一阶固有频率为设计目标，则前后轴承组间距（DV1）灵敏度最高，主轴前端悬伸量（DV2）、转轴材料（DV4）和电动机参数（DV3）分别列 2、3、4 位；轴承配置改变后各 DV 的灵敏度发生变化，但未影响其排名。若以二阶固有频率为设计目标时，利用上述相同方法分析可知：DV3 和 DV4 的灵敏度排名互换，且当轴承背靠背组配时，主轴前端悬伸量（DV2）灵敏度最高。由此可见，轴承配置形式对电主轴系统稳定性有着不可忽略的影响。

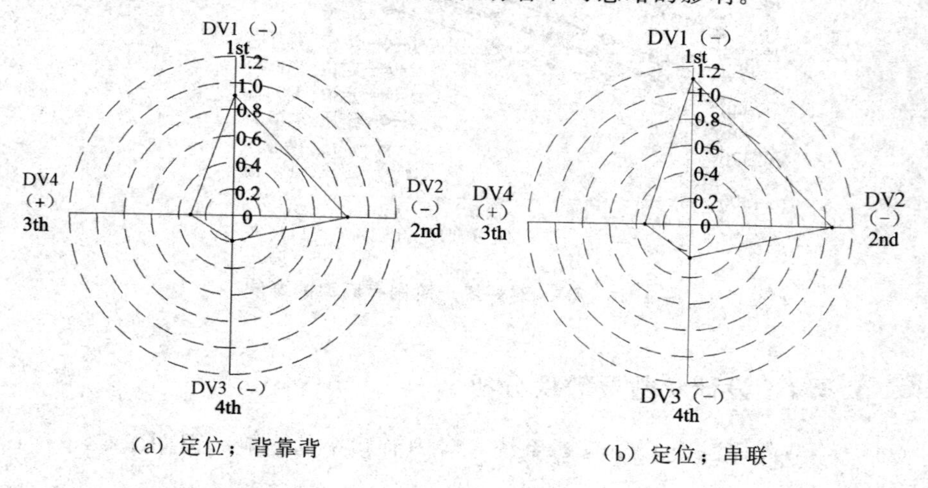

(a) 定位；背靠背　　(b) 定位；串联

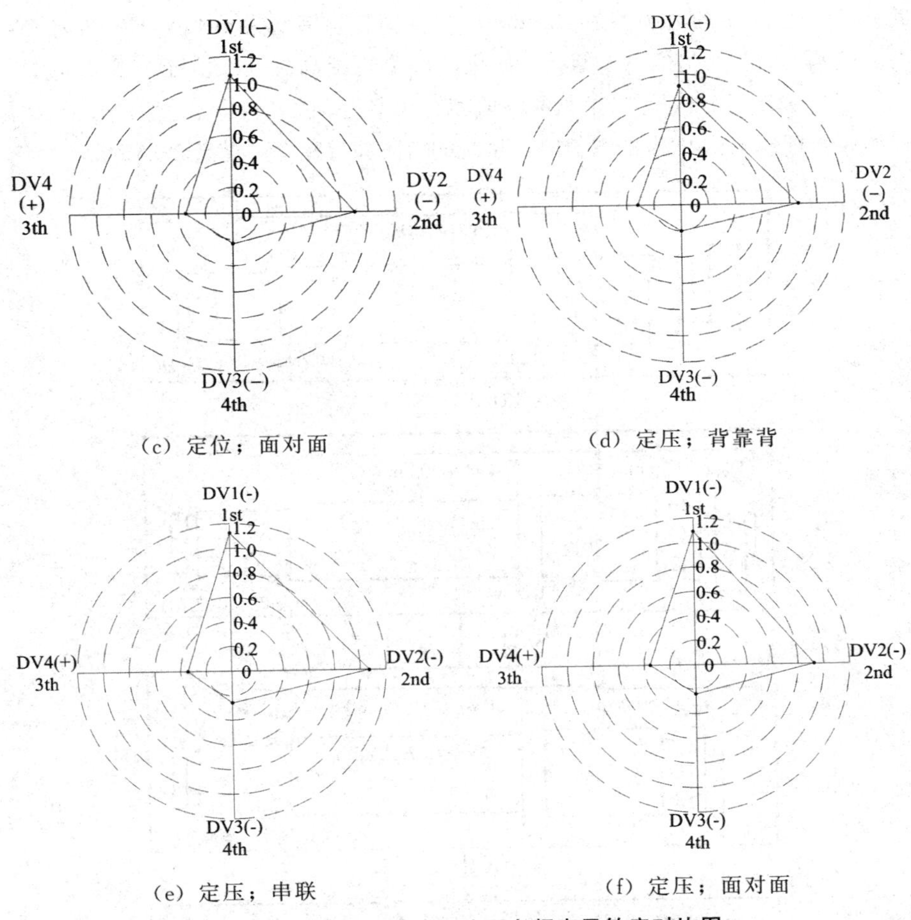

(c) 定位；面对面　(d) 定压；背靠背

(e) 定压；串联　(f) 定压；面对面

图1.17　DVs对系统一阶固有频率灵敏度对比图

1.4.5　电主轴动态设计应用示例

在产品设计中，需要和要求作为设计规范首先被确定[27]。对于磨削等加工用电主轴系统的设计来讲，首先会根据使用要求选定其轴承型号、轴承组配和预紧方式等等，再根据功率转速条件等选择优化尺寸和材料参数条件，使得电主轴系统有着更高的固有频率和更好的动态响应。一般先确定尺寸再确定材料，各尺寸参数之间按灵敏度由大至小确定顺序[26]。

170MD15Y20型号电主轴是本课题组研究对象之一，其基本参数见表6.1。图1.18为170MD15Y20型号电主轴的优化设计过程，各DVs的优化顺序为DV1、DV2、DV3、DV4，最后确定材料参数。由图1.18可知，当DV1由236 mm变为205 mm时，系统的一阶固有频率由423.8 Hz提高至477.2 Hz；在此基础上将 DV2 的值调整为 130 mm，一阶固有频率变为 494.8 Hz；再将 DV3 的取值调整为初始值的 0.8 倍，一阶固有频率再提高到 508.9 Hz；最后把 DV4 调整为 270 000 MPa，系统的最终一阶固有频率为 540.6 Hz。由此可知，当按设计顺序合理地调整 DVs 的取值时，系统的一阶固有频率可提高 27.6%。

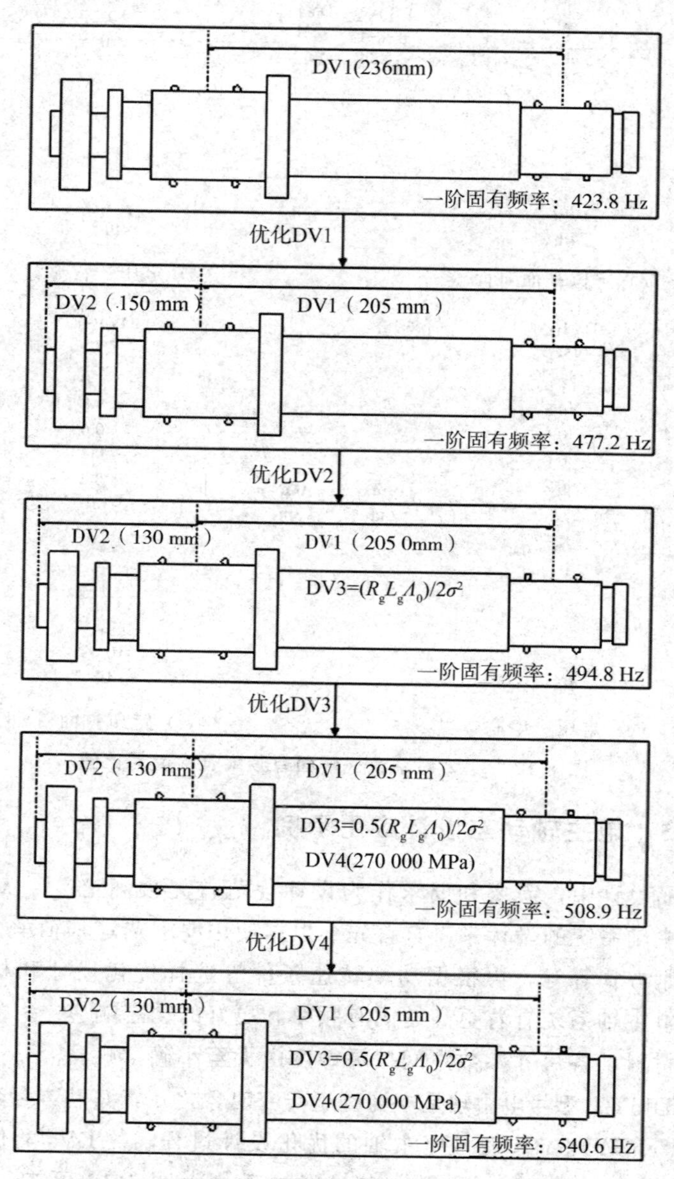

图 1.18　170MD15Y20 型电主轴优化设计

第 2 章　轴承的热-机耦合拟静力学建模与分析

电主轴高速旋转时，电动机的电磁损耗和轴承的摩擦损耗会产生大量热损失，不但导致系统温度升高，而且其不均匀分布导致的系统整体热膨胀会影响轴承的几何相容关系和预紧状态；反过来，轴承几何相容关系和与预紧状态的改变会进一步影响轴承的动态支承特性和摩擦损耗，直至轴承动力学与热力学行为收敛后系统才会稳定。因此电主轴是一个典型的热-机耦合动力学系统，有必要对其建模和分析。

本章首先分析了电主轴径/轴向热膨胀在不同预紧方式下对轴承预紧状态的影响机理，然后将热膨胀参量引入到轴承几何相容方程中，构建了轴承的热-机耦合拟静力学模型。在此基础上，建立了单个和配对轴承动态支承刚度的求解方法，以及建立了轴承摩擦损耗模型，分别为探究热-机耦合条件下电主轴动力学和热力学行为奠定了理论基础。

2.1　热膨胀量对轴承预紧状态的影响

角接触球轴承以低廉的价格，较高的精度、极限转速、可靠性等优点常用于高速电主轴系统[28]。在分析角接触球轴承的动态支承特性和摩擦损耗之前，必须研究电主轴系统热膨胀与轴承预紧状态、几何相容关系的内在联系：

径向膨胀：在电主轴系统不均匀温升的影响下，高速角接触球轴承在径向方向上将会产生热膨胀，这种现象改变了原有的轴承内部几何相容关系，其基本轴承参数的改变如图 2.1 所示。

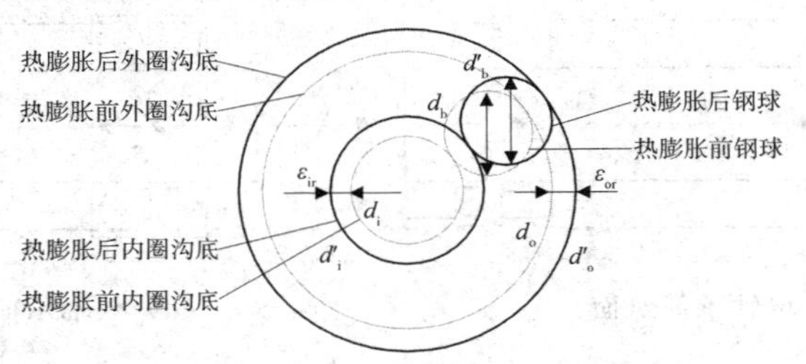

图 2.1　轴承几何参数径向热膨胀

分析可知，内、外圈沟底直径和钢球直径的热膨胀量分别为：

$$\varepsilon_{ir}=(d'_i-d_i)/2$$
$$\varepsilon_{or}=(d'_o-d_o)/2$$
$$\varepsilon_b=d'_b-d_b \tag{2.1}$$

式中：d_i、d'_i——内圈沟底热膨胀前、后直径；

d_o、d'_o——外圈沟底热膨胀前、后直径；

d_b、d'_b——钢球热膨胀前、后直径。

轴向膨胀：在电主轴系统不均匀温升的影响下，电主轴壳体、转子及组合装配的轴承在轴向方向上将产生热膨胀，这种现象将会改变轴承的预紧状态。对于不同预紧方式的轴承，其轴向热膨胀的影响也不相同，以下将分别分析 4 种预紧方式下电主轴轴向热膨胀对轴承预紧状态的影响。

①**定位预紧**：轴承内外圈在轴向固定，以初始预紧量确定其相对位置，运转过程中预紧量不能自动调节。随着转速的提高，轴承滚动体发热膨胀、内外圈温差增大、滚动体受惯性离心力及轴承座的变形等因素影响，使轴承预紧力急剧增加，这是高速主轴轴承破坏的主要原因之一。但这种预紧方式具有较高的刚性，如果采用陶瓷球轴承，并适当润滑和冷却，在 $d_m n$ 值小于2.0×10^6的高速主轴单元中仍广泛应用。轴承定位预紧的 4 种常见配对方式如图 2.2 所示。

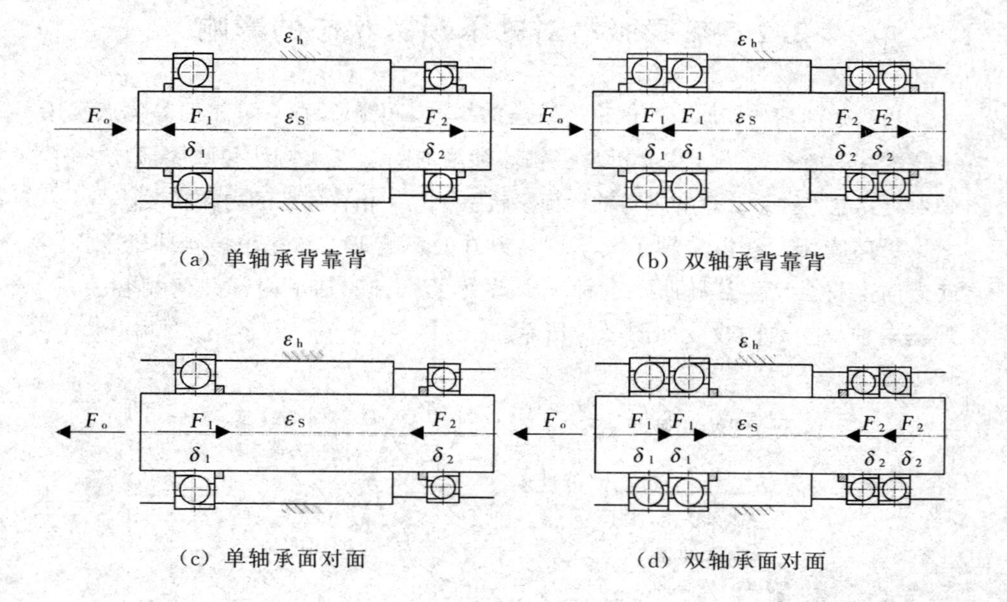

图 2.2 定位预紧

分析转轴轴向方向上的力平衡关系可知，对于图 2.2 中（a）和（c）有如下方程：

$$F_o = F_1 - F_2 \tag{2.2}$$

式中：F_o——转轴的轴向外力；

F_1、F_2——前、后轴承的预紧力。

对于（b）和（d）则有：

$$F_o = 2F_1 - 2F_2 \tag{2.3}$$

分析轴承内外圈在轴向方向上的相对位移关系，假设轴承的初始定位预紧位移为 δ，对于（a）和（b）有如下关系式：

$$\delta_1 + \delta_2 = \delta + \varepsilon_h - \varepsilon_s \tag{2.4}$$

式中：δ_1、δ_2——前、后轴承内外圈在预紧力作用下的轴向相对位移；

ε_h、ε_s——配对轴承之间壳体和转轴轴向方向上的热膨胀量。

对于（c）和（d）则有：

$$\delta_1 + \delta_2 = \delta - \varepsilon_h + \varepsilon_s \tag{2.5}$$

分析以上关系式可知，随着转轴外力 F_o 的变化，前、后轴承的预紧力 F_1 和 F_2 均发生变化，前、后轴承内外圈在预紧力作用下的轴向相对位移 δ_1 和 δ_2 也会发生相应的变化，但是 δ_1 与 δ_2 之和始终由初始定位预紧位移 δ 和电主轴的热膨胀量 ε_h、ε_s 共同决定。

②**定压预紧：**利用弹簧或者液压系统对轴承实现预紧的方式。在高速运转中，弹簧或液压系统能吸收引起轴承预紧力增加的过盈量，以保持轴承预紧力恒定，这对高速主轴特别有利。但在低速重切削条件下，由于预紧结构的变形会影响主轴的刚性，所以定压预紧一般用在超高速、载荷较轻的磨床主轴或者轻型超高速切削机床主轴上。轴承定压预紧的 4 种常见配对方式如图 2.3 所示。

相同符号所表示的物理意义与图 2.2 相同，分析转轴轴向的力平衡关系可知，对于（a）和（c）有如下方程：

$$F_o = F_1 - F_p \tag{2.6}$$

式中：F_p——后轴承恒定的预紧力。

对于（b）和（d）则有：

$$F_o = 2F_1 - 2F_p \tag{2.7}$$

分析轴承内圈在转轴轴向的位移关系，由于后轴承由弹簧轴向支撑，壳体和转轴的轴向热膨胀量 ε_h 和 ε_s 对后轴承的影响均由弹簧的伸缩补偿，可以忽略。定压预紧力 F_p 为恒定值，则后轴承内、外圈的轴向相对位移 δ_p 也为恒定值。前轴承预紧力 F_1 会随着转轴轴向外力 F_o 的变化而变化，产生相应的前轴承内、外圈轴向相对位移 δ_1，而电主轴的轴向热膨胀不会对其产生影响。

（a）单轴承背靠背　（b）双轴承背靠背

（c）单轴承面对面　（d）双轴承面对面

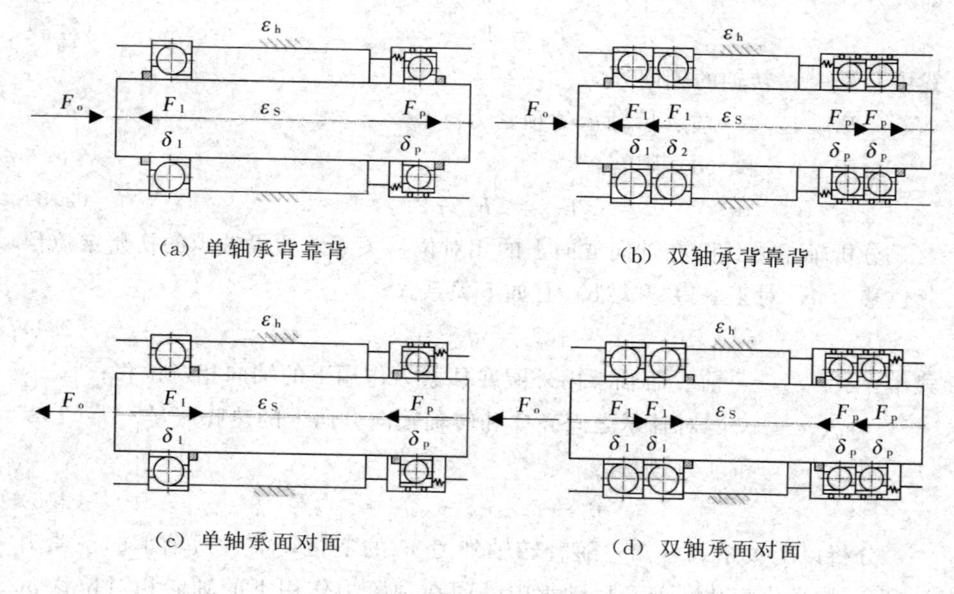

图 2.3　定压预紧

③**调压预紧：** 与定压预紧方式相似，只是将轴承的轴向支撑弹簧替换为压力可调的其他装置，如液压缸、压电陶瓷等动力元件[21,29]，为配对轴承提供可调的预紧力，使电主轴在低速时具有高刚度，高速时具有低温升的特性。其转轴力平衡关系只是将式 2.6 或 2.7 中的 F_p 视为可调力即可，在此不做赘述。

④**定位预紧与定压（调压）预紧联合：** 电主轴前端为定位预紧的配对轴承组，后轴承（组）采用定压（调压）预紧。轴承定位预紧与定压（调压）预紧方式联合应用的 4 种常见配对形式如图 2.4 所示。

分析转轴轴向方向上的力平衡关系可知，对于（a）和（d）有如下方程：

$$F_o = F_1 - F_2 - 2F_p \tag{2.8}$$

式中：F_o——转轴的轴向外力；

F_1、F_2——前轴承组中不同轴承的预紧力；

F_p——后轴承（组）恒定（可调）的预紧力。

对于（b）和（c）则有：

$$F_o = F_1 - F_2 + 2F_p \tag{2.9}$$

图 2.4 中其他符号表示物理含义与图 2.2 略有不同，ε_h 和 ε_s 分别表示前

轴承组两轴承之间在壳体和转轴轴向方向上的热膨胀量，δ_1、δ_2分别表示前轴承组中两轴承相应的内、外圈轴向相对位移，δ_p表示后轴承（组）内、外圈的轴向相对位移。由于后轴承（组）为定压（调压）预紧，电主轴壳体和转轴中部的热膨胀不影响前后轴承的预紧状态，所以只需研究前轴承组处的轴向热膨胀。分析可知，前轴承组轴承内外圈在转轴轴向方向上的位移关系与定位预紧中讨论情况相同，式 2.4 适用于（a）和（b），式 2.5 适用于（c）和（d）。图 2.4 中 4 种轴承的支承方式中，前轴承组中的 2 个轴承预紧力均随转轴轴向外力的变化而变化，受轴向热膨胀因素的影响，后轴承（组）的预紧力均为恒定（可调）的，不受轴向热膨胀的影响。

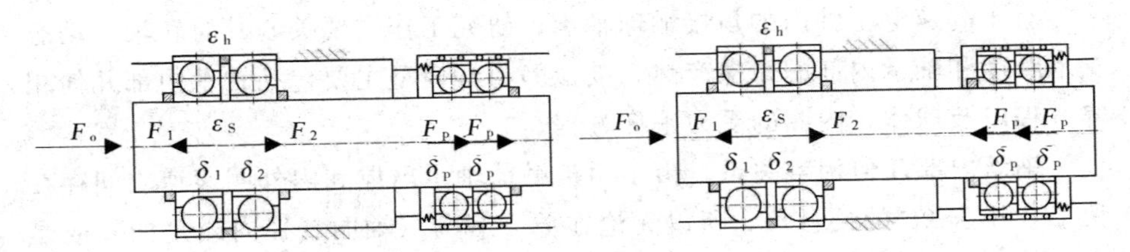

（a）定位预紧背靠背，定压预紧力向后　　（b）定位预紧背靠背，定压预紧力向前

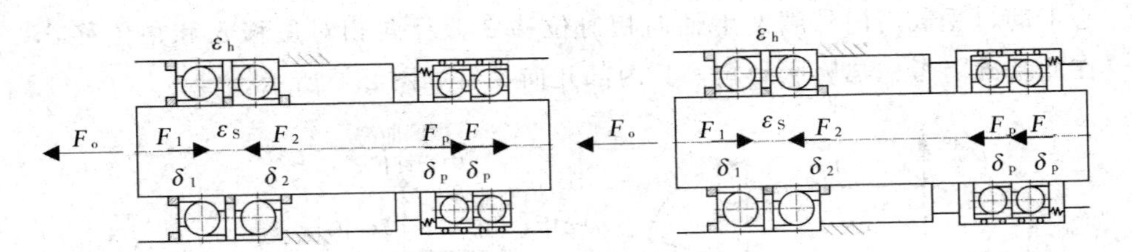

（c）定位预紧面对面，定压预紧力向后　　（d）定位预紧面对面，定压预紧力向前

图 2.4　定位预紧与定压预紧联合应用

2.2　高速球轴承的热-机耦合拟静力学模型

在分析角接触球轴承动态特性时，根据高速电主轴本身的结构特点和轴承的实际运行状况，对高速稳定运行时的主轴轴承作以下合理基本假设[30－32]：

①轴承内部钢球和保持架等零件均处于稳定运动状态，轴承的转速、轴向载荷等参数在稳定运行过程中保持恒定。

②相对轴承的支承刚度而言，轴承座的刚度足够大，分析时假设其为刚

性体。

③轴承高速稳定运行时，钢球与保持架之间的作用力很小，在轴承的运动和受力分析中保持架的作用可忽略不计。

④高速时，钢球与内、外套圈滚道之间的弹流润滑油膜一般难以形成，故可忽略弹流润滑对球体运动以及球与内外套圈滚道之间接触刚度的影响。

⑤高速时，钢球受外圈滚道控制，由于高速惯性离心力和预紧力的作用，钢球在外圈滚道上的接触载荷和相应的滑动摩擦力较大，足以阻止球体发生陀螺运动。

⑥钢球与内外圈滚道间的接触可视为 Hertz 空间点接触。

对于高速电主轴内的角接触球轴承，研究工作主要关心其对转轴的动态支承刚度和轴承内部的摩擦产热，其拟静力学模型主要包括轴承内部几何相容方程以及球体、内圈的受力平衡方程。

轴承内部几何相容关系：由于角接触球轴承球体和内外圈滚道之间存在大于 0°小于 90°的接触角，所以无论在单一载荷（轴向、径向或角向）或是联合载荷作用情况下，轴承内部之间的相对位移都会在轴向、径向和角向产生一定的支承刚度。在分析轴承内部几何相容关系时，假设外圈滚道曲率中心不动，受载后内外圈发生轴向相对位移 δ_z、径向相对位移 δ_r 和角位移 θ，在此基础上考虑热膨胀影响，其内部几何关系如图 2.5 所示。

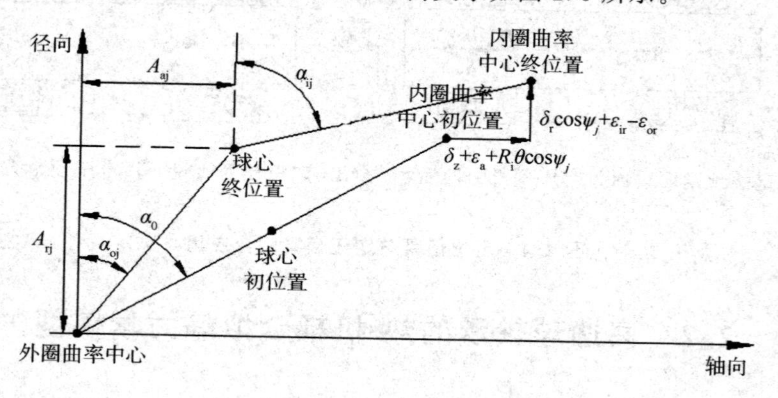

图 2.5　轴承内部几何相容关系

由图 2.5 可知，内圈滚道曲率中心最终位置的轴向和径向坐标分别为：

$$BD_b\sin\alpha_0 + \theta R_i\cos\psi_j + \delta_z + \varepsilon_a$$

$$BD_b\cos\alpha_0 + \delta_r\cos\psi_j + \varepsilon_{ir} - \varepsilon_{or}$$

故可得到轴承的几何相容方程：

$$A_{aj}^2 + A_{rj}^2 = [(f_o - 0.5)D_b + \delta_{oj}]^2 \tag{2.10}$$

$$(BD_b\sin\alpha_0 + \theta R_i\cos\psi_j + \delta_z + \varepsilon_a - A_{aj})^2 + (BD_b\cos\alpha_0 + \delta_r\cos\psi_j + \varepsilon_{ir} - \varepsilon_{or} - A_{rj})^2 = [(f_o - 0.5)D_b + \delta_{oj}]^2 \tag{2.11}$$

式中：$B=f_i+f_o-1$，f_i、f_o为内、外沟道曲率半径系数；

D_b——球直径；

ψ_j——球体 j 的方位角；

α_0——初始接触角；

R_i——内圈中心圆半径，$R_i=(f_i-0.5)D_b\cos\alpha_0+0.5d_m$；

d_m——轴承中径；

A_{aj}、A_{rj}——球体 j 球心最终位置的水平、垂直距离；

δ_{ij}、δ_{oj}——球体 j 与内、外沟道的 Hertz 接触弹性趋近量。

ε_{ir}、ε_{or}为内外圈径向热膨胀量，ε_a为轴承的内外圈轴向相对热位移，由转轴轴向热膨胀量 ε_s和轴承座轴向热膨胀量 ε_h平均分配到每个轴承所得。它们的计算公式分别为[10]：

$$\varepsilon_{ir} = 2\xi_{bi}\Delta T_{bi}f_iD_b + [\xi_s\Delta T_s(1+\chi_s) - 2\xi_{bi}\Delta T_{bi}]\frac{d_i^2}{2f_iD_b} \tag{2.12}$$

$$\varepsilon_{or} = 2\xi_h\Delta T_hf_oD_b(1+\chi_h) \tag{2.13}$$

$$\varepsilon_s = \xi_s\Delta T_sL_s \tag{2.14}$$

$$\varepsilon_h = \xi_h\Delta T_hL_h \tag{2.15}$$

式中：ξ_{bi}、ξ_s和 ξ_h——轴承内圈、转轴和轴承座材料的热膨胀系数；

ΔT_{bi}、ΔT_s和 ΔT_h——轴承内圈、转轴和轴承座处的温升；

χ_s、χ_h——转轴和轴承座材料的泊松比；

d_i——轴承内径；

L_s、L_h——转轴和轴承座的原始长度。

球体与内外圈滚道的实际接触角 α_{ij}、α_{oj}则有如下关系：

$$\cos\alpha_{ij} = \frac{BD_b\cos\alpha_0 + \delta_r\cos\psi_j + \varepsilon_{ir} - \varepsilon_{or} - A_{rj}}{(f_i - 0.5)D_b + \delta_{ij}} \tag{2.16}$$

$$\sin\alpha_{ij} = \frac{BD_b\sin\alpha_0 + \theta R_i\cos\psi_j + \delta_z + \varepsilon_a - A_{aj}}{(f_i - 0.5)D_b + \delta_{ij}} \tag{2.17}$$

$$\cos\alpha_{oj} = \frac{A_{rj}}{(f_o - 0.5)D_b + \delta_{oj}} \tag{2.18}$$

$$\sin\alpha_{oj} = \frac{A_{aj}}{(f_o - 0.5)D_b + \delta_{oj}} \tag{2.19}$$

滚动体和轴承内圈的受力平衡方程：按照套圈控制理论，不考虑公转打滑和陀螺旋转时，第 j 个球体的受力如图 2.6 所示。

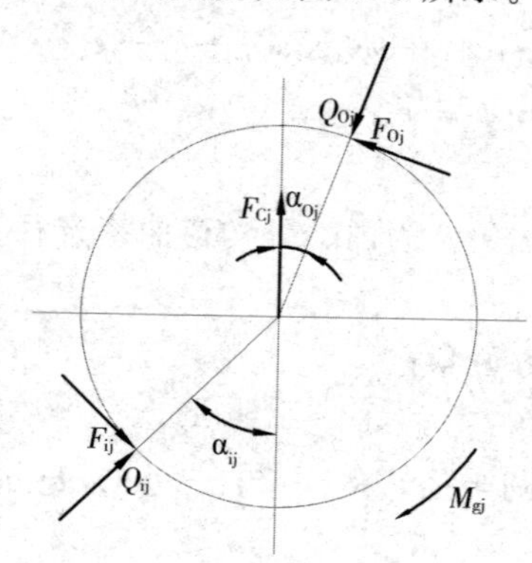

图 2.6 球受力图

图 2.6 中，Q_{ij} 和 Q_{oj} 为球体 j 在内、外圈滚道上的接触载荷，且：

$$Q_{ij} = K_{ij}\delta_{ij} \tag{2.20}$$

$$Q_{oj} = K_{oj}\delta_{oj} \tag{2.21}$$

式中：K_{ij}、K_{oj}——球体 j 与内外圈滚道的载荷-变形系数。

F_{cj} 为球体 j 所受的惯性离心力，有[33]：

$$F_{cj} = \frac{\pi\rho_b}{12}D_b{}^3 d_m \omega^2 \left(\frac{\omega_{mj}}{\omega}\right)^2 \tag{2.22}$$

式中：ρ_b——球材料的质量密度；

ω——内圈角速度，即转轴角速度；

ω_{mj}——球体 j 的公转角速度，且

$$\omega_{mj} = \frac{1-\gamma'\cos\alpha_{ij}}{1+\cos(\alpha_{ij}-\alpha_{oj})}\omega$$

$$\gamma' = \frac{D_b}{d_m}$$

M_{gj} 为球体 j 所受的陀螺力矩，有[33]：

$$M_{gj} = J_b\omega^2\left(\frac{\omega_{bj}}{\omega}\right)\left(\frac{\omega_{mj}}{\omega}\right)\sin\beta_j \tag{2.23}$$

式中：J_b——球体转动惯量，且

$$J_b = \frac{1}{60}\rho_b\pi D_b{}^5$$

ω_{bj}——球体 j 的自转角速度，且

$$\omega_{bj} = \frac{-1}{\left(\dfrac{\cos\alpha_{oj}+\mathrm{tg}\beta_j\sin\alpha_{oj}}{1+\gamma'\cos\alpha_{oj}}+\dfrac{\cos\alpha_{ij}+\mathrm{tg}\beta_j\sin\alpha_{ij}}{1-\gamma'\cos\alpha_{ij}}\right)\gamma'\cos\beta_j}\omega$$

β_j——球体 j 的自转方位角，且

$$\tan\beta_j = \frac{\sin\alpha_{oj}}{\cos\alpha_{oj} + \gamma'}$$

F_{ij} 和 F_{oj} 分别为内、外圈滚道上的滑动摩擦力。轴承高速时为外滚道控制，即球体在外圈滚道上的自旋角速度为 0，且在外圈滚道上的运动为纯滚动，相应的滑动摩擦力也仅发生外圈滚道上，以阻止陀螺运动的发生，因此有：

$$F_{ij} = 0 \tag{2.24}$$

$$F_{oj} = \frac{2M_{gj}}{D_b} \tag{2.25}$$

惯性离心力 F_{cj}、陀螺力矩 M_{gj} 以及与内外沟道的接触应力 Q_{ij}、Q_{oj} 组成的滚动体 j 的受力平衡方程为：

$$Q_{ij}\sin\alpha_{ij} - Q_{oj}\sin\alpha_{oj} - \frac{2M_{gj}}{D_b}\cos\alpha_{oj} = 0 \tag{2.26}$$

$$Q_{ij}\cos\alpha_{ij} - Q_{oj}\cos\alpha_{oj} + \frac{2M_{gj}}{D_b}\sin\alpha_{oj} + F_{cj} = 0 \tag{2.27}$$

轴承所受外部载荷应与内圈接触载荷相等。为了动力学分析方便，在此将径向分解为 x 和 y 两个方向，在考虑轴承内部相对热位移引起热预紧力，可以得到内圈的受力平衡方程为：

$$F_z + F_{a0} - \sum_{j=1}^{m} Q_{ij}\sin\alpha_{ij} = 0 \tag{2.28}$$

$$F_x - \sum_{j=1}^{m} Q_{ij}\cos\alpha_{ij}\sin\psi_j = 0 \tag{2.29}$$

$$F_y - \sum_{j=1}^{m} Q_{ij}\cos\alpha_{ij}\cos\psi_j = 0 \tag{2.30}$$

$$M_x - \sum_{j=1}^{m} Q_{ij}R_i\sin\alpha_{ij}\cos\psi_j = 0 \tag{2.31}$$

$$M_y - \sum_{j=1}^{m} Q_{ij}R_i\cos\alpha_{ij}\sin\psi_j = 0 \tag{2.32}$$

式中：m——球滚动体数目；

F_z——轴承轴向外载荷；

F_{a0}——轴承初始预紧力；

F_x、F_y——轴承径向外载荷；

M_x、M_y——轴承力矩外载荷。

方程组（2.10）－（2.11）、（2.26）－（2.32）构成了高速球轴承热-机耦合拟静力学模型的基本数学模型，用牛顿-拉弗森（Newton-Raphson）

迭代法可求解。其余方程组为辅助方程，其和接触角有关，因此需同时进行迭代。

2.3 轴承动态支承刚度分析

轴承内圈在外载荷的作用下相对于外圈产生位移，外载荷对位移的导数或者偏导数即为轴承动态支承刚度，轴承的动态支承刚度表征了其抗变形能力[34]。通过求解轴承的热-机耦合拟静力学模型可以计算出不同工况下轴承所受载荷与相应方向上变形之间的非线性关系，将载荷对其相应方向的位移进行求导可得到轴承的径向、轴向和角向刚度：

$$K_r = \frac{\mathrm{d}F_r}{\mathrm{d}\delta_r}, K_a = \frac{\mathrm{d}F_z}{\mathrm{d}\delta_z}, K_\theta = \frac{\mathrm{d}M_\theta}{\mathrm{d}\theta} \tag{2.33}$$

本节首先分析转速、初始预紧力、轴承热膨胀量对不同预紧方式下的单个轴承动态支承刚度的影响规律和权重。在此基础之上，提出了配对轴承动态支承刚度的求解流程，重点分析轴承热膨胀、转子和壳体热膨胀、预紧方式及外载荷状况联合作用下的配对轴承动态支承刚度的变化规律。表 2.1 为分析轴承的结构参数。

表 2.1 轴承的结构参数

轴承型号	B7004C/P4A	B7003C/P4A	7002C/P4A	7001C/P4A
材料	轴承钢	轴承钢	轴承钢	轴承钢
钢球直径/mm	5	4	4.7625	4.7625
钢球数量/个	13	13	11	10
内沟道半径/mm	2.85	2.28	2.715	2.715
外沟道半径/mm	2.70	2.16	2.571	2.571
内滚道沟底直径/mm	25.981	21.985	18.562	15.062
外滚道沟底直径/mm	36.019	30.015	28.438	24.938

分析单个轴承的支承刚度时，仅需考虑其径向热膨胀和初始预紧状态，其求解过程如图 2.7 所示[35-38]。图中点划线框中部分为轴承基础求解模型，无论分析单个轴承还是配对轴承均需要此过程，所以将其单独提炼出来，在配对轴承分析时作为其中的一个求解步骤，主要利用牛顿-拉弗森迭代求解。配对轴承支承刚度的求解流程如图 2.8 所示[39]。

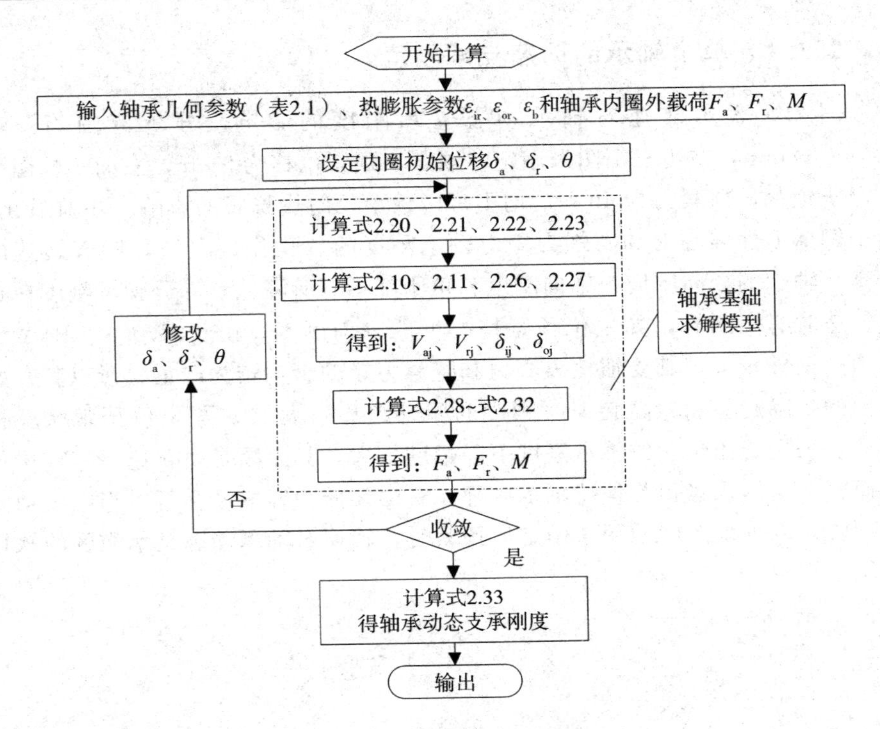

图 2.7　单个轴承计算流程

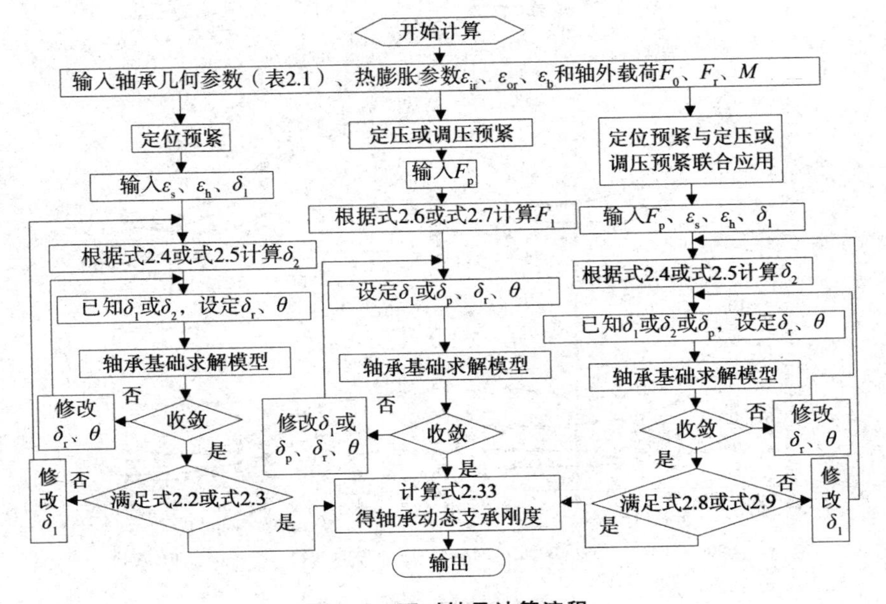

图 2.8　配对轴承计算流程

2.3.1 单个轴承的动态支承刚度

图 2.9 表示转速对轴承动态支承刚度的影响，分析范围为 0～60 000 r/min，左边三幅图采用定位预紧，预紧位移为 5 μm，右面三幅图采用定压预紧，预紧力为 40 N，均不考虑轴承径向热膨胀的影响。不难看出，由于钢球惯性离心力和陀螺力矩对轴承刚度的软化作用[28,40]，随着转速的升高，轴承的径向刚度、轴向刚度和角刚度均有所降低，部分轴承刚度在超高转速时有所回升，如定位预紧情况下的轴向刚度。由于 B7004C/P4A 型轴承的钢球较大，其受惯性离心力和陀螺力矩的影响较为严重，所以其开始阶段的下降趋势和超高转速时刚度的回升趋势较大[32]。与定位预紧状况相比较，采用定压预紧的轴承刚度下降幅度较大，其原因是高转速下较定位预紧而言，定压预紧很难保持轴承内部原有的几何相容关系。所以当电主轴高速旋转时因轴承热问题而采用定压预紧时，转速对轴承动态支承刚度的软化作用不容忽视。

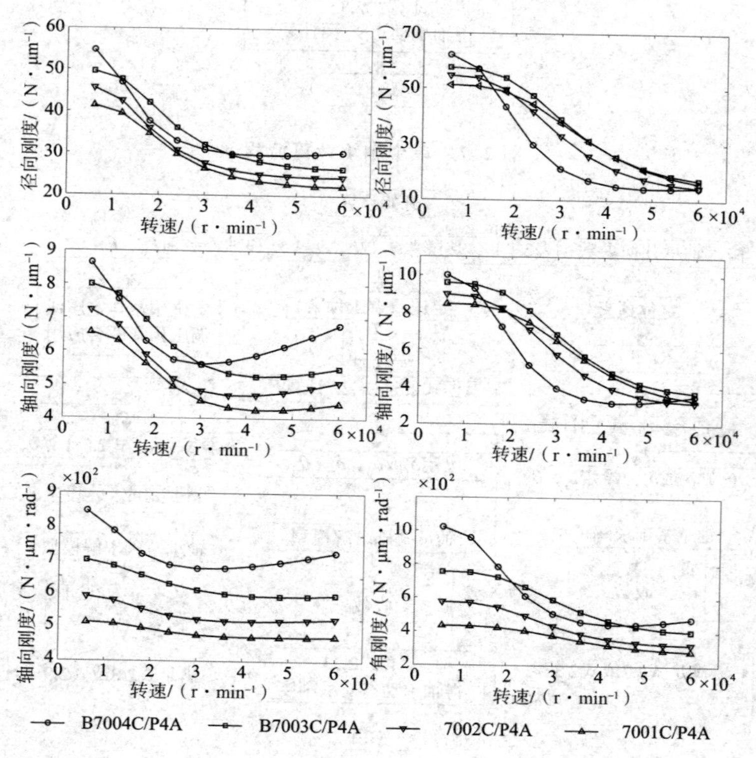

图 2.9 转速对轴承刚度的影响

图 2.10 表示定位预紧位移和定压预紧力对轴承动态支承刚度的影响，左边三幅图采用定位预紧，预紧位移为 1～10 μm，右面三幅图采用定压预紧，预紧力为 10～100 N，转速为 36 000 r/min，均不考虑轴承径向热膨胀的影响。可以看出，随着定位预紧位移或者定压预紧力的升高，轴承刚度大幅度升高，由于不同轴承几何参数的不同，其影响效果略有差异。对于较大的预紧位移或者预紧力，可以获得较高的轴承支撑刚度，但是与此同时也会产生较多的轴承摩擦损耗，所以选择合适的轴承预紧位移或者预紧力应综合考虑其刚度和产热等原因，在得到必要的轴承刚度时选择较小的预紧位移或者预紧力[41]。

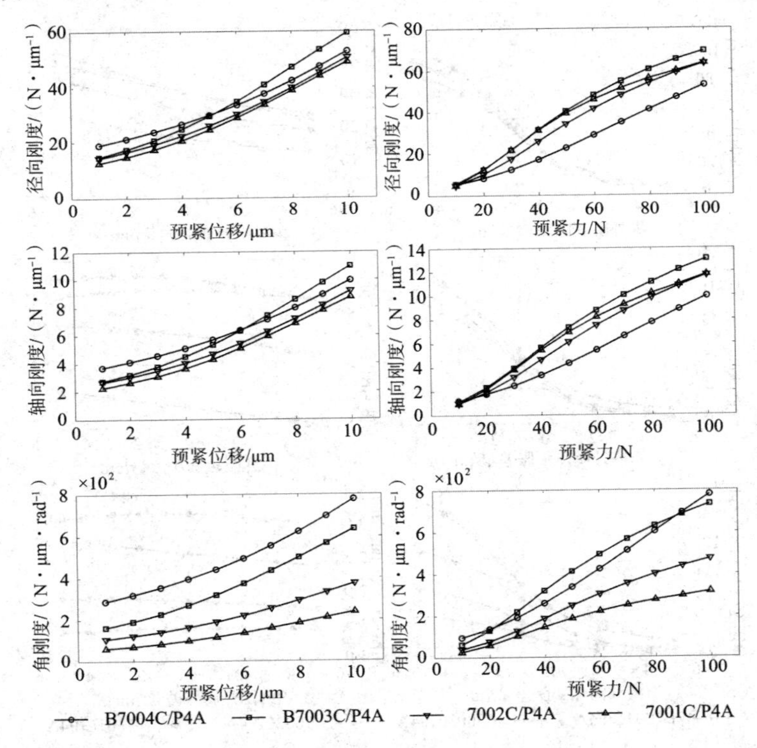

图 2.10　定位位移和预紧力对轴承刚度的影响

由图 2.5 分析可知，内、外圈沟底直径热膨胀现象对轴承内部几何相容关系的影响表现为其差值 $\varepsilon_{ir}-\varepsilon_{or}$ 的影响，可将其命名为轴承内外圈热膨胀差量。图 2.11 表示轴承内外圈热膨胀差量对其动态支承刚度的影响，左边三幅图采用定位预紧，预紧位移为 5 μm，右面三幅图采用定压预紧，预紧力为 40 N，转速为 36 000 r/min，均不考虑轴承钢球热膨胀的影响。可以看出，由于轴承内外圈热膨胀差量的增大使得轴承内部接触更加紧密，钢球与内外圈接触力增大，接触刚度增大，无论采用定位预紧还是定压预紧，轴承刚度均有所增大。在定位预紧的情况下，由于轴承内外圈轴向相对位置固定，所以内外圈热膨胀差量的增大使得其内部接触力迅速增加，接触刚度增大，表现出其刚度值的大幅度上涨。对于定压预紧而言，随着轴承内外圈热膨胀差量的变化，其内外圈轴向相位置做出相应变化，保持其预紧力不变，故其刚度值的变化幅度较小，由于刚度软化现象的影响，在较大内外圈热膨胀差量时轴承刚度值甚至出现下降趋势，如 B7004C/P4A 型轴承的轴向刚度和角刚度。

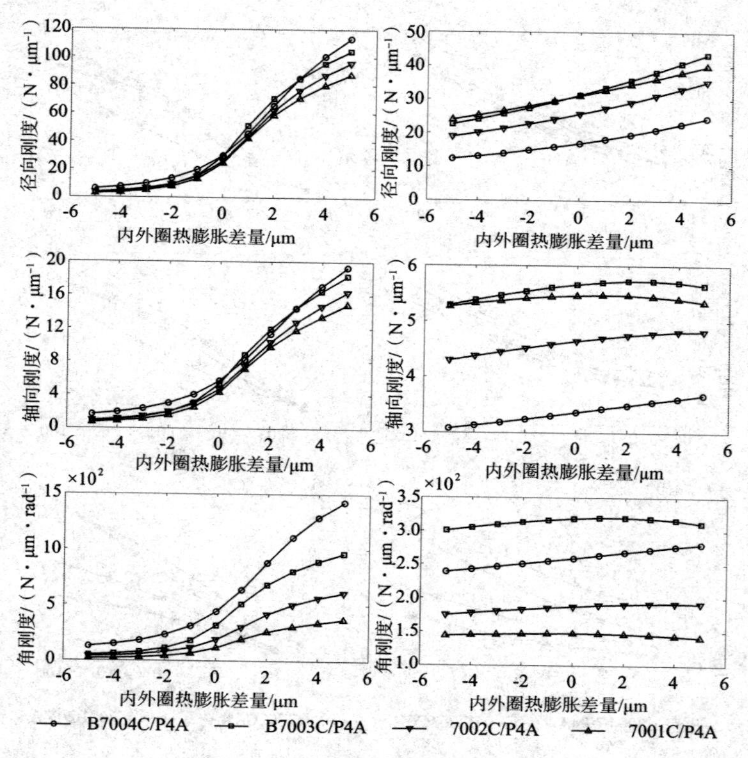

图 2.11　内外圈热膨胀差量对轴承刚度的影响

图 2.12 表示钢球热膨胀量对轴承动态支承刚度的影响，其分析范围为 1～10 μm，左边三幅图采用定位预紧，预紧位移为 5 μm，右面三幅图采用定压预紧，预紧力为 40 N，转速为 36 000 r/min，均不考虑轴承内外圈热膨胀差量的影响。很明显，无论是采用定位预紧，还是定压预紧，虽然随着轴承钢球热膨胀量的增大，其径向刚度、轴向刚度和角刚度均有所增加，但是

其变化幅度均非常小。由此可知，钢球的热膨胀现象对轴承的动态支承刚度以及系统整体动力学特性的影响是非常小的。

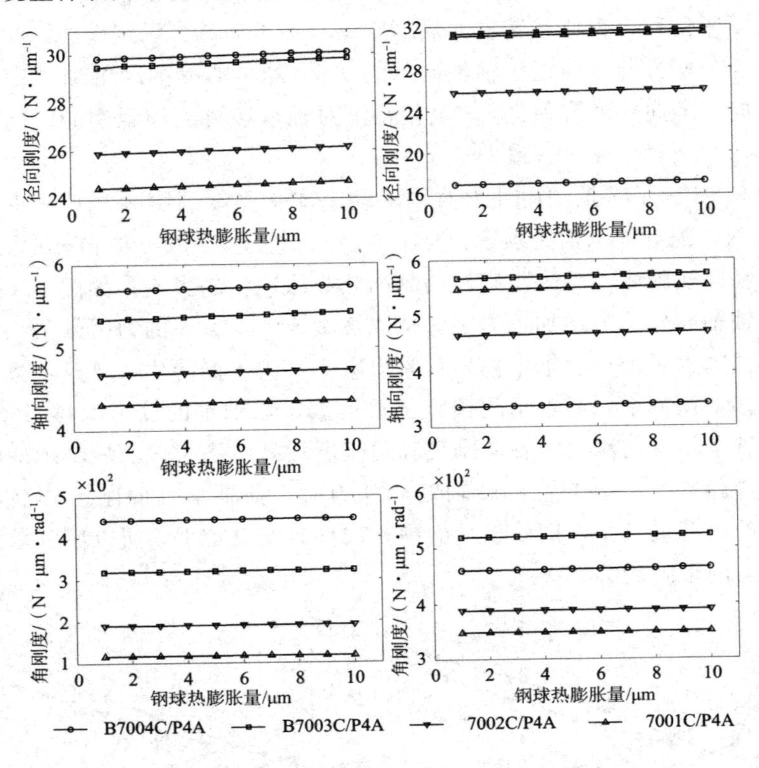

图 2.12　钢球热膨胀量对轴承刚度的影响

在对单个轴承动态支承刚度分析的基础之上可知：①采用定位预紧时，轴承内外圈热膨胀差量对其刚度的影响最大，其次为转速和预紧位移，最小为钢球热膨胀量；②采用定压预紧时，轴承预紧力和转速对其刚度的影响最大，其次为轴承内外圈热膨胀差量，最小亦为钢球热膨胀量。

2.3.2　配对轴承的动态支承刚度

将表 2.1 中的 B7004C/P4A 和 B7003C/P4A 分别作为前后轴承配对；7002C/P4A 和 7001C/P4A 分别作为前后轴承配对。本小节对上述两配对对轴承进行动态支承刚度分析分析。

①定位预紧时，轴承的配对方式如图 2.2 所示。式 2.3（$F_1 - F_2 = 0.5 \cdot F_0$）与式 2.2 比较，只是转轴轴向外力形式略有不同，其本质并无区别，所以分析时可以称其为转轴轴向外力对轴承刚度的影响；壳体和转轴的

热膨胀量对轴承刚度的影响表现为其差值 $\varepsilon_h-\varepsilon_s$ 综合作用的结果，可以称其为轴向热膨胀差量。由于轴承配置的方向和个数的不同，转轴轴向外力、初始定位预紧位移、壳体和转轴的热膨胀量对轴承动态支承刚度的影响均有所不同，为分析方便，假设转轴轴向外力 F_0 使得前轴承接触更加紧密的方向为正方向，轴向热膨胀差量 $\varepsilon_h-\varepsilon_s$ 使得配对轴承接触更加紧密的方向为正方向，与初始预紧位移 δ 一致。

图 2.13 表示转轴轴向外力对轴承动态支承刚度的影响，其分析范围为 0～100 N，配对轴承初始预紧位移为 10 μm，转速为 36 000 r/min，不考虑轴承的径向热膨胀和转轴与壳体的轴向热膨胀产生的影响。如图 2.13 所示，随着转轴轴向外力的增加，为了保持式 2.2 或者式 2.3 的力平衡关系，前轴承初始预紧力增加，后轴承初始预紧力减小；为了保持式 2.4 或者式 2.5 的预紧位移平衡关系，前轴承的预紧位移增大，后轴承的预紧位移必须减小，所以前轴承的径向刚度、轴向刚度和角刚度均有所增大，而后轴承的刚度均产生下降趋势[42]。在较高的转轴轴向外力时，前轴承轴向刚度较高，其预紧位移的改变量较小，则后轴承的预紧位移改变也较小，所以后轴承刚度及其预紧力的下降趋势放缓[42]。

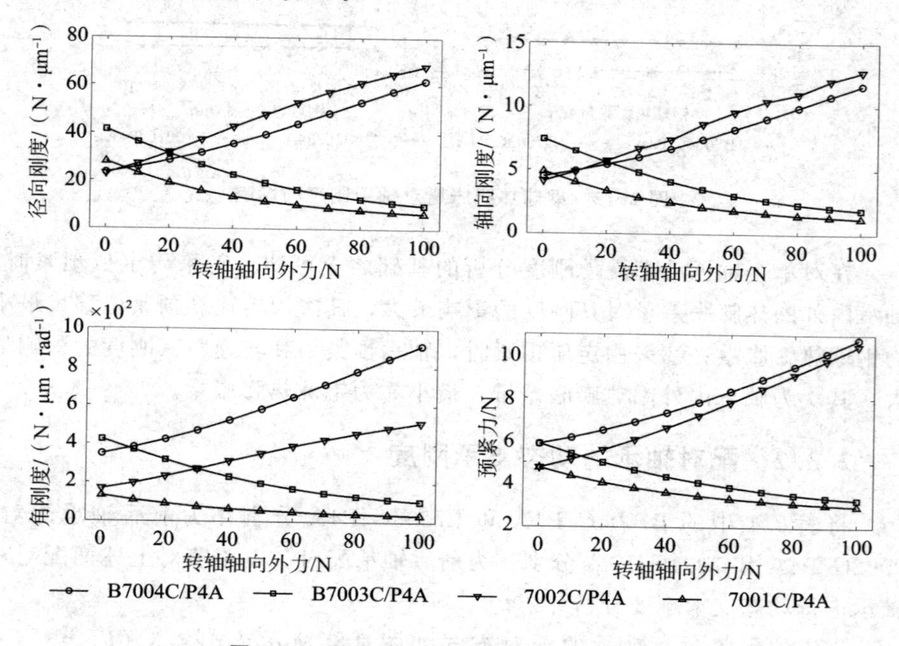

图 2.13　转轴轴向外力对轴承刚度的影响

图 2.14 表示配对轴承初始预紧位移对其动态支承刚度的影响，分析范

围为 0～20 μm，转轴轴向外力为 30 N，转速为 36 000 r/min，不考虑轴承的径向热膨胀和转轴与壳体的轴向热膨胀产生的影响。可以看出，随着配对轴承初始预紧位移的增大，为了满足式 2.2 或者式 2.3 的力平衡关系及式 2.4 或者式 2.5 的预紧位移平衡关系，前后轴承的轴向预紧位移同时增大，而且其和保持与初始预紧位移相等的关系，如图 2.14 所示，相应地前后轴承的接触紧密度增加，所以其径向刚度、轴向刚度和角度均大幅度增加。

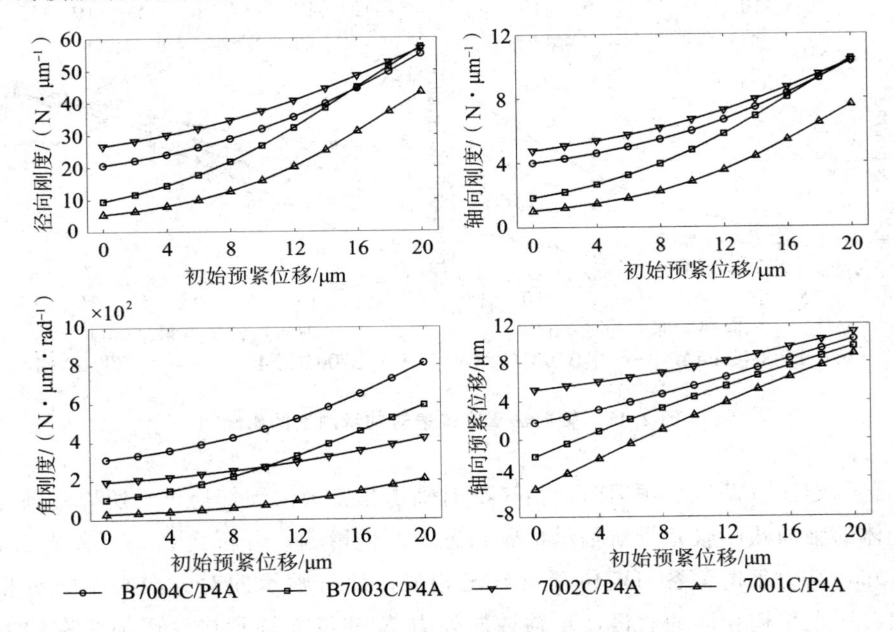

图 2.14　初始预紧位移对轴承刚度的影响

图 2.15 表示转轴与壳体的轴向热膨胀差量对轴承动态支承刚度的影响，分析范围为−16−16 μm，配对轴承初始预紧位移为 10 μm，转轴轴向外力为 30 N，转速为 36，000 r/min，不考虑轴承的径向热膨胀的影响。分析式 2.4 或者式 2.5 的预紧位移平衡关系可知，转轴与壳体的轴向热膨胀差量对轴承动态支承刚度的影响与初始预紧位移相同，都是以改变前后轴承预紧位移之和的方式影响着轴承刚度，所以，随着转轴与壳体轴向热膨胀差量的增大，如右下角图所示，前后轴承的轴向预紧位移同时增大，而且其和保持与初始预紧位移与轴向热膨胀差量之和相等的关系，前后轴承的径向刚度、轴向刚度和角度均大幅度增加。

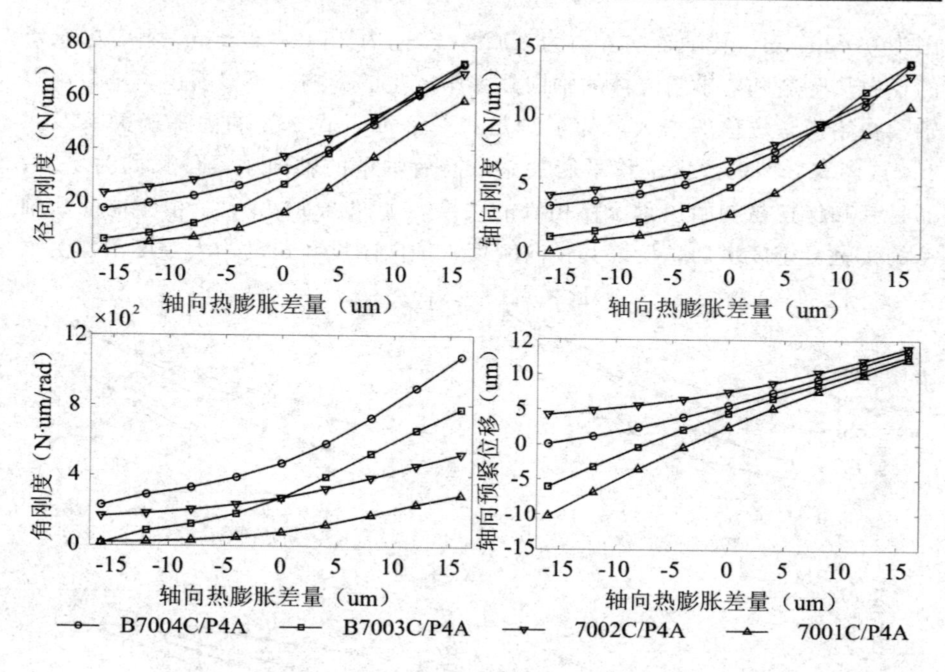

图 2.15　轴向热膨胀差量对轴承刚度的影响

②定压（调压）预紧时，由于配对轴承预紧力由弹簧提供，所以转轴与壳体的轴向热膨胀差量对轴承预紧状态不产生影响，分析式 2.6 或者式 2.7 可知，其力平衡关系与定位预紧状况相似，而且轴承配对方向与个数也相似，所以采用相同的假设：转轴轴向外力 F_0 使得前轴承接触更加紧密的方向为正方向。

图 2.16 表示配对轴承初始预紧力对其动态支承刚度的影响，分析范围为 10～70 N，转轴轴向外力为 30 N，转速为 36 000 r/min，不考虑轴承的径向热膨胀和转轴与壳体的轴向热膨胀产生的影响。可以看出，随着预紧力的增大，为了保持式 2.6 或者式 2.7 的力平衡关系，前轴承预紧力随之增大，其特点与单个轴承分析时的定压预紧状况相似，只是前轴承的预紧力大于后轴承，所以前后轴承的径向刚度、轴向刚度和角刚度均呈现出上升的趋势[43]。

图 2.17 表示转轴轴向外力对轴承动态支承刚度的影响，分析范围为 10～70 N，配对轴承预紧力为 30 N，转速为 36 000 r/min，不考虑轴承的径向热膨胀和转轴与壳体的轴向热膨胀影响。可以看出，随着转轴轴向外力的增大，后轴承预紧力保持 30 N 不变，为了满足式 2.6 或者式 2.7 的力平衡关系，前轴承预紧力随之增大，所以前轴承的径向刚度、轴向刚度和角钢

度均随之增大，而后轴承刚度均保持不变。

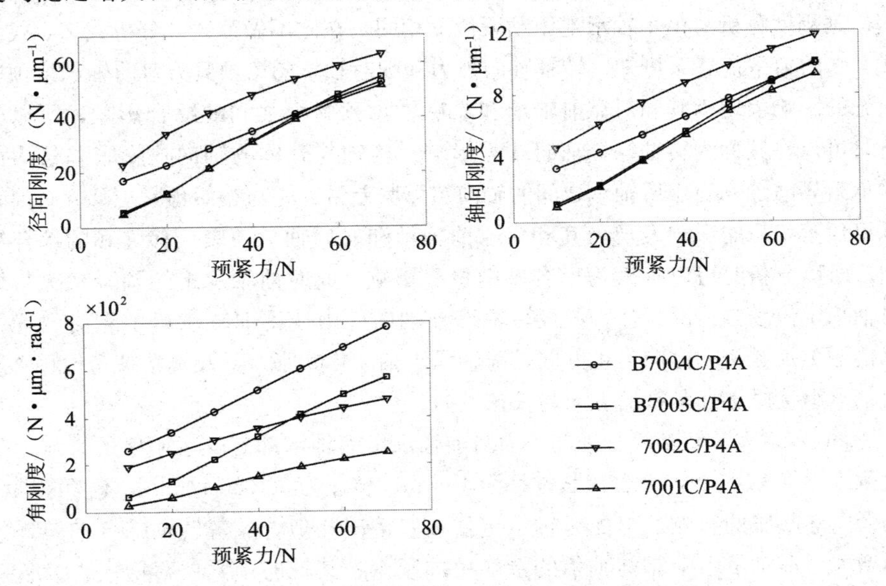

图 2.16　初始预紧力对轴承刚度的影响

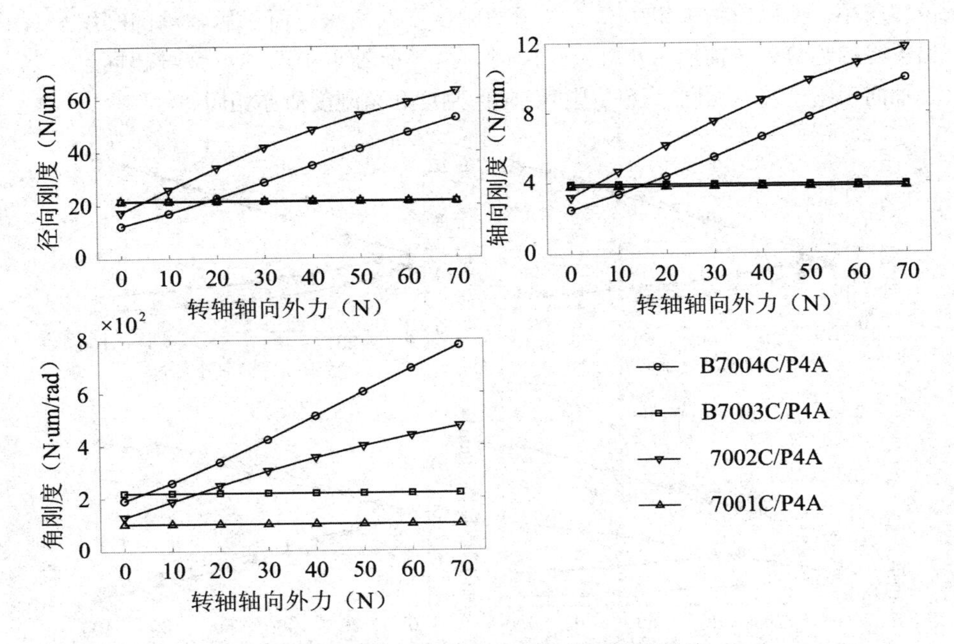

图 2.17　转轴轴向外力对轴承刚度的影响

③定位预紧与定压（调压）预紧联合应用时，前轴承组为定位预紧，由于

转轴轴向外力的影响，靠前轴承与靠后轴承支承刚度不同，后轴承组为定压预紧，其刚度分析与单个轴承定压预紧情况相同，在此不做赘述。分析式 2.8 或者式 2.9 的力平衡关系可知，转轴轴向外力和配对轴承初始预紧力对前轴承组预紧状态的影响表现为其和对靠前轴承和靠后轴承预紧力之和的综合影响，所以分析时可以将其称为转轴综合轴向外力影响，转轴与壳体的轴向热膨胀差量为前轴承组靠前轴承与靠后轴承之间的轴向热膨胀差量，它与初始预紧位移 δ 对前轴承组预紧状态的影响表现为其和对靠前轴承和靠后轴承预紧位移之和的综合影响，所以分析时可以称其为综合轴向位移影响，此时前轴承组的预紧状况与配对轴承定位预紧情况相似，假设转轴综合轴向外力使得前轴承组中靠前位置轴承接触更加紧密的方向为正方向，前轴承组轴向热膨胀差量及其始预紧位移 δ 使前轴承组接触更加紧密的方向为其正方向。

图 2.18 表示转轴综合轴向外力对前轴承组两轴承动态支承刚度的影响，分析范围为 0～100 N，综合预紧位移为 10 μm，转速为 36 000 r/min，不考虑轴承的径向热膨胀的影响。与配对轴承定位预紧情况相似，随着转轴综合轴向外力的增大，前轴承组中靠前轴承的接触更加紧密，其轴向预紧位移增大，为了保持式 2.4 或者式 2.5 的预紧位移平衡关系，如图 2.18 所示，靠后轴承轴向预紧位移减小，所以前轴承组中靠前轴承的刚度不断增大，而靠后轴承的刚度呈现出下降的趋势。转轴轴向外力为 0 N 时，由于前轴承组两轴承型号相同，所以其轴向预紧位移、相同，径向刚度、轴向刚度和角刚度值亦相同。

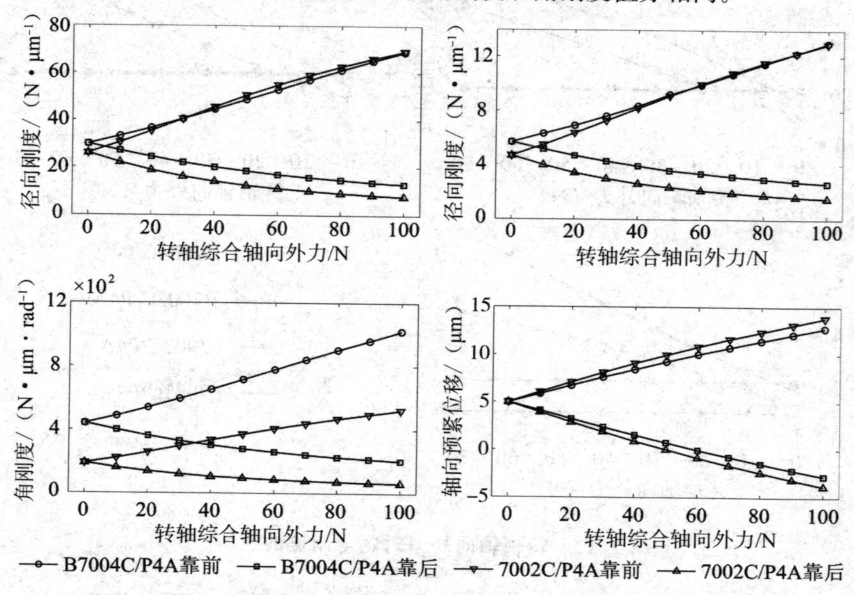

图 2.18　转轴综合轴向外力对前轴承组刚度的影响

图 2.19 表示综合预紧位移对前轴承组两轴承动态支承刚度的影响，分析范围为 0～20 μm，转轴综合预紧力为 30 N，转速为 36 000 r/min，不考虑轴承的径向热膨胀的影响。如图 2.19 所示，与配对轴承定位预紧情况相似，随着综合预紧位移的增大，前轴承组中两轴承的轴向预紧位移均随之增大，由于综合轴向外力的存在，靠前轴承的接触更加紧密，故其轴向预紧位移较大，所以无论靠前轴承还是靠后轴承的刚度值均随综合预紧位移的增大而升高，而靠前轴承的刚度值高于靠后轴承。

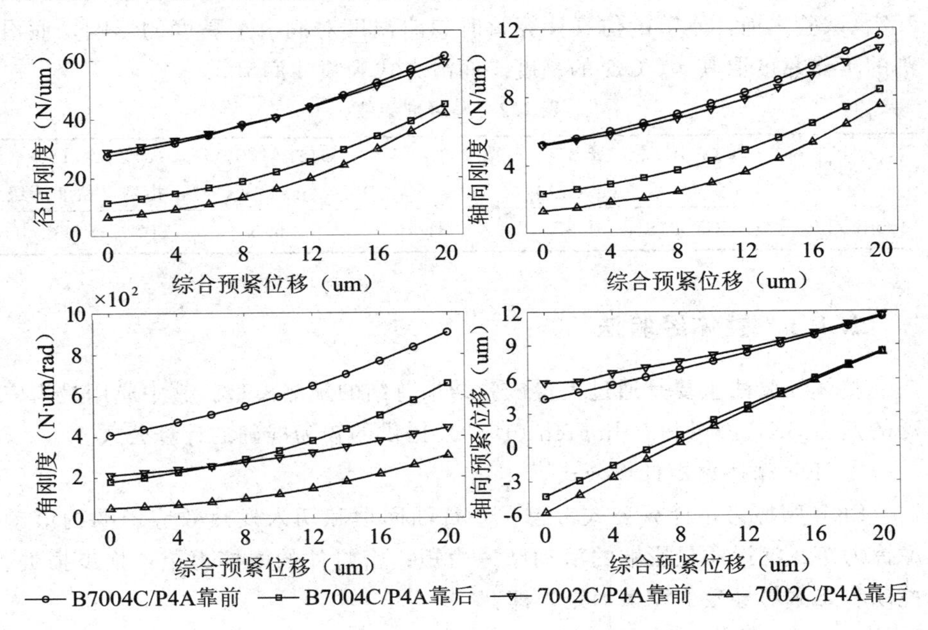

图 2.19　综合预紧位移对前轴承组刚度的影响

上述配对轴承动态支承刚度的分析可知：轴承的预紧方式、配对轴承个数、转轴轴向外力、转轴与壳体的热膨胀差量、轴承组初始预紧位移或者预紧力等因素均对轴承的动态支承刚度产生影响，以上分析为单一因素影响下的轴承刚度变化规律，具体事例计算时应分析各方面因素，分析综合因素作用下的轴承动态支承刚度。

2.4　轴承的摩擦损耗模型

现有的轴承摩擦损耗预测方法主要分为整体法和局部法。其中，整体法是指通过各种经验公式或者试验直接测量获得轴承的摩擦力矩并乘以套圈转速得到轴承摩擦损耗；局部法是根据分析轴承各部件间的运动学关系计算其局部区域摩擦损耗后再求和得到总的轴承摩擦损耗。

本节主要对轴承摩擦损耗模型进行研究和改进，并利用各种模型对高速电主轴常用的精密/超精密滚动轴承摩擦损耗进行求解、比较和讨论。本节仿真计算条件为：分析对象为角接触混合陶瓷球轴承（型号：B7005C/HQ1P4A），轴承详细结构参数见表 1.3。预紧方式采用定压预紧，且恒定预紧力 $F_a=82.5$ N。润滑剂型号为 Mobil DTE 轻级，其详细性能参数见表 2.2。试验之前，本节的仿真计算暂时忽略温度对润滑剂黏度的影响，润滑剂的工作黏度取其 40 ℃时的黏度。润滑方式为喷油润滑。

表 2.2　润滑剂参数

型号	倾点/℃	闪点/℃	密度/(g/cm³)	黏度（40 ℃）/（mm²·s⁻¹）	黏度（100 ℃）/（mm²·s⁻¹）	黏度指数	ISO 黏度等级
Mobil DTE 轻级	−18	218	0.85	31	5.5	102	32

2.4.1　整体经验法

整体经验法主要是通过大量试验结果总结的预测模型。其中应用最为广泛的是由 SKF 公司和 Palmgren（1959）提供的较为准确的计算公式。

①SKF 摩擦力矩计算公式[44]

SKF 摩擦力矩计算公式考虑了：贫油回填和切入发热效应影响的滚动摩擦力矩；润滑质量影响的滑动摩擦力矩；密封件的摩擦力矩；拖曳损失、搅动和飞溅等导致的摩擦力矩，即：

$$M = M_{rr} + M_{sl} + M_{seal} + M_{drag} \tag{2.34}$$

式中：M_{rr}——滚动摩擦力矩，N·mm；

M_{sl}——滑动摩擦力矩，N·mm；

M_{seal}——密封件的摩擦力矩，N·mm；

M_{drag}——拖曳损失、搅动和飞溅等导致的摩擦力矩，N·mm；

滚动摩擦力矩 M_{rr}：

$$M_{rr} = \varphi_{ish}\varphi_{rs}G_{rr}(\nu n)^{0.6} \tag{2.35}$$

式中：ϕ_{ish}——切入发热减少系数；

ϕ_{rs}——运动贫油回填减少系数；

G_{rr}——滚动摩擦变量；

ν——工作温度下润滑剂的运动黏度，mm²/s；

n——轴承内圈旋转速度，r/min。

切入发热减少系数 ϕ_{ish}：

$$\varphi_{ish} = \frac{1}{1 + 1.84 \times 10^{-9}(nd_m)^{1.28}\nu^{0.64}} \tag{2.36}$$

运动贫油回填减少系数 ϕ_{rs}：

$$\varphi_{rs} = \frac{1}{e\left[K_{rs}\nu n(d+D_1)\sqrt{\frac{K_Z}{2(D_1-d)}}\right]} \tag{2.37}$$

式中：e——自然对数底数；

K_{rs}——贫油回填系数（油气润滑为：6×10^{-8}）；

K_Z——根据轴承类型而定的几何常数（角接触球轴承为：4.4）；

D_1——轴承外径，mm；

d_m——轴承节圆直径，mm；

d——轴承内径，mm。

滑动摩擦力矩 M_{sl}：

$$M_{sl} = G_{sl}\mu_{sl} \tag{2.38}$$

式中：G_{sl}——滑动摩擦变量；

μ_{sl}——滑动摩擦系数。

滑动摩擦系数 μ_{sl}：

$$\mu_{sl} = \varphi_{bl}\mu_{bl} + (1-\varphi_{bl})\mu_{EHL} \tag{2.39}$$

式中：μ_{bl}——根据润滑剂中添加剂情况的系数，一般为：0.15；

μ_{EHL}——全油膜条件下的滑动摩擦系数，矿物油润滑为：0.05；

ϕ_{bl}——滑动摩擦系数的权重系数。

滑动摩擦系数的权重系数 ϕ_{bl}：

$$\varphi_{bl} = \frac{1}{e^{2.6\times10^{-8}(n\nu)^{1.4}d_m}} \tag{2.40}$$

对于角接触球轴承，滚动摩擦变量 G_{rr} 为：

$$G_{rr} = R_1 d_m^{1.97}(F_r + F_{gr} + R_2 F_a)^{0.54} \tag{2.41}$$

$$F_{gr} = R_3 d_m^4 n^2 \tag{2.42}$$

滚动摩擦力矩的几何常数 R_1、R_2 和 R_3 分别为 5.03×10^{-7}、1.97 和 1.90×10^{-12}。

对于角接触球轴承，滑动摩擦变量 G_{sl} 为：

$$G_{sl} = S_1 d_m^{0.26}\left[(F_r + F_{gl})^{4/3} + S_2 F_a^{4/3}\right] \tag{2.43}$$

$$F_{gl} = S_3 d_m^4 n^2 \tag{2.44}$$

滑动摩擦力矩的几何常数 S_1、S_2 和 S_3 分别为 1.30×10^{-2}、0.68 和 1.91×10^{-12}。对于标准混合陶瓷球轴承的摩擦力矩时，只需要在几何常数

R_3和S_3乘以系数0.41，即分别为$0.41R_3$和$0.41S_3$。

拖曳损失M_{drag}：

$$M_{\mathrm{drag}} = 0.4V_{\mathrm{M}}K_{\mathrm{ball}}d_m^5 n^2 + 1.093\times10^{-7}n^2 d_m^3\left(\frac{nd_m^2 f_t}{\nu}\right)^{-1.379}R_s \quad (2.45)$$

式中：V_{M}——拖曳损失系数；

K_{ball}——滚动体相关的参数，可表示为：

$$K_{\mathrm{ball}} = \frac{i_{\mathrm{rw}}K_Z(d+D_1)}{D_1-d}10^{-12} \quad (2.46)$$

式中：i_{rw}——球列数；

K_{Z}——根据轴承类型而定的几何常数。

在计算因拖曳损失导致的摩擦力矩的公式中，使用的变量和函数为：

$$f_{\mathrm{t}} = \begin{cases}\sin(0.5t), & 0\leqslant t\leqslant\pi\\ 1, & \pi\leqslant t\leqslant 2\pi\end{cases} \quad (2.47)$$

$$R_{\mathrm{s}} = 0.36d_{\mathrm{m}}^2(t-\sin t)f_{\mathrm{A}} \quad (2.48)$$

$$t = 2\cos^{-1}\left(\frac{0.6d_{\mathrm{m}}-H}{0.6d_{\mathrm{m}}}\right) \quad (2.49)$$

$$f_{\mathrm{A}} = 0.05\frac{K_{\mathrm{Z}}(D_1+d)}{D_1-d} \quad (2.50)$$

式中：H——油位，mm。

以上拖曳损耗计算公式主要应用于油浴润滑的情况。在喷油润滑条件下，油位H可取滚动体直径的一半，但是需要在以上计算出来的M_{drag}乘以系数2。

油润滑轴承一般不包含密封件的摩擦力矩，因此此处不做介绍。以上SKF经验公式只适用于标准全钢/混合陶瓷球轴承，而不适用高速电主轴用的精密/超精密混合陶瓷球轴承。关于本节仿真计算条件下的轴承滚动和滑动摩擦损耗由SKF应用工程服务部门提供，拖曳损失由上述模型计算；计算结果如图2.20所示。由图2.20可知轴承摩擦损耗主要来源于滚动摩擦损耗和拖曳损失，滑动摩擦损耗较小。SKF应用工程服务部门提供的滚动摩擦力矩和滑动摩擦力矩是比较准确的。但是，其涉及的由于拖曳损失、搅动和飞溅等导致的拖曳损失只适合油浴和喷油润滑方式，而且无法体现供油量对拖曳损失的影响。因此，无法利用SKF经验公式预测高速电主轴常用的油雾或油气润滑方式的拖曳损失。

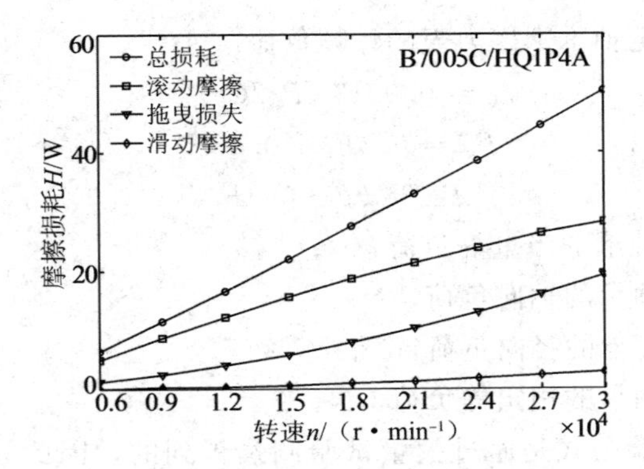

图 2.20　利用 SKF 公式计算的轴承摩擦损耗

②Palmgren 摩擦力矩计算公式[45]

考虑了负载引起的摩擦和润滑剂引起的黏性摩擦两个部分，即：

$$M = M_0 + M_1 \tag{2.51}$$

式中：M——总的摩擦力矩，N・mm；

M_0——与轴承类型、转速和润滑剂性质有关的摩擦力矩，N・mm；

M_1——与轴承所受负荷有关的摩擦力矩，N・mm。

M_0 反映了润滑剂的流体动力损耗，可按下式计算：

在 $\nu n \geqslant 2000$ 时，

$$M_0 = 10^{-7} f_0 (\nu n)^{2/3} d_m^3 \tag{2.52}$$

在 $\nu n < 2000$ 时，

$$M_0 = 160 \times 10^{-7} f_0 d_m^3 \tag{2.53}$$

式中：f_0——与轴承类型和润滑方式有关的系数。

润滑剂的运动黏度 μ 受温度影响较大。尤其高速轴承的温升较严重，因此本节在 Palmgren 模型中考虑了润滑剂的黏-温关系。根据 ASTM D341 标准计算润滑剂运动黏度随温度的变化：

$$\log(\log\mu + 0.7) = A - B\log T \tag{2.54}$$

式中：T——轴承的工作温度，℃；

A、B——与润滑剂特性有关的参数，可由润滑剂在两个已知温度时的相应粘度代入上式后联立求解方程组解出。润滑剂铭牌通常会标出 40 ℃和 100 ℃时的运动粘度。

M_1 反映了与负载有关的各种摩擦损耗，按下式计算：

$$M_1 = f_1 P_1 d_m \tag{2.55}$$

式中：f_1——与轴承类型和所受负荷有关的系数；

P_1——决定轴承摩擦力矩的计算负荷，N；

$$f_1 = 0.0013\,(P_0/C_0)^{0.33} \tag{2.56}$$

$$P_0 = 0.5F_r + 0.46F_a \tag{2.57}$$

$$P_1 = F_a - 0.4F_r \tag{2.58}$$

式中：P_0——为轴承的当量静负荷，N；

F_a——为轴承的轴向负荷，N；

F_r——为轴承的径向负荷，N；

C_0——为轴承的额定静负荷，N。

Palmgren 经验公式是通过大量试验测量得到的，因此只适用于类似试验条件件的应用场合，即 Palmgren 经验公式只适用于中等负荷、中等转速和润滑正常的滚动轴承。Palmgren 经验公式并没有考虑润滑剂量、润滑方式、运动贫油、切入发热效应和有无密封圈等多种重要因素的影响。图 2.21 为利用 Palmgren 经验公式计算轴承高速条件下的摩擦损耗，其结果比 SKF 公式的计算结果大得多，误差较大。由图 2.21 可知，流体动力损耗比载荷摩擦损耗大得多，因此在 Palmgren 经验公式中考虑润滑剂黏度随温度的变化（黏-温关系）会改善其高速情况的计算精度，但是其预测的高速摩擦损耗依然较实际值偏大许多。

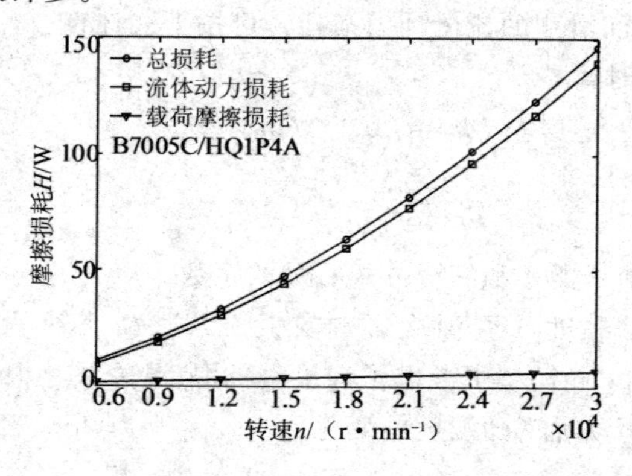

图 2.21 利用 Palmgren 公式计算的摩擦损耗

综上所述，Palmgren 经验公式和 SKF 经验公式都无法准确地预测电主轴常用的高速精密/超精密滚动轴承在油雾或油气润滑方式下的摩擦损耗。

2.4.2 局部分析法

通过局部法分析轴承摩擦的具体来源，以及各因素对轴承摩擦的影响机理，对于针对性地减小或限制轴承摩擦损耗具有重要的指导意义。传统的局部分析法认为滚动轴承的摩擦主要来源于以下 6 种摩擦因素：滚动体与滚道间的差动滑动摩擦、自旋摩擦和弹性滞后摩擦，保持架与套圈引导面间的滑动摩擦，滚动体与保持架间的滑动摩擦，润滑剂的黏性摩擦。随着弹流润滑理论的发展，弹流滚动阻力被认为是球轴承摩擦的主要来源之一，应当将其补充到轴承局部摩擦损耗的分析中。因此总的轴承摩擦损耗可表示为：

$$\begin{aligned} H'_{\mathrm{tot}} &= H_{\mathrm{roll}} + H_{\mathrm{sliding}} + H_{\mathrm{drag}} \\ &= (H_{\mathrm{EHL}} + H_{\mathrm{E}}) + (H_{\mathrm{D}} + H_{\mathrm{S}} + H_{\mathrm{CR}} + H_{\mathrm{CB}}) + H'_{\mathrm{V}} \end{aligned} \tag{2.59}$$

式中 H_{roll}、H_{sliding}、H_{drag} 分别代表由于滚动摩擦、滑动摩擦和润滑剂的拖曳阻力造成的摩擦损耗。其中滚动摩擦损耗 H_{roll} 主要来自：弹流滚动摩擦损耗 H_{EHL} 和弹性滞后摩擦损耗 H_{E}。滑动摩擦损耗 H_{sliding} 主要来自：差动滑动摩擦损耗 H_{D}、自旋摩擦损耗 H_{S}、保持架与套圈引导面间的滑动摩擦损耗 H_{CR} 和滚动体与保持架间的滑动摩擦损耗 H_{CB}。润滑剂的拖曳阻力损耗 H_{drag} 主要来自：润滑剂的黏性摩擦损耗 H'_{E}。由于在高速轴承中总是通过添加适当的预紧力和改善轴承设计来避免滚动体的陀螺旋转和打滑，因此这两部分因素对摩擦损耗的影响被忽略。上述各因素引起的轴承摩擦损耗计算公式如下：

①弹性滞后引起的摩擦

滚动体在滚动过程中由于材料的弹性滞后性质而受到的当量摩擦力矩为[46]：

$$M_{\mathrm{E}} = \frac{d_{\mathrm{m}}}{4}\left(1 - \frac{D^2}{d_m^2}\cos^2\alpha\right)(\varphi_{\mathrm{i}} + \varphi_{\mathrm{e}})\beta \tag{2.60}$$

式中：M_{E}——弹性滞后摩擦力矩，N · m；

i、e——分别代表轴承的内圈和外圈；

d_{m}——轴承节圆直径，m；

α——接触角，rad；

D——滚动体直径，m；

β——弹性滞后损失系数，和转速有关，由试验确定；

φ——滚动体单位滚动距离上的弹性滞后损失量。

$$\varphi = \frac{9 n_{\mathrm{a}} n_{\delta} \eta' Q^2}{32ab} \tag{2.61}$$

式中：n_{a}、n_{δ}——与接触点主曲率差函数有关的系数，可查表获得；

a、b——分别为赫兹接触椭圆长半轴和短半轴长度，m；

Q——滚动体与滚道接触的法向接触力，N；

η'——滚动体和套圈的综合弹性参数。

轴承因材料弹性滞后损耗量 H_E 为：

$$H_E = \sum_{j=1}^{Z} M_E \omega \tag{2.62}$$

式中：ω——套圈转动角速度，rad/s。

②弹流滚动阻力摩擦

滚动体与滚道接触区域的润滑条件通常为弹流润滑，而滚动轴承接触区域的滚动摩擦主要来自弹流滚动阻力，这是由于接触区域进口处的黏性润滑剂所致。Aihara S[47] 给出了圆锥滚动体轴承由弹流润滑滚动阻力引起的转矩公式。Aramaki H[48] 将 Aihara S 公式直接应用于球轴承。弹流滚动阻力引起的摩擦力矩可表示为[47]：

$$M_{\mathrm{EHL}} = \sum_{j=1}^{Z} \left[\frac{2}{D} (R_i m_i \cos\alpha_i + R_e m_e \cos\alpha_e) \right] \tag{2.63}$$

式中：M_{EHL}——弹流滚动阻力摩擦力矩，N·m；

R——滚动体和套圈接触变形受压表面的等效曲率半径，m；

m——为轴承滚动体与套因弹流润滑滚动阻力产生的摩擦力矩，N·m。

m 可表示为：

$$m = F_{\mathrm{EHL}} R_{\mathrm{x}} \tag{2.64}$$

$$R_{\mathrm{x}} = \frac{1}{2} D \left(1 \mp \frac{D \cos\alpha_{\mathrm{i/e}}}{d_{\mathrm{m}}} \right) \tag{2.65}$$

式中：R_{x}——滚动体和套圈接触点的当量曲率半径，m；上面的符号适用内圈，下面的符号适用外圈；

F_{EHL}——弹流润滑滚动阻力，N；可表示为[49]：

$$F_{EHLi/e} = f_{\mathrm{wi/e}} f_{Li/e} \frac{4.38}{\alpha^*} (GU_{i/e})^{0.658} W_{\mathrm{i/e}}^{0.126} R_{\mathrm{xi/e}} 2a_{\mathrm{i/e}} \tag{2.66}$$

式中：a——接触椭圆长半轴，m；

α^*——润滑剂的黏度压力指数，Pa^{-1}；典型的齿轮润滑剂的黏度压力指数为 $0.725 \times 10^{-8} \sim 2.9 \times 10^{-8}\ \mathrm{Pa}^{-1}$。

$$\alpha^* = 10^{-6} \times k' \eta_{\mathrm{M}}^{s} \tag{2.67}$$

$$\eta_{\mathrm{M}} = 10'^{g} - 0.9 \tag{2.68}$$

$$g' = 10^{c} (\theta_M + 273.15)^{d} \tag{2.69}$$

式中：θ_{M}——润滑剂的工作温度，℃。

计算黏度压力指数的相关参数见表 2.3 所示。

表 2.3　计算黏度压力指数的相关参数

润滑剂	ISO VG	η_{40}	η_{100}	c	d	k'	s
矿物油	32	27.17816	4.294182	10.20076	−4.02279	0.010471	0.1348
	46	39.35879	5.440514	10.07933	−3.95628	0.010471	0.1348
	68	58.64514	7.059163	9.90355	−3.86833	0.010471	0.1348

G、U、W——分别代表点接触关于材料、速度和载荷的无量纲参数，计算方法如下：

$$G = \alpha^* E' \tag{2.70}$$

$$U_{i/e} = \frac{\eta_0 u_{i/e}}{E' R_{xi/e}} \tag{2.71}$$

$$W_{i/e} = \frac{Q_{i/e}}{E' R_{xi/e}^2} \tag{2.72}$$

式中：E'——滚动体和套圈材料的综合弹性模量，Pa；

u——接触点的平均滚动速度，m/s；

η_0——润滑剂的动力黏度，Pa·s；可以通过使用下列公式计算：

$$\eta_0 = \rho_{oil} \cdot \nu_{oil} \tag{2.73}$$

式中：ρ_{oil}——润滑剂的密度，kg/m^3；

ν_{oil}——润滑剂的运动黏度，m^2/s；

负荷修正系数 f_w 和热负荷系数 f_L 分别表示为

$$f_{wi/e} = (k_b W_{i/e})^{0.3} \tag{2.74}$$

$$f_{Li/e} = \left(\frac{1}{1 + 0.29 L_{i/e}^{p}}\right) \tag{2.75}$$

式中：k_b——常数，它取决于轴承的内部尺寸；

热负荷参数 L 和指数 p 由下式计算[49]：

$$L_{i/e} = \frac{\eta_0 \beta u_{i/e}^2}{k'} \tag{2.76}$$

$$p = 0.56\left[1 - \frac{1}{e^{9953\left(\frac{2a_{i/e}}{D}\right)^{3.929}}}\right] \tag{2.77}$$

式中：k'——润滑剂的导热系数，N/s·K；矿物油可取 0.12～0.15；

β——润滑剂的黏温系数[33]；

$$\beta \approx 0.00909 \ln(\eta_{50} / \eta_{100}) \tag{2.78}$$

式中：η_{50}、η_{100}——分别为润滑剂的 50 ℃和 100 ℃时的动力黏度，Pa·s。

Aihara S 模型考虑了进口剪切加热和轴向载荷对弹流滚动阻力的影响。

然而，在黏度或转速较高的应用场合，前一滚动体滚过套圈某一位置，当润滑剂尚未补充到这个位置时，后一滚动体又滚到这个位置，即润滑剂没有足够的时间补充至这个位置，这种现象称为运动贫油现象[50]。贫油润滑状态降低了流体动力膜的厚度和滚动摩擦。Aihara S 的弹流滚动摩擦阻力的最大试验转速为 3 000 r/min，因此忽略了运动贫油现象。但是对于高速球轴承，本课题组在 Aihara S 模型中考虑了贫油润滑状态减少因子 $f_{\rm rs}$，即[44]：

$$f_{\rm rs} = \varphi_{\rm rs} = \frac{1}{\mathrm{e}\left[K_{\rm rs}\nu n(d_{\rm r}+D_{\rm r})\sqrt{\frac{K_{\rm Z}}{2(D_{\rm r}-d_{\rm r})}}\right]} \tag{2.79}$$

图 2.22 为采用本课题改进的弹流滚动阻力模型、SKF 经验公式、弹性滞后模型计算得到轴承的滚动摩擦损耗对比图。SKF 经验公式计算的滚动摩擦损耗包括弹流滚动阻力和弹性滞后两种滚动摩擦损耗。由图 2.22 可知：随着转速的增大，Aihara S 公式与 SKF 公式计算的滚动摩擦损耗的差别越来越大，这主要归因于 Aihara S 公式忽略了高速轴承的运动贫油现象。通过考虑运动贫油回填减少系数 $f_{\rm rs}$ 修正的弹流滚动阻力模型与 SKF 公式计算的滚动摩擦损耗基本一致，说明本课题组建立和修正的球轴承的弹流滚动阻力模型可以有效且准确地预测低速和高速条件下的弹流滚动摩擦损耗。弹性滞后摩擦损耗相对于弹流滚动摩擦损耗是一种非常小的滚动摩擦损耗。

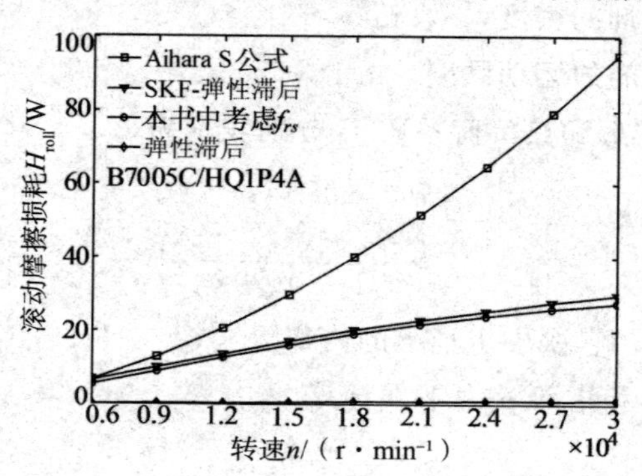

图 2.22　滚动摩擦损耗的对比图

③润滑剂的黏性摩擦

润滑剂的黏性摩擦阻力包括：滚动体在充满油气混合物的轴承内公转时受到的流体绕流阻力；滚动体自传运动时受到流体的搅拌摩擦阻力。其中，每个滚动体受到的绕流阻力为[33]：

$$F_{\rm dj} = \frac{\pi}{32}C_{\rm D}\rho(Dd_{\rm m}\omega_{\rm m})^2 \tag{2.80}$$

式中：F_{dj}——绕流阻力，N；

C_D——绕流拖动系数；

ρ——油气混合物的质量密度，kg/m^3；

以上是传统的计算润滑剂黏性摩擦模型，主要存在以下 3 个缺陷：第一，搅拌摩擦阻力因计算较复杂被忽略；第二，绕流拖动系数 C_D 是至关重要的参数，传统绕流拖动系数 C_D 只适用于单个球体在流体中运动的工况，并不适用于轴承中多个滚动体并排运动的工况；第三，轴承空腔内是由润滑剂和空气组成的混合气体，混合物的质量密度不易计算和测量。针对以上问题，本课题建立了搅拌摩擦阻力计算模型；在原始单个球体的绕流拖动系数 C_D 添加修正系数使其适用并排运动的滚动体；结合试验结果，拟合得到了油气润滑条件下的轴承空腔内的油气混合物的等效质量密度的经验公式。

绕流阻力主要分为两部分：其一，由于物体表面的切应力所形成的阻力，即摩擦阻力；其二，由于物体表面的压强所形成的阻力，即压强阻力。基于边界层理论，由量纲分析法可得物体在流体中运动受到的总阻力可表示为（雷诺定律）[51]：

$$F'_{\mathrm{dj}}=\frac{1}{2}\rho_{\mathrm{eff}}\cdot u_{\mathrm{d}}^{2}\cdot A\cdot C_{\mathrm{D}} \tag{2.81}$$

式中：F'_{dj}——每个滚动体受到的绕流助力，N；

u——固液相对速度，m/s；

A——湿面积，m^2；

ρ_{eff} 为轴承空腔内存在的流体（润滑剂和空气的混合物）的质量密度，是影响绕流阻力的关键因素。

将轴承内的两相流体简化为一种具有一定等效密度和流速的等效流体，即：

$$\rho_{\mathrm{eff}}=\frac{\rho_{\mathrm{oil}}V_{\mathrm{oil}}+\rho_{\mathrm{air}}V_{\mathrm{air}}}{V_{\mathrm{cavity}}} \tag{2.82}$$

式中：ρ_{oil}、ρ_{air}——分别为润滑剂和空气的密度，kg/m^3；

V_{cavity}——轴承空腔的体积，m^3；

V_{oil}、V_{air}——分别为轴承腔中润滑剂和空气的体积，m^3；两者很难通过理论计算或试验测量得到。

u_{d} 为滚动体和流体的相对速度，m/s；表示为：

$$u_d=\frac{1}{2}\omega_m d_m \tag{2.83}$$

式中：ω_{m} 为滚动体的公转角速度，rad/s；表示为[52]：

$$\omega_{m}=\frac{\pi}{120}(d_{m}-D\cos\alpha)n \tag{2.84}$$

C_D 为绕流阻力系数，至今尚不能完全通过理论计算得到，主要是依靠试验确定。Schlichting H 和 Gersten K[51] 测试了一个浸入无限流体中的单个球体的 C_D 与雷诺数 Re 的关系图。Pouly F 等人[53,54] 测试了风洞中多个排成一列球体或圆柱体的阻力系数，其中排成一列的某个球体的阻力系数几乎等于孤立单个球体试验结果的1/5，但他忽略了两个连续球体之间的间隙对阻力系数的影响。Marchesse Y 等[55] 对滚动轴承中滚动体的阻力系数进行了有限元仿真分析，数值分析结果表明两个连续球体之间的间隙对阻力系数值影响较大。间隙 L 定义为两个连续球的中心之间的距离，并且可以通过等式（4.85）计算。当 $L\leqslant 3D$ 时，球体受到的压力分布随球体间隙变化非常敏感，尤其是最高压力作用的位置，因此，阻力系数值随间隙的变化非常显著。轴承滚动体之间的间隙通常满足 $L\leqslant 3D$ 条件。轴承中滚动体的阻力系数必须在孤立单个球体阻力系数值上乘以系数 $C_D/C_{D,1\ \mathrm{sphere}}$。相应的因子 $C_D/C_{D,1\ \mathrm{sphere}}$ 可以从 Marchesse Y 等人的数值研究结果由 L/D 值确定，如表 2.4 所示。对于任意轴承的 L/D 值，相应的因子 $C_D/C_{D,1\ \mathrm{sphere}}$ 可以通过线性插值的方法计算。

$$L=\frac{\pi d_{m}}{Z} \tag{2.85}$$

表 2.4　轴承滚动体绕流阻力系数 C_D 的修正值

L/D	1.16	2	3
$C_D/C_{D,1\ \mathrm{sphere}}$	0.26	0.36	0.57

对于一定形状的物体，绕流阻力系数 C_D 只与雷诺数有关，因此可根据球体阻力系数与雷诺数的关系图通过对数插值的方法求得。雷诺数的计算公式为[51]：

$$\mathrm{Re}=\frac{\rho_{\mathrm{eff}}u_{\mathrm{d}}D}{\eta_{\mathrm{eff}}} \tag{2.86}$$

式中：η_{eff} 为油气混合物的等效动力黏度，可通过下式计算：

$$\eta_{\mathrm{eff}}=\frac{\eta_{\mathrm{oil}}V_{\mathrm{oil}}+\eta_{\mathrm{air}}V_{\mathrm{air}}}{V_{\mathrm{cavity}}} \tag{2.87}$$

式中：η_{oil}、η_{air}——分别为润滑剂和空气的动力黏度，Pa·s；

Pouly F 等人的试验结果强调了多个球体之间对阻力系数的影响，其试验结果表明保持架对阻力系数的影响相对较小，因此被忽略。流体射流方向上作用的球体正面面积 A 表示为[55]：

$$A = \frac{1}{4}\pi D^2 \tag{2.88}$$

轴承空腔中润滑剂和空气的体积很难通过理论计算或试验测量得到。在喷油润滑的条件下，Parker R J[56] 建立一个用来计算轴承空腔内润滑剂体积分数 $XCAV$ 的经验公式。利用 Parker R J 公式，可以通过式（2.89）和式（2.90）估算出轴承空腔内流体的质量密度。基于以上改善的绕流阻力系数 C_D 计算方法，计算得到供油量分别为 91 cm³/min、300 cm³/min、760 cm³/min 和 1900 cm³/min时的绕流阻力损耗如图 2.23 所示。

$$XCAV = \frac{W^{0.37}}{nd_m^{1.7}} \times 10^5 \tag{2.89}$$

$$\rho_{eff} = \rho_{oil} \times XCAV \tag{2.90}$$

式中：W——喷油润滑的供油量，cm³/min；

由图 2.23 可知，通过建立轴承空腔内润滑剂体积分数 $XCAV$ 的经验公式，可以有效地反应供油量对轴承粘性摩擦损耗的影响。油气润滑条件下，影响轴承空腔润滑剂的体积分数 $XCAV$ 的因素包括：通过轴承空腔的润滑剂流量 W、供气压力 P、轴承转速 n 和轴承尺寸 d_m，因此提出了相应的轴承空腔内流体质量密度的计算公式如下[57]：

$$XCAV = Kn^{a'}W^{b'}d_m^{c'}P^{d'} \tag{2.91}$$

$$\rho_{eff} = \rho_{oil} \cdot XCAV + \rho_{air} \cdot (1 - XCAV) \tag{2.92}$$

$$\eta_{eff} = \eta_{oil} \cdot XCAV + \eta_{air} \cdot (1 - XCAV) \tag{2.93}$$

式中：K——使数据更加合理的参数；

a'、b'、c'、d'——表示各因素影响量级的参数。课题组将在定量测量以上各因素对轴承摩擦损耗影响权重的试验基础上，完成对上述各参数的识别，为估算油气润滑条件的粘性摩擦损耗提供一种新的方法。试验方法、试验结果和参数识别结果详见第 8.3.2 节。

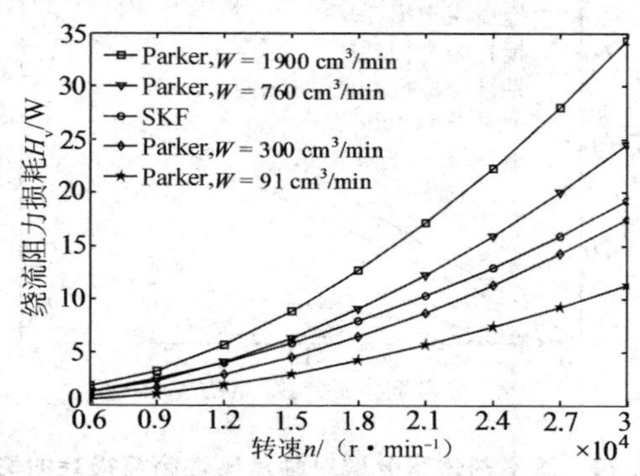

图 2.23　喷油润滑条件下的黏性摩擦损耗

搅拌阻力主要包括物体在流体中旋转时受到的黏性剪切阻力。目前，没有一个简单的表达式用于计算球轴承的搅拌阻力。Rumbarger J H 等人[58]提出，将球轴承的搅拌摩擦简化为发生在垂直于滚动体的角速度矢量的投影平面上，然后将滚动体简化为一个圆盘。因此，通过求解 Navier-stokes 方程可知：每个滚动体产生的搅拌摩擦力矩可近似表示为：

$$M_{ej} = \frac{1}{64}\rho\omega_b^2 D^5 C_{ne} \tag{2.94}$$

式中：M_{ej}——搅拌摩擦力矩，N·m；

ω_b——滚动体的自传角速度，rad/s。

C_{ne}为搅拌拖动系数：

$$C_{ne} = \begin{cases} 3.87/\mathrm{Re}^{0.50} & (\mathrm{Re} < 300000) \\ 0.146/\mathrm{Re}^{0.20} & (\mathrm{Re} > 300000) \end{cases} \tag{2.95}$$

雷诺数表示为：

$$\mathrm{Re} = \frac{\rho_{eff}\omega_b D^2}{4\eta_{eff}} \tag{2.96}$$

轴承接触区因润滑剂绕流助力和搅拌阻力的摩擦损耗量为：

$$H'_V = \sum_{j=1}^{Z}\left(\frac{1}{2}d_m\omega_m F'_{dj} + M_{ej}\omega_b\right) \tag{2.97}$$

基于以上理论可以计算出润滑剂体积分数对轴承黏性摩擦损耗的影响，如图 2.24 所示。由图 2.24 可知，扰流阻力损耗比搅拌阻力损耗大得多，是黏性摩擦损耗的主要部分。利用图 2.24 的仿真的结果即可求得一定试验条件下轴承黏性摩擦损耗对应的润滑剂体积分数，为识别式（2.91）中的参数 K、a'、b'、c'、d'奠定了理论基础。

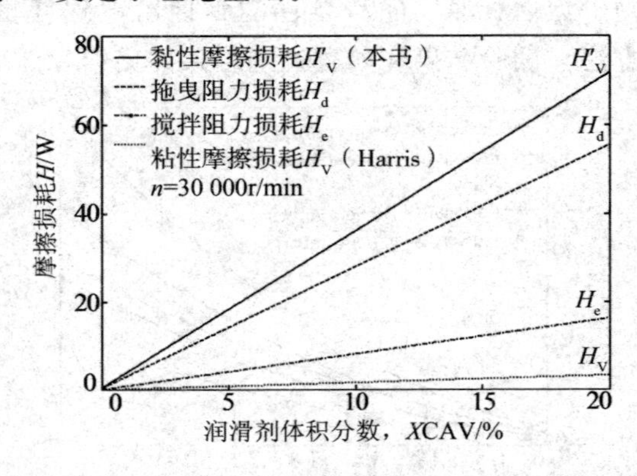

图 2.24　润滑剂体积分数对轴承黏性摩擦损耗的影响

④差动滑动引起的摩擦

轴承受载后，滚动体和滚道的接触变形表面为一个曲面，除了两物体的相对转轴和接触曲面的两个交点外，接触面上各点两物体的线速度都不同，由此产生的滑动称为差动滑动。接触区内任意一点（x，y）的表面切向摩擦应力为[30,31]：

$$\tau = \frac{3\mu_b Q}{2\pi ab}\left[1-\left(\frac{x}{a}\right)^2-\left(\frac{y}{b}\right)^2\right]^{\frac{1}{2}} x \tag{2.98}$$

式中：μ_b——滚动体和滚道间的摩擦系数；

轴承滚动体内因差动滑动的损耗量为：

$$H_D = \sum_{j=1}^{Z}\left(\int \tau_{yij} v_{yij} dA_{ij} + \int \tau_{yoj} v_{yoj} dA_{oj}\right) \tag{2.99}$$

式中：i，o——滚道的内外圈；

y——沿接触区短半轴方向；

v——滚动体和滚道相对滑动速度，m/s；

Z——滚动体数量。

⑤自旋滑动引起的摩擦

接触角大于 0 的轴承中，滚动体相对滚道法向线方向上存在自旋摩擦力矩。根据滚道控制理论，高速轴承的自旋摩擦力矩只发生在滚动体和内滚道间，即[30,31]：

$$M_{Sij} = 3\mu_s Q_{ij} a_{ij} \varepsilon_{ij}/8 \tag{2.100}$$

式中：μ_s——滚动体和滚道的摩擦因数；

ε_{ij}——内滚道接触区第二类椭圆积分。

轴承内圈与滚动体因自旋滑动的损耗量为：

$$H_S = \sum_{j=1}^{Z} M_{Sij}\omega_{Sij} \tag{2.101}$$

式中：ω_{ij}——滚动体相对内滚动的自旋角速度，rad/s。

⑥保持架与套圈之间的滑动摩擦

保持架与引导套圈之间的相互作用是由润滑剂的动压效应产生的，套圈引导挡边与保持架引导面可以看成一对无限短滑动轴承，当保持架由外圈引导时，忽略保持架的偏心率，滑动摩擦力为[33]：

$$\overline{F}_{CR} = \frac{\eta_0 \pi W_{CR} d_{CR}(\omega_m - \omega_o)}{1-\dfrac{d_{CR}}{d_2}} \tag{2.102}$$

式中：$\overline{F}_{CR}$——滑动摩擦力，N；

η_0——常压下润滑剂动力粘度，Pa · s；

W_{CR}、d_{CR}——保持架引导面宽度和直径，m；

d_2——挡边引导面直径，m；

ω_m、ω_o——保持架和套圈转动角速度，rad/s。

对于整套轴承，保持架和套圈引导面间的滑动摩擦损耗量为：

$$H_{CR} = \frac{1}{2}\mu_m d_2 \bar{F}_{CR}(\omega_m - \omega_o) \tag{2.103}$$

式中：μ_m——保持架与套圈挡边间的滑动摩擦系数。

⑦保持架与滚动体之间的滑动摩擦

滚动体与保持架间的滑动摩擦是最为复杂和规律的一种，其摩擦力矩大小与滚动体与保持架之间的法向力、润滑特性、滚动的自转速度和保持架兜孔的形状有关，可近似表示为[46]：

$$\bar{M}_{CB} = \frac{\mu_c m_c d_m g}{4}\left(1 - \frac{D^2}{d_m^2}\cos^2\alpha\right)\sin\left[\alpha + \arctan\left(\frac{D\sin\alpha}{d_m - D\cos\alpha}\right)\right] \tag{2.104}$$

式中：μ_c——滚动体与保持架之间的滑动摩擦系数；

m_c——保持架的质量，kg；

g——重力加速度，m/s^2。

轴承滚动体与保持架滑动摩擦的损耗量为：

$$H_{CB} = \bar{M}_{CB}\omega \tag{2.105}$$

2.4.3 滚动体与套圈的摩擦系数

在自旋滑动摩擦和差动滑动摩擦的理论模型中涉及了滚动体与套圈之间的摩擦系数。在油润滑轴承中，摩擦系数取决于在滚动体与套圈接触区之间形成的油膜。一般来说，可能出现三种摩擦状态：边界润滑摩擦、混合润滑摩擦和弹流润滑摩擦。Tong V C 和 Hong S W[49] 总结了几种关于摩擦系数的计算公式。例如，Sakaguchi T 和 Hadara K[59] 提出了基于油膜参数 Λ 计算摩擦系数公式如下：

$$\mu = \begin{cases} \mu_a & \text{if}\Lambda < 0.01 \\ \dfrac{\mu_a - \mu_{EHL}}{(0.01 - 1.5)^6}(\Lambda - 1.5)^6 + \mu_{EHL} & \text{if } \Lambda < 0.01 < 1.5 \\ \mu_{EHL} & \text{if } \Lambda > 1.5 \end{cases} \tag{2.106}$$

$$\Lambda = \frac{h_{min}}{\sigma} \tag{2.107}$$

$$\sigma = \sqrt{\sigma_1^2 + \sigma_2^2} \tag{2.108}$$

式中：μ_a——边界润滑的滑动摩擦系数，$\mu_a=0.15$；

μ_{EHL}——全油膜润滑的滑动摩擦系数，$\mu_{EHL}=0.05$（以矿物油润滑）；

h_{min}——最小油膜厚度，可用 Hamrock & Downson 公式计算[33]；

σ——接触表面的复合粗糙度；

σ_1、σ_2——分别为两表面粗糙度的均方根偏差。

另外一种估算全油膜弹流润滑和混合润滑条件下的滑动摩擦系数的公式如下[60]：

$$\mu=\mu_a(1-f_\Lambda)+\mu_{EHL}f_\Lambda \tag{2.109}$$

式中：f_Λ——负载分担系数，定义为由全油膜弹流润滑下法向接触负载影响的比重。

Zhu D 和 Hu Y Z[61]提出的点接触下的负载分担系数为：

$$f_\Lambda=\frac{1.21\Lambda^{0.64}}{1+0.37\Lambda^{1.26}} \tag{2.110}$$

Aihara S[47]提出的点接触下的负载分担系数为：

$$f_\Lambda=1-e^{-1.8\Lambda^{1.2}} \tag{2.111}$$

图 2.25 表示本节仿真计算条件下计算得到的轴承外圈摩擦系数。由图 2.25 可知，在转速低于 3 000 r/min 时，4 种方法计算的摩擦系数有一定的差别，但是整体变化趋势一致。当转速高于 6 000 r/min 时，轴承的摩擦系数都等于全油膜弹流润滑的滑动摩擦系数 μ_{EHL}，这主要归因于高的旋转速度有利于轴承形成全油膜弹流润滑，即油膜把两运动表面完全隔开了。研究轴承的高速特性，摩擦系数基本都等于全油膜弹流润滑的滑动摩擦系数 μ_{EHL}。

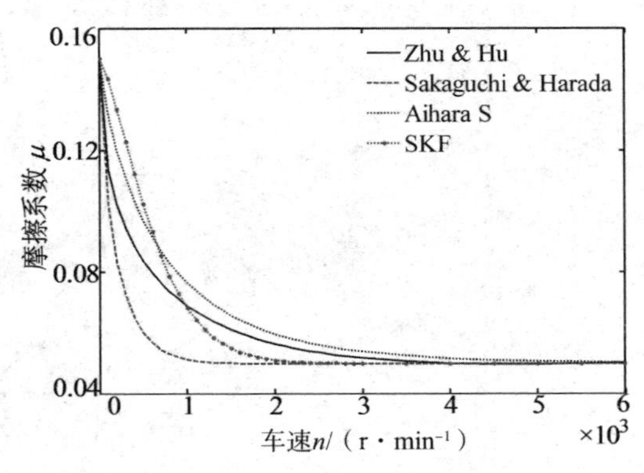

图 2.25　摩擦系数模型的对比图

基于高速球轴承的拟静力学模型，图 2.26 给出了本节仿真计算条件下轴承的滑动摩擦损耗。由图 2.26 可知，局部法和 SKF 整体法计算的总滑动摩擦损耗基本一致，相互验证了模型的准确性。滑动摩擦损耗相比滚动摩擦损耗小得多。各因素影响轴承滑动摩擦损耗的程度按下列顺序依次减小：自旋滑动、差动滑动、保持架与套圈之间的摩擦、保持架与滚动体之间的摩擦。其中保持架和滚动体之间的摩擦损耗占总滑动摩擦损耗的比例较小，基本可忽略不计。自旋滑动损耗和差动滑动损耗是滚动轴承滑动摩擦的主要来源，可通过改善轴承结构设计得到优化。

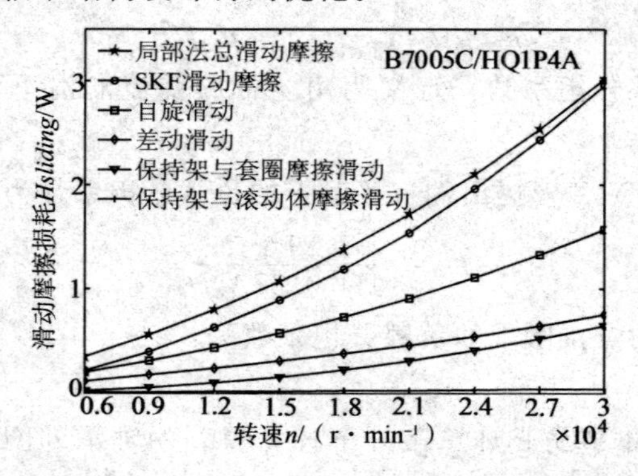

图 2.26　基于轴承拟静力学模型的滑动摩擦损耗

第 3 章　高速电主轴的热态特性分析

高速电主轴系统是个存在多热源、多冷却介质的复杂系统，其产热、传热及散热情况的复杂性使之产生不均匀的温度场，进而使主轴产生热位移和热应力，直接影响电主轴的加工精度及寿命[62]。电主轴的高速、带载等复杂工况进一步加深了电主轴的热问题。热问题成了限制电主轴向超高速、超精密和高可靠性方向发展的关键问题之一。建立合理的电主轴热模型对于有效地改善电主轴热态特性尤为重要。

本章根据能量守恒定律建立了高速电主轴功率流模型。在此基础上，介绍由电动机电磁损耗、轴承摩擦损耗和风阻损耗组成的电主轴热源模型；确定了电主轴的散热边界条件。然后建立了高速电主轴的有限元模型，并对其进行求解和分析，获得了电主轴热态特性的变化规律。最后通过温升试验验证了电主轴热模型的准确性。本章为有效地预测和改善电主轴的热态特性奠定了理论基础。

3.1　电主轴功率流模型

根据能量守恒定律，分析电主轴功率的输入、损耗、输出，建立的电主轴功率流模型如图 3.1 所示[63]。电主轴在工作时，从电源所吸收的电机输入功率，大部分通过主轴传递给负载转换为切削功率；一部分以动能的形式储存在主轴或负载中（主轴运转功率）；一部分克服主轴各部件之间的机械摩擦（轴承摩擦损耗和风阻损耗）；余下的部分损耗在主轴定子、转子的内阻和励磁损耗上（铜损、铁损与附加损耗），称为电磁损耗。在上述四种能量散发中，以热能形式散发的主要有两种，这也是电主轴的两种主要热源：内装式电动机发热和轴承摩擦发热[64]。其中电动机定子所产生的热量，一部分通过循环冷却水套中不断流动的冷却水吸收并带走，另一部分通过对流和辐射传递给气隙中的空气；而电动机转子所产生的热量一部分通过导热直接传递给主轴和轴承，另一部分同样通过对流和辐射传递给气隙中的冷却气流。与此同时，电主轴轴承所产生的摩擦热一部分通过热传导传递给轴承外圈，并经外圈与轴承座上的冷却水套进行对流换热；另一部分经内圈通过热传导的方式传递给主轴；还有一部分热量与润滑冷却气流进行对流和辐射换热，传递给周围部件或散发到空气中。主轴的各外表面同时与周围空气进行对流和辐射换热。

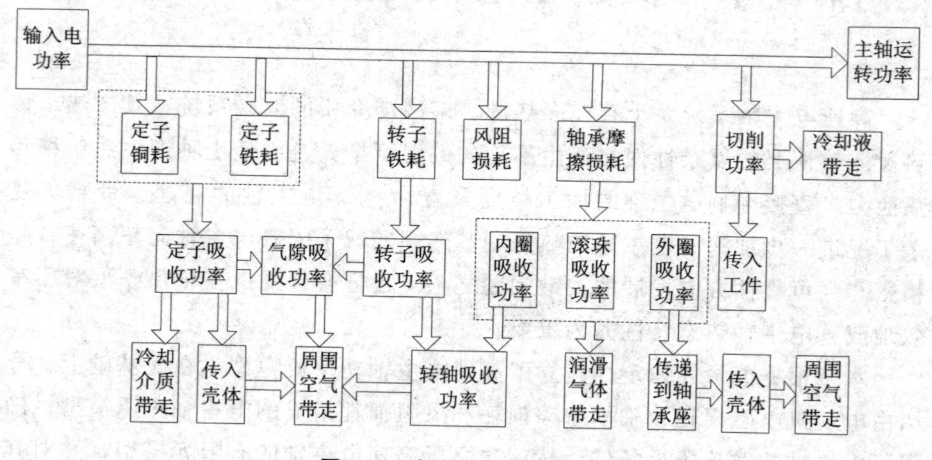

图 3.1 电主轴功率流模型

3.2 电主轴热源分析

3.2.1 电动机电磁损耗

电主轴内置电动机的产热可以分解为定子产热和转子产热。一般研究在分析电主轴内置电动机产热时往往只简单地对电动机频率和转矩的乘积取一个效率系数，难以反映不同工况下实际电输入功率在电动机电路中的分配与损耗。电动机的功率流程图可以得到各部分的电磁功率及其他功率损耗分布，进而得到定子和转子的电磁损耗[65,66]。根据电动机的功率流程图建立高速电主轴内置电动机的电磁损耗模型，如图 3.2 所示：

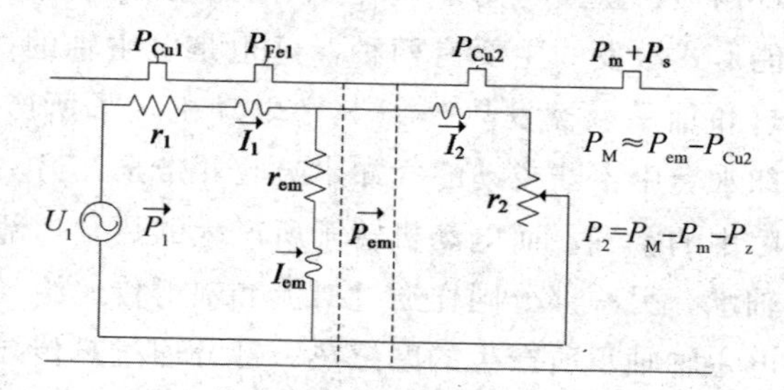

图 3.2 高速电主轴内置电动机电磁损耗模型

图3.2中两虚线之间的区域为定子与转子之间的气隙，电主轴从电源（变频器）吸入的功率 P_1 为：

$$P_1 = 3U_1 I_1 \cos\varphi_1 \tag{3.1}$$

式中：U_1、I_1——定子绕组的相电压、相电流；

φ_1——功率因素角。

当电主轴从电源吸入功率 P_1 后，在定子处的功率损耗 P_s 为定子绕组 r_1 上的定子铜耗 P_{Cu1} 与铁耗 P_{Fe1} 之和，有：

$$P_{Cu1} = 3I_1^2 r_1 \tag{3.2}$$

$$P_{Fe1} = 3I_{em}^2 r_{em} \tag{3.3}$$

$$P_s = P_{Cu1} + P_{Fe1} \tag{3.4}$$

式中：I_{em}、r_{em}——励磁电流、励磁电阻。

故定子的生热率 q_s 为[67]：

$$q_s = \frac{P_s}{V_s} \tag{3.5}$$

式中：V_s——定子体积，可通过将定子铁芯视为厚壁圆筒而求得。

此外，剩下的大部分功率通过电磁感应作用从定子传递到转子上，称为电磁功 P_{em}，即 $P_{em} \approx P_1 - P_{Cu1} - P_{Fe1}$。其中一部分功率消耗于转子绕组的电阻 r_2 上，称为转子铜耗 P_{Cu2}，且

$$P_{Cu2} = 3I_2^2 r_2 = sP_{em} \tag{3.6}$$

式中：U_2、I_2——转子绕组的相电压、相电流；

s——电动机转差率。

可见，转差率 s 越大，电磁功率 P_{em} 消耗在转子绕阻上的铜耗就越多，电主轴运行时转差率 s 与其加载转矩有关[14]。余下的大部分功率便是驱使转子旋转的机械功率，称为总机械功率 P_M，即 $P_M \approx P_{em} - P_{Cu2}$。总机械功率并不是转轴输出给负载的功率，因为主轴旋转时，还将产生轴承摩擦损耗和风阻摩擦损耗，合称为机械损耗 P_m；另外还将产生杂散损耗 P_z。杂散损耗 P_z 是由于定子、转子铁心存在齿、槽，当转轴旋转时，气隙磁通会发生脉振，从而在铁心中产生附加损耗；另外高次谐波磁通和漏磁通也会在铁心中产生附加损耗等。所以总机械功率 P_M 扣除机械损耗 P_m 和杂散损耗 P_z 后，才是转轴最后输出到负载上的机械功率 P_2，即 $P_2 = P_M - P_m - P_z$。

高速电主轴在正常运转时，转子的铁耗很小可忽略不计，故转子的功率损耗 P_r 可等同于转子铜耗 P_{Cu2}。所以转子的生热率 q_r 为：

$$q_r = \frac{P_r}{V_r} = \frac{P_{Cu2}}{V_r} \tag{3.7}$$

式中：V_r——转子体积，可通过将转子铁心视为厚壁圆筒而求得。

120MD60Y6 型和 D62D24A 型高速电主轴电磁参数如表 3.1 所示，其中定子和转子的漏电抗、励磁电抗和电阻均为额定值，电机励磁频率低于额定状态时各个线圈的磁通量均未饱和，并且定子和转子的漏电抗、励磁电抗与励磁频率的大小成正比关系，励磁电阻值与励磁频率的三次方成正比（U/f 控制）。

表 3.1　电动机电磁参数

电主轴型号	120MD60Y6	D62D24A
电机形式	三相异步鼠笼式电动机	三相异步鼠笼式电动机
额定电压/V	350	178
额定功率/kW	6.0	0.4
额定励磁频率/Hz	1000	400
额定同步转速/（$r \cdot min^{-1}$）	60 000	24 000
控制方式	U/f	U/f
定子电阻/Ω	0.72	2.05
额定定子漏电抗/Ω	3.63	5.01
转子等效电阻/Ω	0.47	2.11
额定子、转子等效漏电抗/Ω	4.31	8.05
额定励磁电抗/Ω	133.4	93.30
额定励磁电阻/Ω	3.24	4.31

图 3.3 所示为两型号电主轴内置电动机的电磁损耗功率。可以看出，当三相异步电动机采用 U/f 控制时，励磁电压与励磁频率成比例地升高，所以随着励磁频率的增大，定子电流、转子电流和励磁电流均增大，同时励磁电阻也成比例升高，故定子铜损耗、定子铁损耗、转子铜损耗和电机电磁功率均有所增大。对于异步电机而言，转差率的升高代表了外部扭矩的增大，当外部扭矩升高，转差率增大，电机需要较大的功率输出，所以定子电流和转子电流均增大，其相应的铜损耗迅速增加，同时转差率的增大导致励磁电流略有减小，所以定子铁损略有减小，减小幅度较小。励磁频率较低时，定子、转子电流较小，所以铜损耗与铁损耗幅值相当，但是较高励磁频率时，定子、转子电流的迅速增大使得铜损耗成为电机电磁损耗的主要部分。较 D62D24A 型高速电主轴电机，由于 120MD60Y6 型具有较高的额定励磁频

率和较小的定子、转子额定阻抗，所以其定子铜损耗、定子铁损耗、转子铜损耗和电机电磁功率均较高。

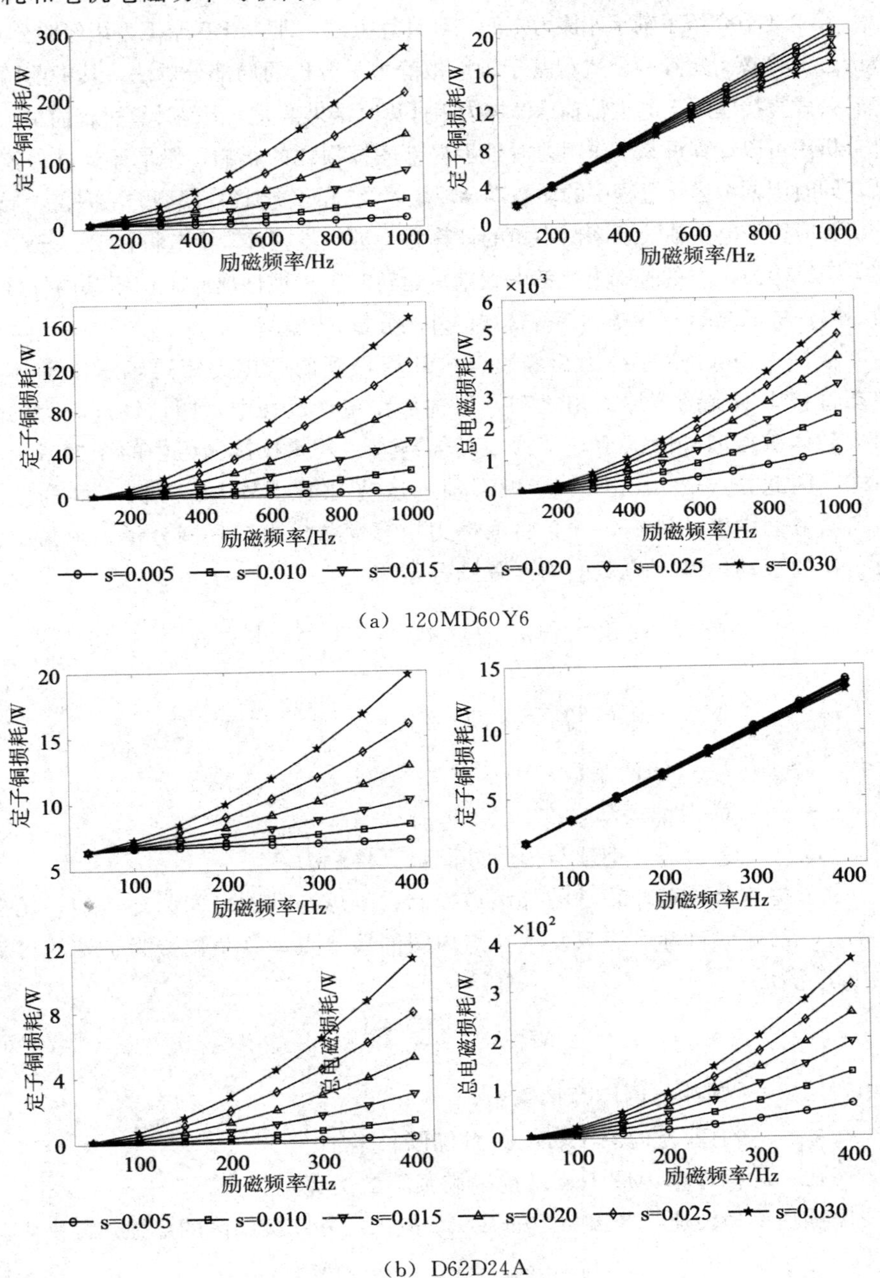

（a） 120MD60Y6

（b） D62D24A

图 3.3　电主轴内置电动机的电磁损耗

3.2.2 轴承摩擦损耗

第2.4节介绍了轴承摩擦力矩的三种计算方法，即：SKF摩擦力矩经验公式、Palmgren摩擦力矩经验公式和基于轴承拟静力学分析的局部分析法。其中前两种经验公式直接应用于电主轴轴承摩擦力矩计算时结果偏大，但是计算过程简单；局部分析法可以计算每一个作用力对轴承局部摩擦损耗的影响，但是计算过程较复杂，同时因轴承运转过程中的动态耦合现象以及局部摩擦损耗模型的不完善，局部分析法应用于电主轴轴承摩擦力矩的计算有待进一步完善。本节将在Palmgren摩擦力矩经验公式[45]的基础上，考虑到轴承运转时由于惯性离心力作用其内外接触角不同，将Palmgren摩擦力矩等额成内外圈分量M_i和M_o。

依据Palmgren摩擦力矩经验公式计算得到的摩擦力矩是轴承滚动体在转动过程中所受的摩擦力矩之和，但轴承在转动过程中，因惯性离心力的作用滚动体被抛向外圈滚道，使得滚动体与内、外圈在接触区中的摩擦状况不一样。因此，Jorgenson[68,69]考虑到轴承运转时钢球与内、外圈不同的接触角和润滑剂黏度的影响，并且将摩擦力矩等额分成内、外圈分量，则角位置为ψ_j处的滚动体摩擦力矩的内、外圈分量为：

$$\begin{aligned} M_{ij} &= 0.675 f_0 (\eta_0 \omega_{mj})^{\frac{2}{3}} d'^3_b + f_1 \left(\frac{Q_{ij}}{Q_{imax}}\right)^{\frac{1}{3}} Q_{ij} d'_b \\ M_{oj} &= 0.675 f_0 (\eta_0 \omega_{mj})^{\frac{2}{3}} d'^3_b + f_1 \left(\frac{Q_{oj}}{Q_{omax}}\right)^{\frac{1}{3}} Q_{oj} d'_b \end{aligned} \tag{3.8}$$

式中：f_0、f_1—— 润滑系数和轴承类型系数；

η_0—— 润滑油运动黏度；

Q_{imax}、Q_{omax}——钢球与内、外圈最大接触力。

由于高速角接触球轴承的外滚道控制，钢球与外圈之间为纯滚动，无自旋分量，钢球的自旋摩擦只发生在与内圈的接触点，其角位置为ψ_j处的自旋摩擦力矩为：

$$M_{sij} = \frac{3\mu_{si} Q_{ij} \xi_{ij} \tau_{ij}}{8} \tag{3.9}$$

式中：μ_{si}—— 钢球与内圈摩擦系数；

ξ_{ij}—— 钢球与内圈Hertz接触椭圆长半轴[33]；

τ_{ij}——钢球与内圈Hertz接触椭圆第二类完全积分[33]。

摩擦功率为转速与摩擦力矩的乘积，故内、外圈接触区的摩擦热分别为：

$$H_{ij} = \omega_{mj} \cdot M_{ij} + \omega_{bj} \cdot M_{sij} \tag{3.10}$$

$$H_{oj} = \omega_{mj} \cdot M_{oj} \tag{3.11}$$

则轴承产热率 q_b 可由下面公式求得[70]：

$$q_b = \frac{6H_b}{\pi D_b^3} \tag{3.12}$$

式中：H_b——轴承摩擦功率，且：

$$H_b = \sum_{j=1}^{z}(H_{ij} + H_{oj}) \tag{3.13}$$

轴承的功率损耗与轴承种类、润滑油品性和运行状态密切相关，在轴承种类和润滑油品性一定的情况下，高速轴承的运行状态完全地决定了其摩擦损耗。在轴承动态支承刚度的分析中可知，轴承的预紧方式、配对组合方式、几何参数的径向热膨胀、转轴和壳体的轴向热膨胀及转轴的轴向外载荷等均对轴承的运行状态产生影响，故这些因素必定影响轴承的摩擦损耗。为了讨论方便，此处只分析 120MD60Y6 型和 D62D24A 型高速电主轴轴承的摩擦损耗功率，其轴承配置方式分别为背靠背双轴承定压预紧和背靠背单轴承定位预紧。120MD60Y6 型电主轴的前后轴承分别采用 B7004C/P4A 和 B7003C/P4A；D62D24A 型电主轴的前后轴承分别采用 7002C/P4A 和 7001C/P4A。

根据第 2.2 节介绍的高速球轴承热-机耦合拟静力学模型求解轴承力学和运动学参数，带入上述轴承摩擦损耗模型中，即可分析各影响因素对轴承摩擦损耗的影响规律和权重。其中，润滑油（脂）运动黏度、工作转速以及初始预紧力（位移）与轴承摩擦损耗的正相关关系显而易见，本节不再赘述。

图 3.4 表示转轴轴向外力对轴承损耗功率的影响，其运行状态为 36 000 r/min、不受热膨胀现象影响及固定的润滑油运动黏度和初始预紧状态。对于定压预紧的 120MD60Y6 型电主轴，随着转轴轴向外力的增大，后轴承的预紧力不变，仍然为初始预紧力，而前轴承的轴向预紧力升高，所以前轴承功率损耗上升，后轴承功率损耗恒定；对于定位预紧的 D62D24A 型电主轴，转轴轴向外力的增大导致前轴承轴向预紧位移上升，后轴承轴向预紧位移下降，故前轴承损耗功率增大，后轴承损耗功率减小。

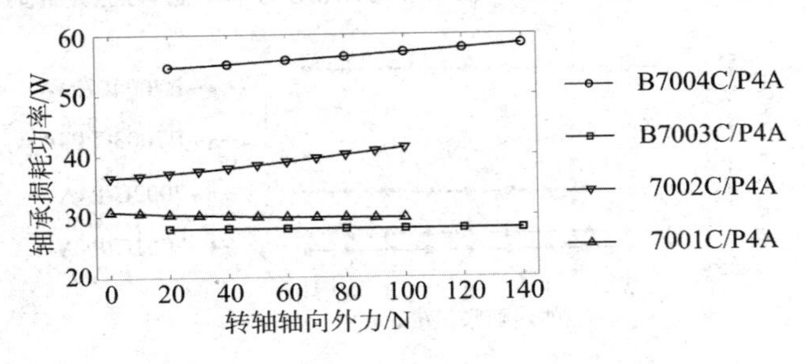

图 3.4　转轴轴向外力对轴承损耗功率的影响

图 3.5 表示角接触球轴承内外圈热膨胀差量对其损耗功率的影响，运行状态为 36 000 r/min、不受转轴与壳体轴向热膨胀差量和钢球热膨胀量的影响、固定的润滑油运动黏度、初始预紧状态和转轴轴向外力。相对于定位预紧的 D62D24A 型电主轴而言，采用定压预紧的 120MD60Y6 型电主轴轴承损耗功率基本不受其内外圈热膨胀差量的影响，其原因为固定的预紧力使得轴承内外圈可以相对轴向移动，缓和了内外圈热膨胀差量带来的轴承内部几何相容关系的变化，而 D62D24A 型电主轴在内外圈热膨胀差量为负值阶段，其损耗功率变化不大，其原因与定压预紧相同，是初始定位位移缓和了内外圈热膨胀差量带来的轴承内部几何相容关系的变化，而内外圈热膨胀差量为正值阶段，初始定位位移对轴承内部几何相容关系的变化产生阻碍作用，导致其内部摩擦迅速加剧，轴承的损耗功率大幅度上升，趋势明显。所以定位预紧下的轴承，其内外圈热膨胀差量对功率损耗的影响不容忽视。

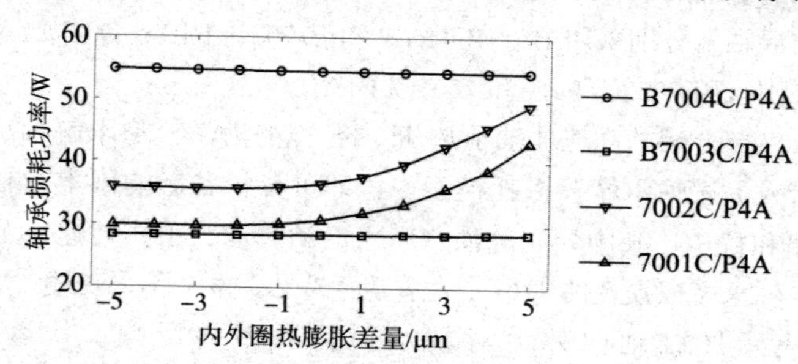

图 3.5　内外圈热膨胀差量对轴承损耗功率的影响

图 3.6 表示轴承钢球热膨胀量对其损耗功率的影响，运行状态为 36 000 r/min、不受转轴与壳体轴向热膨胀差量和内外圈径向热膨胀差量的影响、固定的润滑油运动黏度、初始预紧状态和转轴轴向外力。与钢球热膨胀量对轴承动态支承刚度的影响效果相似，其对轴承损耗功率的影响也是很小的。

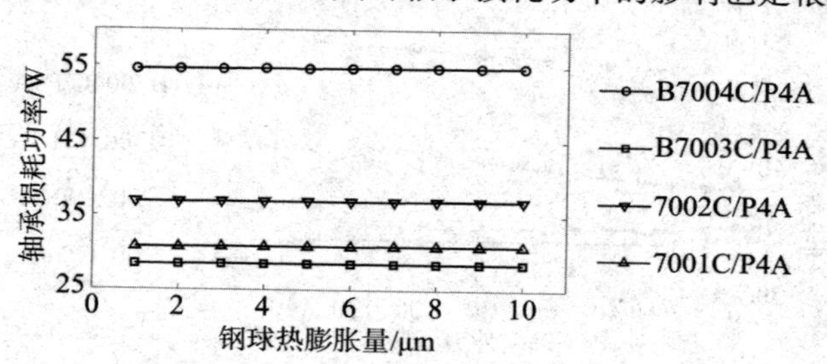

图 3.6　钢球热膨胀量对轴承损耗功率的影响

在第 2.3 节对轴承动态支承刚度的分析中可以看出，对于定压预紧的配对轴承，转轴与壳体的轴向热膨胀差量不能改变其运行状态和轴承刚度，然而对于定位预紧的配对轴承，转轴与壳体的轴向热膨胀差量对轴承运行状态和轴承刚度会产生较大影响，所以此因素只会对定位预紧配对轴承的功率损耗产生影响。图 3.7 表示转轴与壳体轴向热膨胀差量对轴承损耗功率的影响，运行状态为 36 000 r/min、无内外圈径向热膨胀差量和钢球热膨胀量的影响、固定的润滑油运动黏度、初始预紧状态和转轴轴向外力。可以看出轴向热膨胀差量的增大使得定位预紧配对轴承的接触紧密，摩擦加剧，损耗上升。

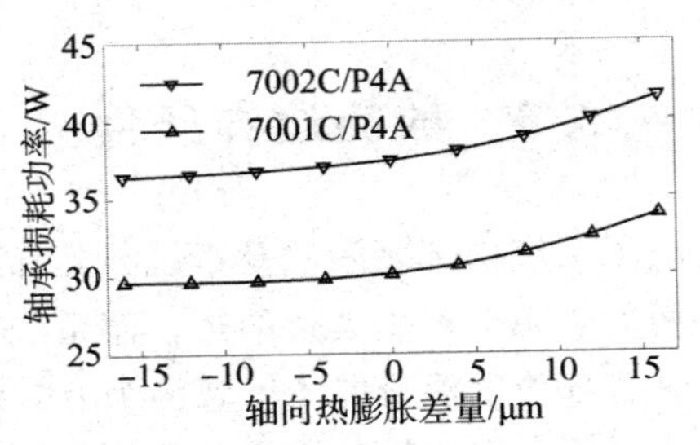

图 3.7　轴向热膨胀差量对轴承损耗功率的影响

3.1.3　风阻损耗

虽然空气黏度很小，但是由于主轴的高速旋转，定子、转子间隙的空气摩擦加剧，其摩擦力矩为[71]：

$$M_w = 0.5\tau^2 d_r^3 l_r \mu_{air} f_r / h_g \tag{3.14}$$

式中：d_r为转子直径；l_r为转子长度；μ_{air}为空气动力黏度；f_r为转子转频；h_g为间隙厚度。则风阻损耗为：

$$P_w = M_w \Omega_z \tag{3.15}$$

式中：Ω_z为转子转动角速度。

显而易见，风阻损耗会随着主轴转速的升高而增大，然而不同温度下的空气粘度有所不同，所以不同温度下的风阻损耗略有不同[72]，如图 3.8 所示。

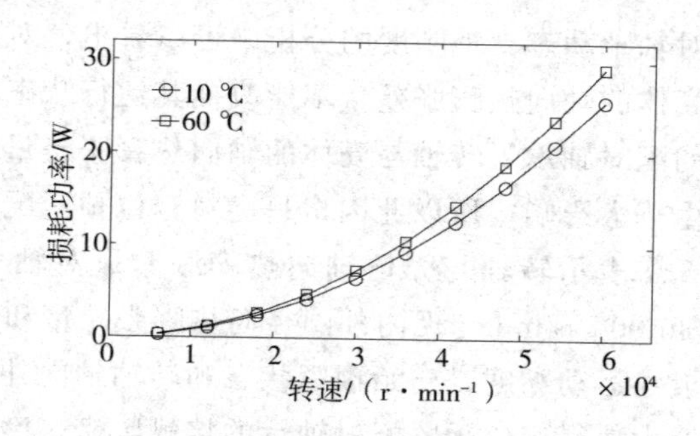

图 3.8 电主轴的风阻损耗

3.3 散热边界条件

散热边界条件反映了系统内部之间以及系统与外部之间的传热情况。电主轴在运转时其内部两大热源会产生大量的热，而系统存在多处热源以及不同冷却边界，所以主轴各部位的温升并不一致。为有效地分析电主轴热态特性的变化规律，有必要对整个电主轴系统进行传热及散热分析。

由传热学理论[73]可知，热量只能自发地由高温处传到低温处，高温物体通过热传导、热对流和辐射换热把能量传递给低温物体或介质。对于电主轴系统来说，温升最严重的地方主要有前轴承组、后轴承组、定子以及转子四个部位。轴承热量的散失有三条途径：一部分通过轴承内圈传导给主轴，一部分通过对流换热被冷却润滑气体带走，还有另一部分则通过前轴承座冷却槽被冷却介质带走，故轴承的散热状况主要受润滑油量和冷却气体流量的影响。定子产热量一部分通过对流换热传递给冷却气体，另一部分通过定子冷却套被冷却介质带走。转子热量的散失有两条途径，一部分传导给主轴，另一部分与气隙冷却气体发生对流换热。电主轴壳体还与周围空气存在热对流和热辐射。电主轴系统的整体传热及散热如图 3.9 所示。

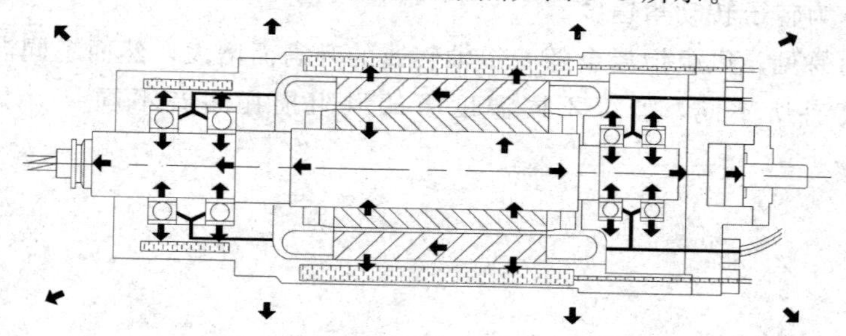

图 3.9 高速电主轴系统散热示意图

系统各处的热交换系数 α_t 为[74]：

$$\alpha_t = \frac{N_\mu \lambda}{D_\alpha} \tag{3.16}$$

式中：λ——对流介质的导热系数；

D_α——热交换处几何特征定型尺寸。

努谢尔特数 N_μ 见表 3.2，表中的雷诺数 Re 为：

$$Re = \frac{\nu \cdot D_\alpha}{\eta_1} \tag{3.17}$$

式中：ν——冷却介质流速；

η_1——冷却介质运动黏度。

主轴运转时，转轴端部主要与周围冷却空气进行对流换热和辐射换热，该复合换热系数 α_{t1} 无须计算努谢尔特数 N_μ，只与主轴转速和转轴外形尺寸有关，可由以下公式表示[75]：

$$\alpha_{t1} = 28\left(1 + \left(0.45 \times \frac{\omega d_p}{2p}\right)^{0.5}\right) \tag{3.18}$$

式中：d_p——转轴端部的平均直径；

p——内置电动机极对数。

主轴运转时，由于外壳体表面温度高于周围空气的温度，从而与周围空气发生自然对流换热，同时主轴外壳还对周围空气产生辐射传热。这种对流换热和辐射传热同时进行的过程，称之为复合传热。假定主轴外壳与周围空气之间的传热方式为自然对流换热，其传热系数同时也反映了辐射传热的影响。取复合传热的传热系数 α_{t2} 为[2]：

$$\alpha_{t2} = \alpha_c + \alpha_r \tag{3.19}$$

式中：α_c——为对流换热系数，由辐射折合而成；

α_r——自然对流换热系数。

根据试验结果，α_{t2} 取值为 9.7W/（m^2 · ℃）

主轴旋转零部件圆周表面与周围空气的对流换热系数可用以下的多项式函数来拟合得到[76]：

$$\alpha_{t3} = c_0 + c_1 u_e^{c_2} \tag{3.20}$$

式中：c_0、c_1、c_2 为试验测得的常数，分别取为 9.7、5.33、0.8；u_e 为流体平均流速。

总结电主轴各种对流换热的特点，其散热系数计算方法如表 3.2 所示。

表 3.2 散热边界条件

热边界	努谢尔特数 N_μ	散热系数 α_c
冷却水换热	$1.86\left(\mathrm{Re}\cdot P_{ra}\cdot\frac{D_\alpha}{l_e}\right)^{\frac{1}{3}}$	$\alpha_t=\frac{N_\mu\lambda}{D_\alpha}$
油气换热	$0.0225Re^{0.8}P_r^{0.3}$	$\alpha_t=\frac{N_\mu\lambda}{D_\alpha}$
定子、转子气隙换热	$0.23\ (h_g/r_r)^{0.23}Re^{0.5}$	$\alpha_t=\frac{N_\mu\lambda}{D_\alpha}$
旋转零部件端面换热	——	$\alpha_{t1}=28\left(1+\left(0.45\times\frac{\omega d_p}{2p}\right)^{0.5}\right)$
固定表面换热	——	$\alpha_{t2}=\alpha_c+\alpha_r$
旋转零部件圆周表面换热	——	$\alpha_{t3}=c_0+c_1u_e^{c_2}$

表注：Re、P_r为雷诺数和普朗特数；h_g、r_r为电机定子、转子气隙尺寸和转子半径；P_{ra}为普朗特数，跟材料有关；l_e为热交换处的等效长度。

根据表 3.2 所示的分析方法，并且结合 120MD60Y6 型和 D62D24A 型电主轴的具体参数计算不同工况相下系统的散热条件。根据系统功率流模型可知，系统损耗功率产生的热量由冷却水和冷却空气带走，其散热系数如图 3.10 和图 3.11 所示。

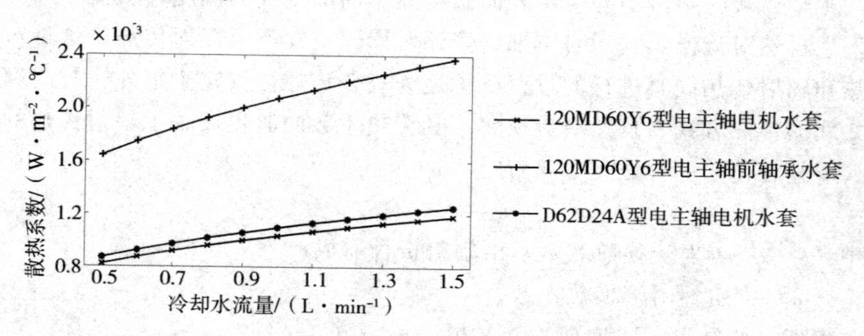

图 3.10 冷却水散热的散热系数

分析图 3.10 可知，随着流量的增大，冷却槽中冷却水的流速升高，冷却水与周围固体的热交换增加，加速散热，故其散热系数随之升高。由于 120MD60Y6 型和 D62D24A 型电主轴电机冷却槽规格相近，所以相同流量冷却水对其散热效果相近，散热系数差别不大，然而 120MD60Y6 型电主轴前轴承冷却槽尺寸规格比其电机冷却槽小很多，所以其中冷却水流速较快，热交换较快，散热系数较高。分析图 3.11 可知，高速电主轴转动部件周围冷却空气与其产生相对流动进行对流换热，冷却空气相对流动速度是影响散热效果的主要因素，所以随着转速的升高，冷却空气相对流动速度上升，散热系数增大。轴承内部冷却空气的相对流动还与润滑油气有关，所以120MD60Y6型电主轴轴承低转速时油气起到主要的冷却作用，其冷却效果不会随着转速的降低而下降得很快。电机气隙处的转子直径较大，其冷却空气相对流动速度较大，故其散热系数较大。直径为20 mm的转轴圆周表面处的冷却空气相对流动速度大于其端面处，所以散热系数较大。

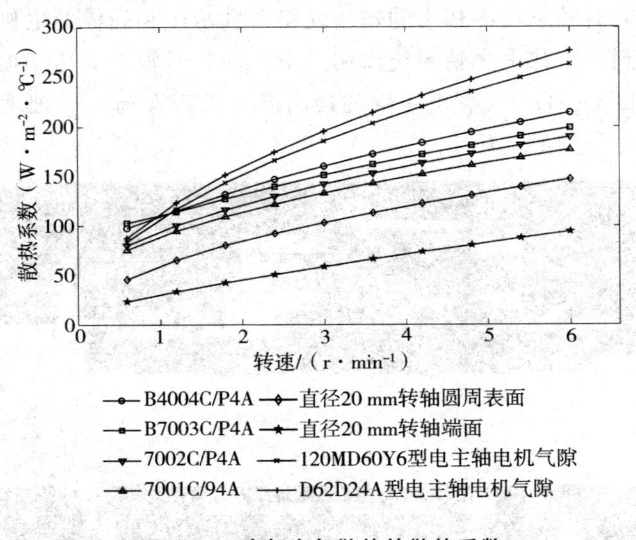

图 3.11 冷却空气散热的散热系数

3.4 电主轴的热模型与仿真分析

3.4.1 电主轴的有限元热模型与分析

由于电主轴运转过程中可以近似看成轴对称结构，故对其进行热分析时可以应用平面模型，采用轴对称单元，通过简化系统的细小结构，忽略次要因素的影响，建立系统有限单元热模型如图3.12所示[77,78]，其热源参数为电磁损耗和轴承摩擦损耗计算的产热率，系统热边界条件为上述计算的各类散热系数，忽略各个接触面接触热阻的影响[79]，采用稳态传热分析。

图3.13为两型号电主轴系统的温升分布，其运行工况分别如下所示：120MD60Y6型电主轴为转速36 000 r/min、恒温冷却水1.0 L/min，室温22℃，转差率0.005，初始预紧力40 N，轴向外力0 N，润滑油黏度

32 mm²/s，不考虑热膨胀因素的影响；D62D24A 型电主轴为转速 12 000 r/min、恒温冷却水 1.0 L/min，室温 25℃，转差率 0.005，初始预紧位移 10 μm，轴向外力 0 N，润滑油黏度 32 mm²/s，不考虑热膨胀因素的影响。可以看出，120MD60Y6 型电主轴的最高温升出现在转轴后端、后轴承及其轴承座，这是由于后轴承座的直线轴承隔断了轴承座与壳体的直接热传导，散热条件差，故温升最高，由于转差率较低，所以转子损耗功率小，其温升低于前后轴承，冷却水的作用使得前轴承座和壳体的电机定子部分温升较小，起到了冷却电主轴系统作用。由于前、后轴承处功率损耗和散热条件相似，所以 D62D24A 型电主轴的最高温升出现在前、后轴承处，最低温度出现在有冷却槽的壳体中部。

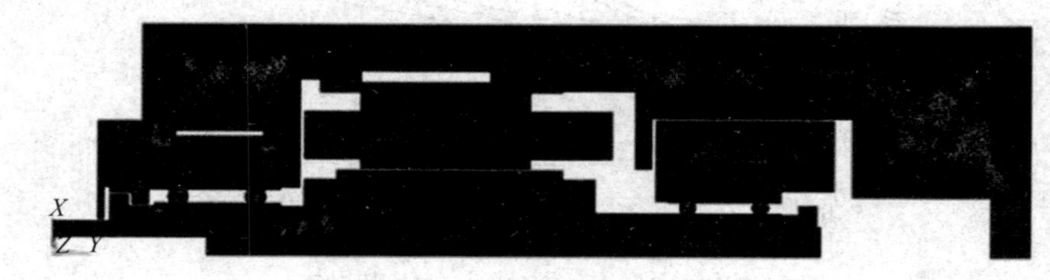

(a) 120MD60Y6

(b) D62D24A

图 3.12 有限元热模型

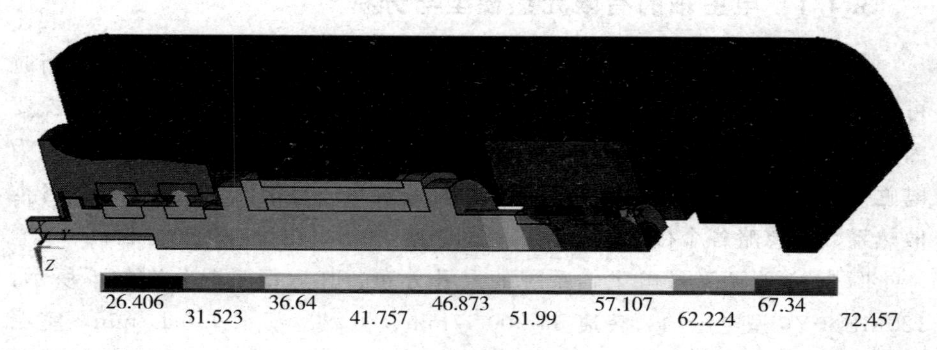

(a) 120MD60Y6

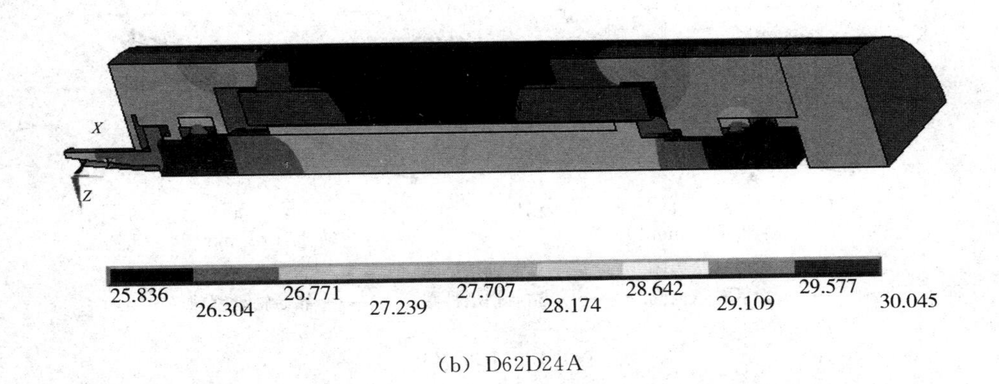

（b）D62D24A

图3.13　电主轴系统温升

在对电磁损耗、轴承损耗和散热系数的分析过程中可以发现，电主轴转速、电机转差率（外部扭矩）、温升及热膨胀（电主轴径向和轴向热膨胀）、冷却条件（冷却水流量）、润滑油黏度、轴承预紧状态（预紧力或位移）等因素均会对系统的温升产生影响，所以分析以上因素对系统热态特性的影响十分必要。冷却条件（冷却水流量）、润滑油黏度、轴承预紧状态（预紧力或位移）对系统热态特性的影响规律较明显，本小节不再赘述[80]；电主轴转速、电机转差率、热膨胀对系统温升影响的分析结果如下：

①电主轴转速对系统温升的影响：图3.14表示为两型号电主轴轴承内圈、外圈和钢球的温升情况，其运行工况为固定的冷却条件、润滑条件、初始预紧状态和转差率（外部扭矩），以及不考虑热膨胀现象的影响。可以看出，随着转速的升高，所有轴承的内圈、外圈和钢球温升均大幅度上升，尤其是120MD60Y6型电主轴后轴承组，由于较差的散热条件及较高的轴承损耗功率，导致在最高转速时其温度已经高于100 ℃。120MD60Y6型电主轴前轴承组和D62D24A型电主轴的轴承均出现内圈温升最高，钢球次之，外圈最低的情况，而120MD60Y6型电主轴的后轴承组却出现了相反的现象，这也是由于不同轴承的组配和预紧结构的设计导致了轴承不同的散热条件，所以出现不同的温升状态，尤其是120MD60Y6型电主轴前轴承组，其轴承座的冷却水结构导致其外圈温度低于内圈10℃以上。120MD60Y6型电主轴前、后轴承组靠前轴承和靠后轴承位置的差异导致其传热和散热略有差别，所以其温升状况略有不同。由于D62D24A型电主轴的最高转速为24 000 r/min，所以其最高温度与最高转速为60 000 r/min的120MD60Y6型电主轴相比低很多。

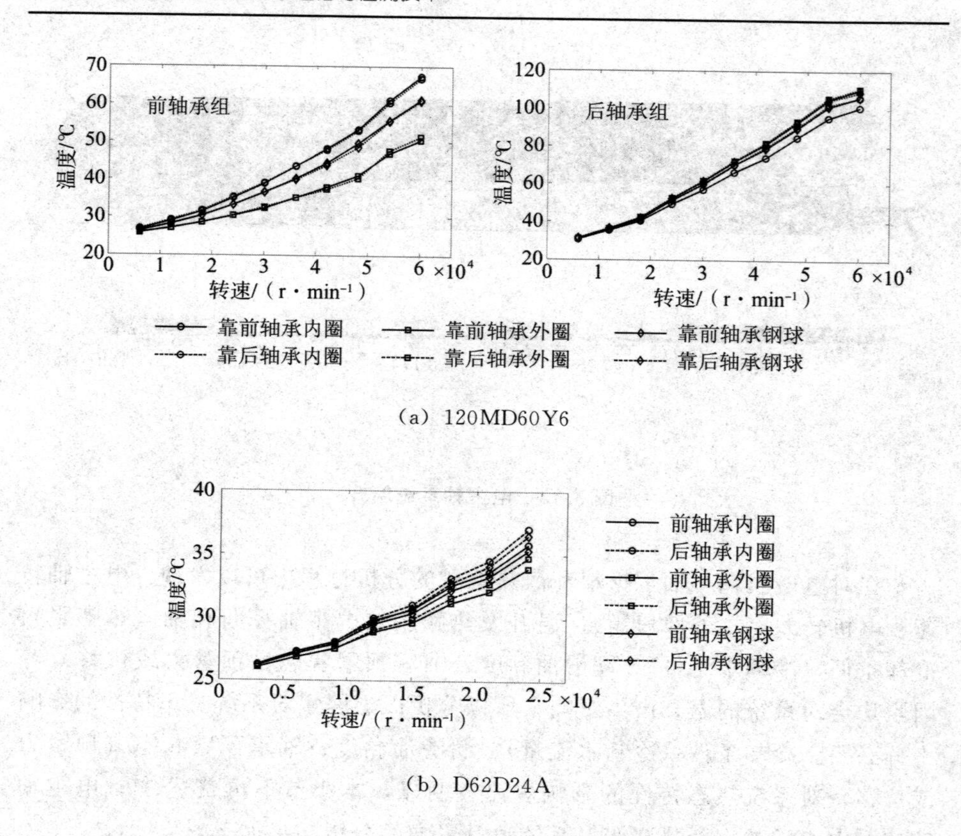

（a）120MD60Y6

（b）D62D24A

图 3.14 转速对轴承温升的影响

采用定位预紧方式的 D62D24A 型电主轴与采用定压预紧方式的 120MD60Y6 型电主轴不同，系统温升造成的转轴和壳体的轴向热膨胀差量会改变配对轴承的预紧状态，从而影响系统的动力学特性，所以必须对 D62D24A 型电主轴的转轴和壳体的轴向热膨胀差量进行讨论。图 3.15 表示 D62D24A 型电主轴转轴和壳体的轴向温升分布，曲线的起点和终点为前、后两轴承的中心轴向位置。随着转速的升高，电机和轴承的功率损耗增加，电主轴转轴和壳体出现温度升高为必然现象，而轴承部位的功率损耗增速高于电机，所以曲线起点和终点部位温升高于其中部，出现“盆状”曲线簇，并且随着转速的升高其形状趋势愈加明显；相对于转轴而言，壳体电机定子外部存在水冷却，所以此部分的温升较小，使得“盆状”更加明显；由于壳体的冷却条件明显好于转轴，故其温升低于转轴，这必然会导致转轴和壳体的轴向热膨胀差量不为 0[81]。

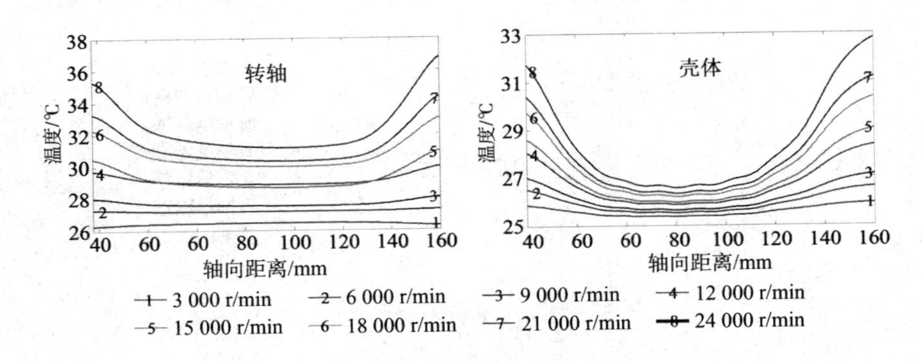

图 3.15 转速对转轴与壳体轴向温升分布的影响（D62D24A 型电主轴）

②电机转差率（外部扭矩）对系统温升的影响：转差率是通过改变电机定子、转子损耗功率的方式影响系统温升的，图 3.16 表示为两型号电主轴轴承内圈、外圈和钢球的温升情况，其运行工况为固定的转速、冷却条件、润滑条件和初始预紧状态，以及不考虑热膨胀现象的影响。随着电机转差率的升高，电机定子、转子损耗功大幅增大，其热量的扩散导致轴承温度升高，尤其是 120MD60Y6 型电主轴，其轴承最高温升达到 10 ℃左右，由于 D62D24A 型电主轴电机损耗功率随转差率的升高增加较小，所以其轴承温升较小，最高只有 0.5 ℃左右。120MD60Y6 型电主轴前轴承组的靠后轴承和后轴承组的靠前轴承更加接近电机，故其温升比其他两个轴承高。同样的，系统结构决定了 120MD60Y6 型电主轴前轴承组和 D62D24A 型电主轴的轴承内圈温升高于外圈和钢球，而 120MD60Y6 型电主轴后轴承组轴承内圈温升却低于外圈和钢球。

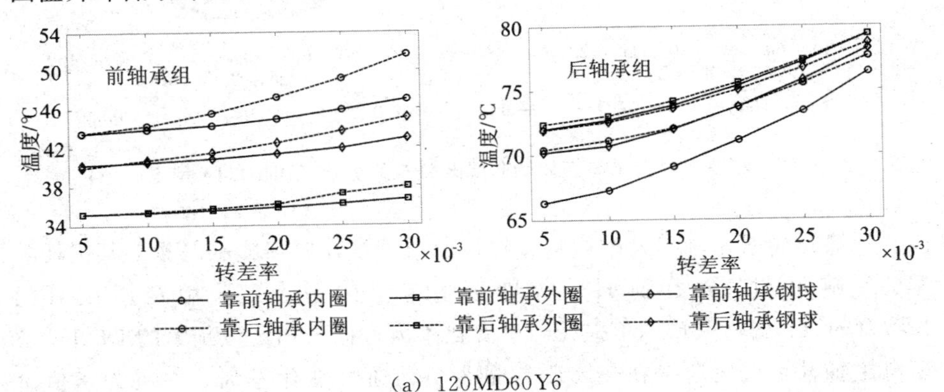

(a) 120MD60Y6

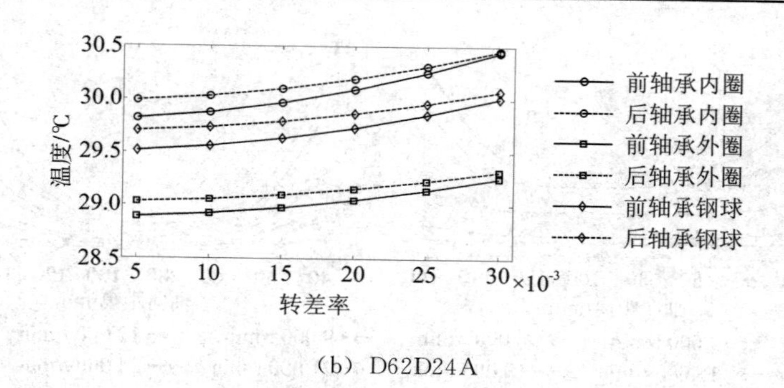

(b) D62D24A

图 3.16 转差率对轴承温升的影响

图 3.17 表示 D62D24A 型电主轴转差率对转轴和壳体的轴向温升分布的影响。可以看出，随着转差率的升高，电机定子、转子损耗功率迅速增大，不仅轴承温升增加，转轴的和壳体的温度也出现上升，尤其是转轴，其中间部分（电机转子）温升的增大使得其温度有超过轴承温升的趋势，所以低转差率时的“盆状”曲线随着转差率的升高逐渐变成了“盖状”，而对于壳体而言，由于冷却水的强制冷却作用，其温升较小，“盆状”的曲线簇形状基本没有变化。同样的，壳体温升小于转轴。

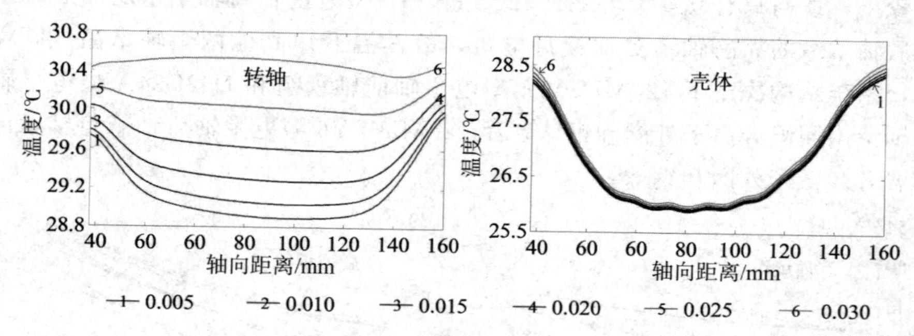

图 3.17 转差率对转轴与壳体轴向温升分布的影响（D62D24A 型电主轴）

③热膨胀对系统温升的影响：通过分析轴承径向热膨胀差量对其损耗功率的影响可知，随着轴承径向热膨胀差量的增大，采用定压预紧的 120MD60Y6 型电主轴轴承损耗功率变化不大，而采用定位预紧的 D62D24A 型电主轴轴承损耗功率在热膨胀差量为负值阶段变化不大，在其为正值阶段，随其增大轴承损耗功率迅速升高。图 3.18 表示轴承径向热膨胀差量对电主轴轴承温升的影响，其运行工况为固定的转速、冷却条件、润滑条件、

转差率和轴承初始预紧状态，以及不考虑轴向和钢球热膨胀现象的影响。可以看出，温升状况与轴承功率损耗变化趋势类似，温升最大部位出现在 D62D24A 型电主轴轴承处，幅度为 2℃左右，并且温升状况呈现出一般规律，即 120MD60Y6 型电主轴前轴承组和 D62D24A 型电主轴的轴承内圈温升高于外圈和钢球，120MD60Y6 型电主轴后轴承组轴承内圈温升低于外圈和钢球。

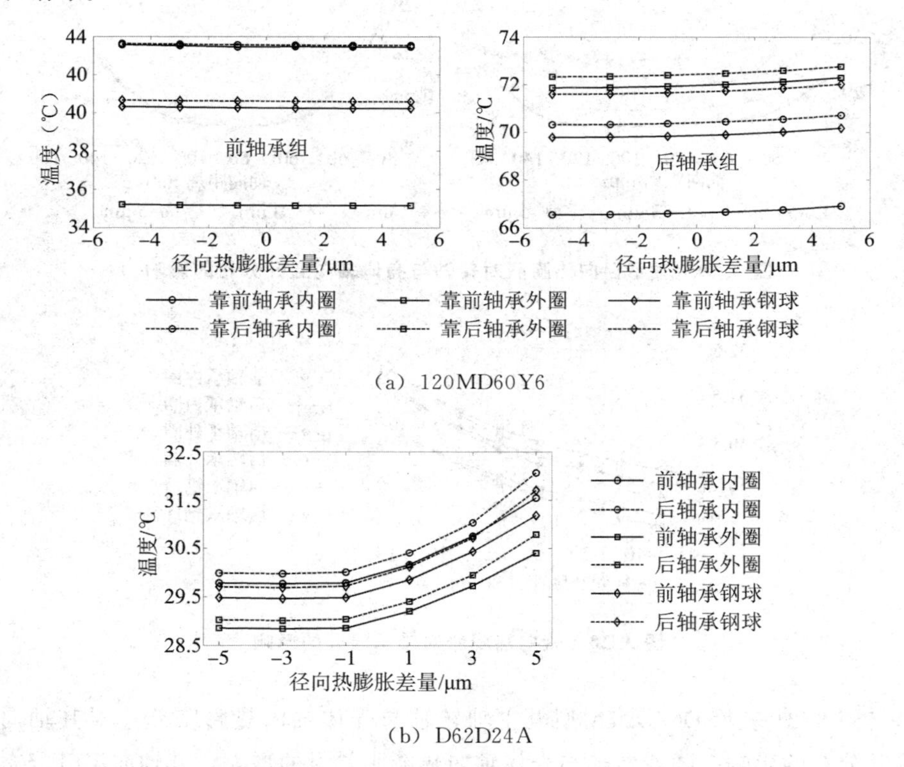

(a) 120MD60Y6

(b) D62D24A

图 3.18　径向热膨胀对轴承温升的影响

图 3.19 表示 D62D24A 型电主轴轴承径向热膨胀差量对转轴和壳体的轴向温升分布的影响。轴承径向热膨胀差量在负值阶段时，轴承损耗功率基本没有变化，所以转轴和壳体轴向方向的温升不变，其值为正值时，轴承损耗的增加使得其温度升高，则转轴和壳体在轴向方向上的温度随之增大，由于冷却条件的不同，转轴“盆状”曲线簇较为松散，壳体的“盆状”曲线簇较为紧密。

转轴与壳体的轴向热膨胀差量只会对采用定位预紧的 D62D24A 型电主轴轴承产生影响，图 3.20 表示转轴与壳体的轴向热膨胀差量对电主轴轴承温升的影响，其运行工况为固定的转速、冷却条件、润滑条件、转差率和轴承初始预紧状态，以及不考虑轴承径向热膨胀现象的影响。可以看出，随着转轴与壳体轴向热膨胀差量的增大，轴承损耗增加，故轴承温度升高，增幅接近 3 ℃，并且轴承内圈温升高于外圈和钢球。

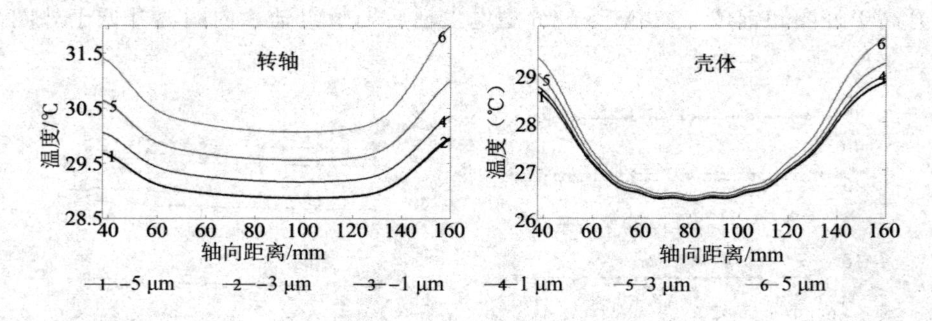

图 3.19　轴承径向热膨胀对转轴与壳体轴向温升分布的影响

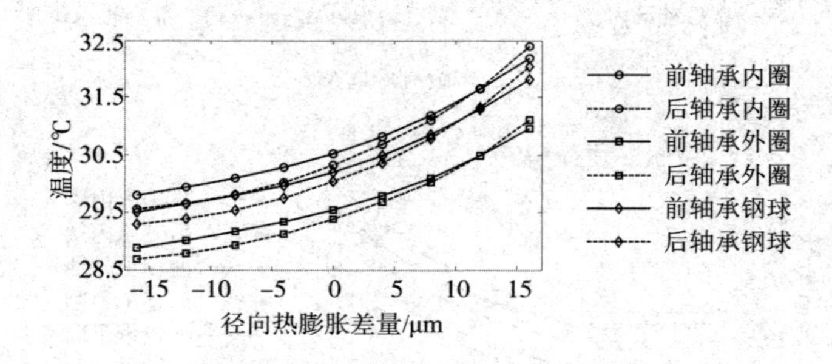

图 3.20　轴向热膨胀对轴承温升的影响

图 3.21 表示 D62D24A 型电主轴转轴与壳体轴向热膨胀差量对其轴向温升分布的影响。随着转轴与壳体轴向热膨胀差量的增大，其轴向温升分布趋势与轴承初始预紧状态影响时较为相似，轴承损耗的增大，在轴向方向带动转轴和壳体温度升高，冷却条件较差的转轴“盆状”的曲线簇较为松散且温升较大，具有强制水冷却的壳体“盆状”曲线簇较为紧密，温升较小。

图 3.22 表示钢球热膨胀量对电主轴轴承温升的影响，其运行工况为固定的转速、冷却条件、润滑条件、转差率和轴承初始预紧状态，以及不考虑轴承径向热膨胀和转轴与壳体的轴向热膨胀现象的影响。与其对轴承损耗功率的影响相似，钢球热膨胀对电主轴轴承的温升基本没有影响，其温升分布符合图 3.13 所示的情况，120MD60Y6 型电主轴前轴承组和 D62D24A 型电主轴的轴承内圈温升高于外圈和钢球，120MD60Y6 型电主轴后轴承组轴承

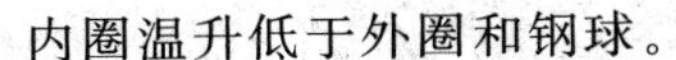

内圈温升低于外圈和钢球。

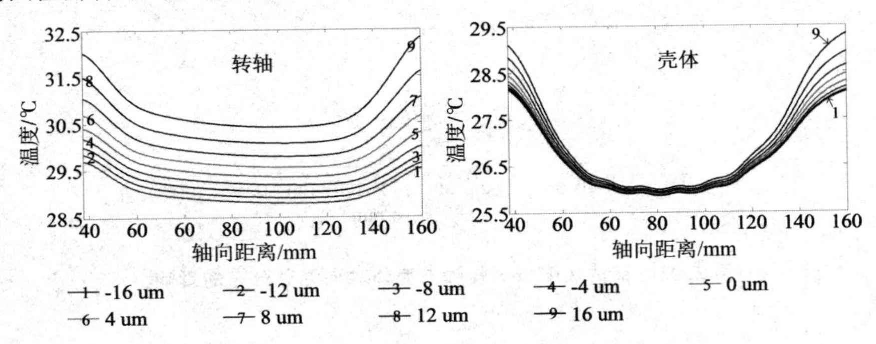

图 3.21　转轴与壳体轴向热膨胀对其轴向温升分布的影响

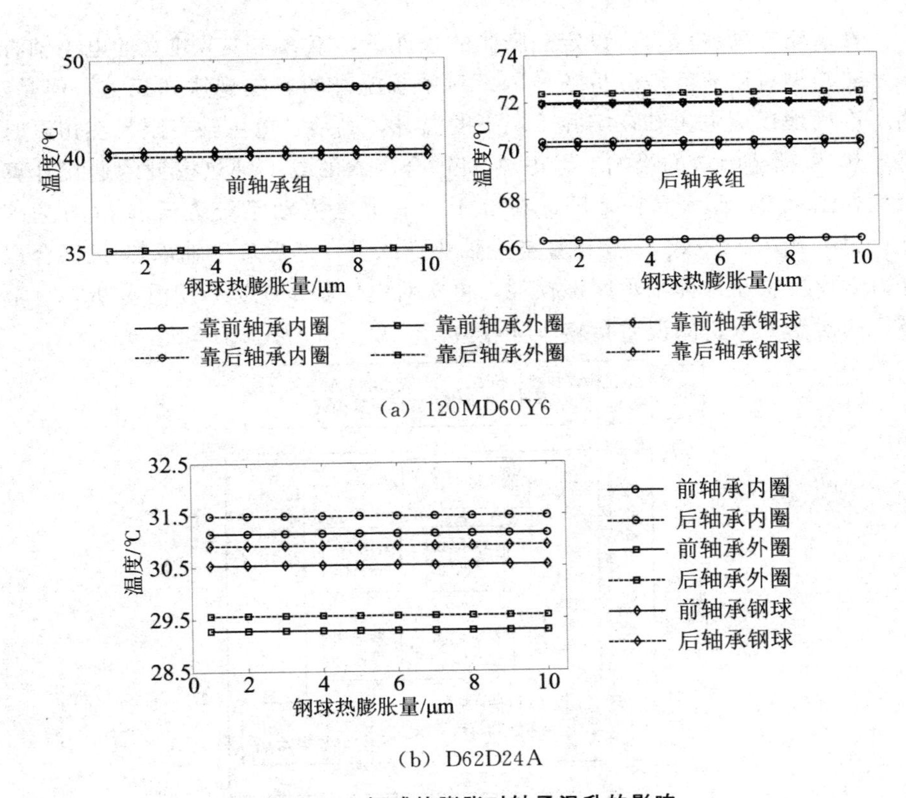

(a) 120MD60Y6

(b) D62D24A

图 3.22　钢球热膨胀对轴承温升的影响

图 3.23 表示 D62D24A 型电主轴钢球热膨胀量对转轴与壳体轴向温升分布的影响。由于温升分布基本不变，所以各用一条“盆状”曲线表示，转轴温升高于壳体，壳体“盆状”趋势较为明显。

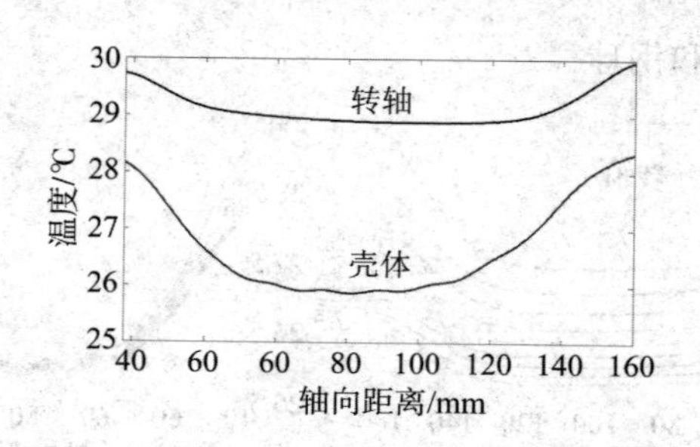

图 3.23 钢球热膨胀对转轴与壳体轴向温升分布的影响

3.4.2 考虑热-机耦合因素的电主轴热模型与分析

在忽略热膨胀或直接设定热膨胀的条件下，第 3.4.1 节建立的电主轴有限元热模型可以有效地分析各种因素对系统温升的影响规律和权重。但是，为了准确地预测电主轴在实际工况下的温升，必须在电主轴有限元热仿真时考虑热-机耦合因素的影响。考虑热-机耦合因素的电主轴热模型的迭代计算流程如图 3.24 所示[82,83]，即：在 3.4.1 节中电主轴系统温升分析的基础上，根据式 2.12～式 2.15 计算电主轴热膨胀量，然后基于轴承热-机耦合拟静力学模型重新计算轴承摩擦损耗，再次对电主轴系统进行温升分析，直至最后两次温升分析的误差足够小（收敛）。

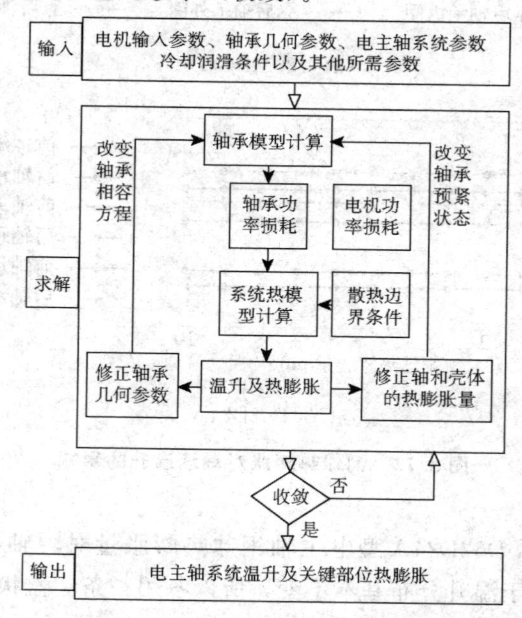

图 3.24 考虑热-机耦合因素的电主轴热模型求解流程图

分析热膨胀现象对轴承内部几何相容关系和预紧状态的影响可知，无论采用定压预紧还是采用定位预紧的电主轴系统，轴承内外圈径向热膨胀差量和轴承钢球热膨胀量均为影响因素；转轴与壳体轴向热膨胀差量只对定位预紧的轴承预紧状态产生影响。因此，根据式 2.12～式 2.15 计算电主轴热膨胀量时涉及三个热膨胀量，分别为 120MD60Y6 型和 D62D24A 型电主轴的轴承径向热膨胀差量和钢球热膨胀量，以及 D62D24A 型电主轴转轴与壳体的轴向热膨胀差量。热膨胀达到稳定时系统才能运行进入稳定状态。

对考虑热-机耦合因素的电主轴热模型进行迭代求解，完成系统稳定时的热膨胀量计算结果如图 2.25 所示。可以看出，与对轴承温升影响效果相同，转速的升高对轴承内外圈热膨胀差量的影响较大。由于轴承内外圈温升趋势不同的原因，120MD60Y6 型电主轴前轴承组和 D62D24A 型电主轴轴承的内外圈径向热膨胀差量基本为正值，120MD60Y6 型电主轴后轴承组的轴承内外圈径向热膨胀差量均为负值，且幅值较大。轴承内外圈径向热膨胀差量和钢球热膨胀量的变化趋势略完全相同，只是变化幅度略有差别，而 D62D24A 型电主轴转轴的平均温升高于具有水冷却的壳体，并且轴承采用背靠背方式配置，所以其轴向热膨胀差量是向着使得轴承预紧更加松弛的方向变化，故其幅值随着转速的升高而下降。

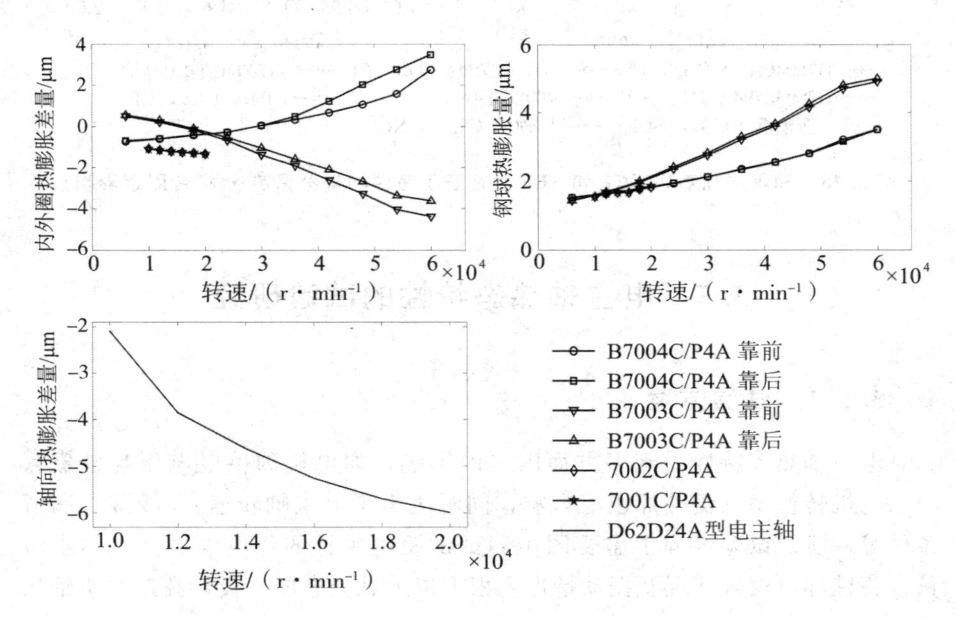

图 3.25　热膨胀量

由于热膨胀因素的影响，轴承运行参数发生变化，导致其摩擦损耗功率改变，在完成考虑热-机耦合因素的电主轴热模型迭代求解的基础上，列出耦合因素影响下的轴承摩擦损耗功率如图 3.26 所示，其中 CF 和 NCF 分别表示考虑和未考虑热-机耦合因素影响时的仿真结果。由图 3.26 可知，随着转速的升高，考虑耦合因素影响与未考虑耦合因素影响情况下，轴承摩擦损耗功率与只考虑转速影响时的变化趋势基本一致，均为随之增大，考虑耦合因素影响时，轴承的热膨胀现象导致轴承预紧状态变化，120MD60Y6 型电主轴前轴承组摩擦损耗较未考虑耦合因素时略有增大，而其后轴承组和 D62D24A 型电主轴轴承摩擦损耗略有降低。

考虑热-机耦合因素的电主轴热模型仿真结果将在第 3.5.3 节中列出，通过与不考虑热-机耦合因素的电主轴热模型以及电主轴的温升试验对比，验证电主轴热模型的准确性。

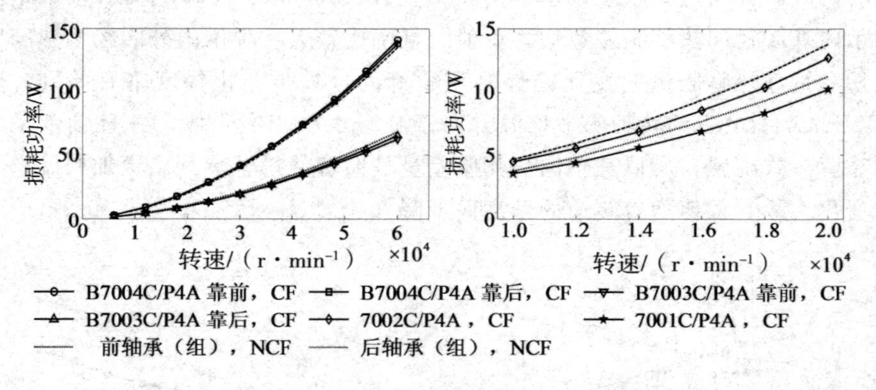

图 3.26 轴承损耗功率（CF 和 NCF 分别表示考虑和未考虑热-机耦合因素影响）

3.5 电主轴热态特性的试验研究

3.5.1 试验方案

电主轴热态特性受到多方面因素的影响，如电机的供电电压与励磁频率、电机转差率（受外部扭矩影响，同时决定了电主轴转速）、冷却与润滑条件等，所以试验过程中需要同步测试试验电主轴的供电参数、冷却水流量、关键部位温升状况及振动情形。根据以上试验意图，设计高速电主轴热态特性试验整体示意图如图 3.27 所示，由于两型号电主轴试验条件不同，所以其试验设备及方法略有差别。

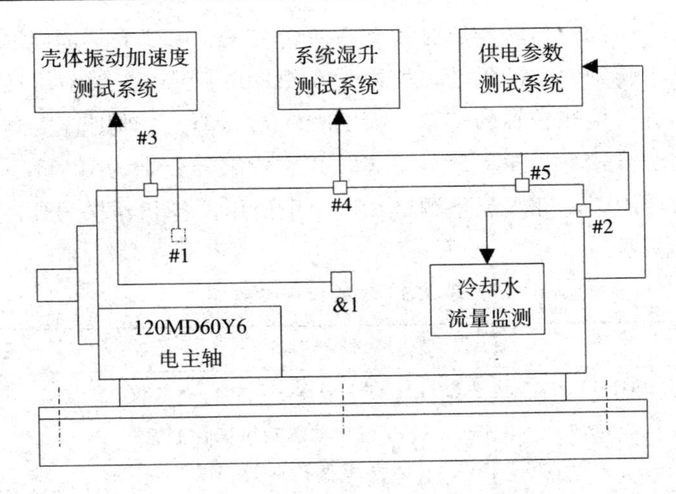

（a）120MD60Y6

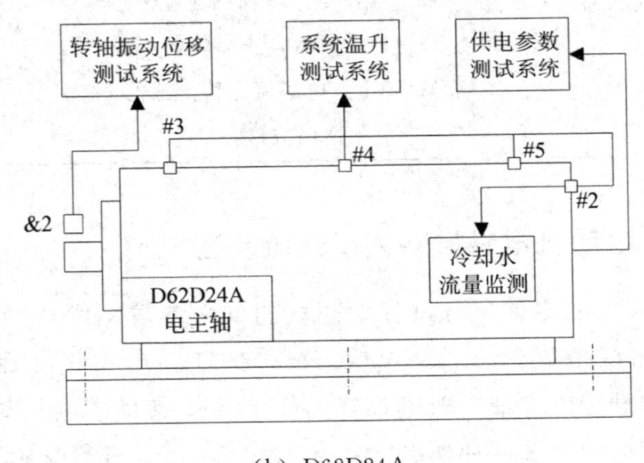

（b）D62D24A

图 3.27　电主轴热态特性试验方案示意图

如图 3.27 所示，两型号电主轴热态特性试验平台均包含供电参数测试系统、温升测试系统和电主轴振动测试系统。电机供电参数测试系统用于测量电主轴运行过程中的供电电压、供电电流和励磁频率。120MD60Y6 型电主轴的系统温升测试系统主要测量前轴承组外圈、冷却水出口和壳体前部、中部和后部的温升，其对应位置编号为＃1—＃5。D62D24A 型电主轴则测试除了前轴承外圈以外的其他测点温升，温升测试系统同时还监测室温变化。电主轴振动测试系统的功能是待系统温升稳定后测试其振动信号，通过振动频谱分析中的一倍转频成分得到系统转差率。由于壳体固定时的系统低阶固有振型为转轴中部的涡动，所以 120MD60Y6 型电主轴采用测试壳体振动加速度的方式检测转轴的转频，而 D62D24A 型电主轴则直接测试转轴前端振动位移的方式进行振动信号采集，其位置编号分别为 &1 和 &2。冷却水流量检测器用于冷却水流量测试。试验中使用设备和器材的具体型号和参数如表 3.3 所示。

表 3.3 试验设备参数

测试项目	对象	仪器名称	灵敏度
电机供电参数	120MD60Y6	电主轴性能检测平台（三相电参数仪）	
	D62D24A	Carver-S400 型三轴雕刻机床控制系统	
系统温升	#1	热电偶传感器	0.01 ℃
	#2—#5	泰仕 TES-1310 温度表测温仪	0.1 ℃
振动	&1	B&K4384 压电式单向加速度传感器和 B&K2692—014 电荷放大器	100 mV/m · s^{-2}
	&2	WD501 型电涡流位移传感器	0.1 μm
冷却水流量		通用流量计	0.01 L/min

3.5.2 电动机电磁损耗模型试验验证

图 3.28 表示电主轴运行过程中测试的供电参数，120MD60Y6 型电主轴励磁频率测试范围为 100～1000 Hz，D62D24A 型电主轴为 166.7～333.3 Hz。两型号电主轴均采用 U/f 控制技术，其供电电压与励磁频率基本保持线性增加的关系，如图 3.28（a）所示。在未进行材料切削的时候，轴承的摩擦力矩成为电机的主要外部扭矩。在考虑励磁频率（转速）为主要影响因素的情况下，根据角接触轴承摩擦损耗模型可以计算其摩擦力矩与励磁频率的关系如图 3.28（c）所示。可以看出，随着励磁频率（转速）的升高，轴承产生的摩擦力矩基本呈线性增大。根据异步电动机的外部机械特性曲线特性[84,85]可知，当摩擦力矩一定时，励磁频率的线性增大会造成电机转差率线性的减小，若励磁频率与电机外部力矩同时线性增大，电机的转差率曲线线性下降的斜率会随着励磁频率的增大逐渐减小，这与图 3.28（d）试验结果一致。根据电机电磁损耗模型分析电机定子电流如图 3.28（b）所示，其理论计算值与试验测试值基本一致，120MD60Y6 型电主轴定子电流随着励磁频率的升高，先增加后减小，而 D62D24A 型电主轴的定子电流基

本呈线性减小的趋势。

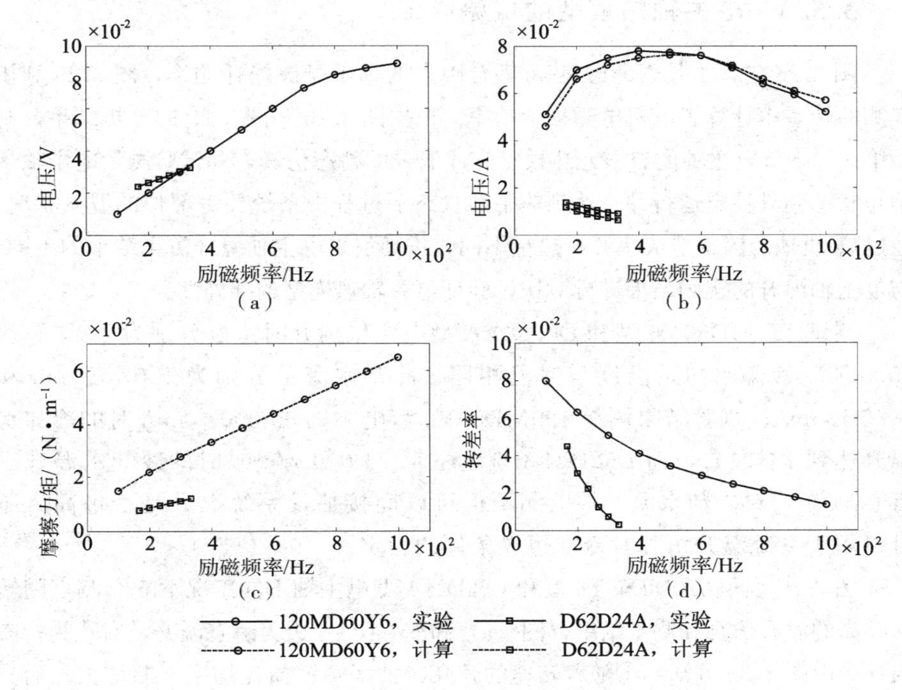

图 3.28　供电测试参数

以上分析不仅验证了电动机电磁损耗模型的有效性，同时其结果也是后续系统温升试验的准备条件。根据以上试验和分析结果计算电机的电磁损耗如图 3.29 所示，可以看出，电机定子铜耗变化趋势与电机定子电流一致，由于外部载荷只有轴承的摩擦力矩，两电机转差率均较小，所以其转子铜耗非常小。对于定子铁耗而言，120MD60Y6 型电主轴随励磁频率的增大而升高，D62D24A 型电主轴则基本保持不变。

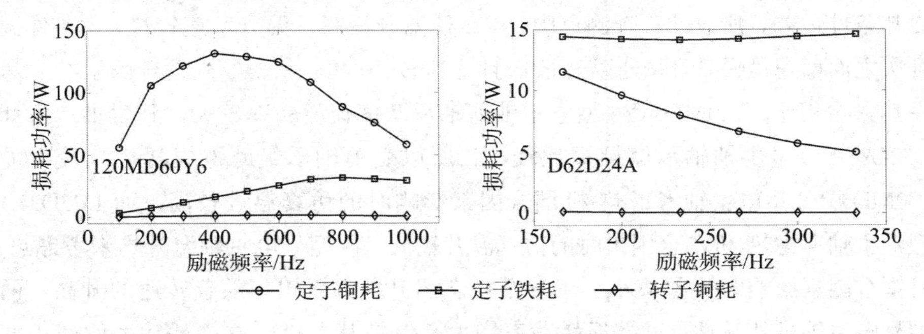

图 3.29　电机电磁损耗

3.5.3 电主轴热模型的试验验证

图 3.26 包含了是否考虑热-机耦合因素的轴承摩擦损耗功率，图 3.29 利用实测的转差率计算了电机电磁损耗功率。根据图 3.26 和图 3.29 的分析结果，利用第 3.4.1 节电主轴的有限元热模型完成温升的瞬态仿真，并试验测量电主轴从静止状态到其稳定运行并且达到热平衡状态下过程中系统关键部位的温升状况。通过热-机耦合因素造成热源产热量不同，进而引发电主轴温升仿真结果的不同，与电主轴温升的实测结果进行对比，验证电主轴热模型的准确性。

测试 120MD60Y6 型和 D62D24A 型电主轴温升时室温分别为 22.1 ℃和 25.0 ℃，冷却水初始温度与室温相同，冷却水流量分别为 1.07 L/min 和 0.85 L/min。试验结果测得 120MD60Y6 型电主轴 60 000 r/min 时的冷却水温升达到 7℃左右，而 D62D24A 型电主轴 20 000 r/min 时的冷却水温升只有 0.75℃，对冷却水温升的监测不但可以间接估计系统温升是否过高，还可以用于系统温升仿真时冷却边界条件的设定。

图 3.30 表示 120MD60Y6 型和 D62D24A 型电主轴不同工况下 5 个测点随转速升高的温升仿真和测量结果，图（a）和图（b）左边为瞬态温升，右边为稳态温升。由图 3.30 可知：①随着转速的升高，轴承摩擦损耗功率不断增大；而只有轴承摩擦力矩为外部扭矩的情况下，120MD60Y6 型电主轴电机电磁损耗功率先增大后减小，D62D24A 型电主轴电机电磁损耗功率不断减小，综合影响下，两型号电主轴系统的温升还是不断升高。②120MD60Y6型电主轴测点♯1 为最靠近热源的部位，所以其温升最高，60 000 r/min 时达到近 50℃，由于其附近设有冷却槽进行水冷，故其瞬态温升增速最快。两型号电主轴壳体前部（测点♯2）距离摩擦损耗功率最大的前轴承（组）最近，传热路径短，壳体中部（测点♯3）虽然靠近电机定子，但是在冷却槽外部，壳体后部（测点♯4）距离热源较远但冷却条件最差，所以此三个测点中，♯2 处温升最高且温升增速较快，♯4 处温升次之而增速最慢，♯3 处温升最低且增速较快。③考虑热-机耦合因素与未考虑其影响相比，120MD60Y6 型电主轴前轴承摩擦损耗功率较大，其后轴承组和 D62D24A 型电主轴轴承摩擦损耗较小；所以受前轴承组摩擦损耗影响较大的 120MD60Y6 型电主轴考虑热-机耦合因素影响时的仿真温升较高，而 D62D24A 型电主轴考虑热-机耦合因素时的仿真温升较低，两型号电主轴温升均未考虑热-机耦合因素影响时误差较小。④分析稳态温升可以看出，随着转速的升高，两型号电主轴虽然其轴承摩擦损耗功率增大，但是其电机电磁损耗功率的减小使得 120MD60Y6 型电主轴的温度升高趋势减小，D62D24A 型电主轴的温度升高趋

势增大，表明轴承摩擦功率损耗对 120MD60Y6 型电主轴系统温升的主导地位下降，而对 D62D24A 型电主轴系统温升的主导地位增强。

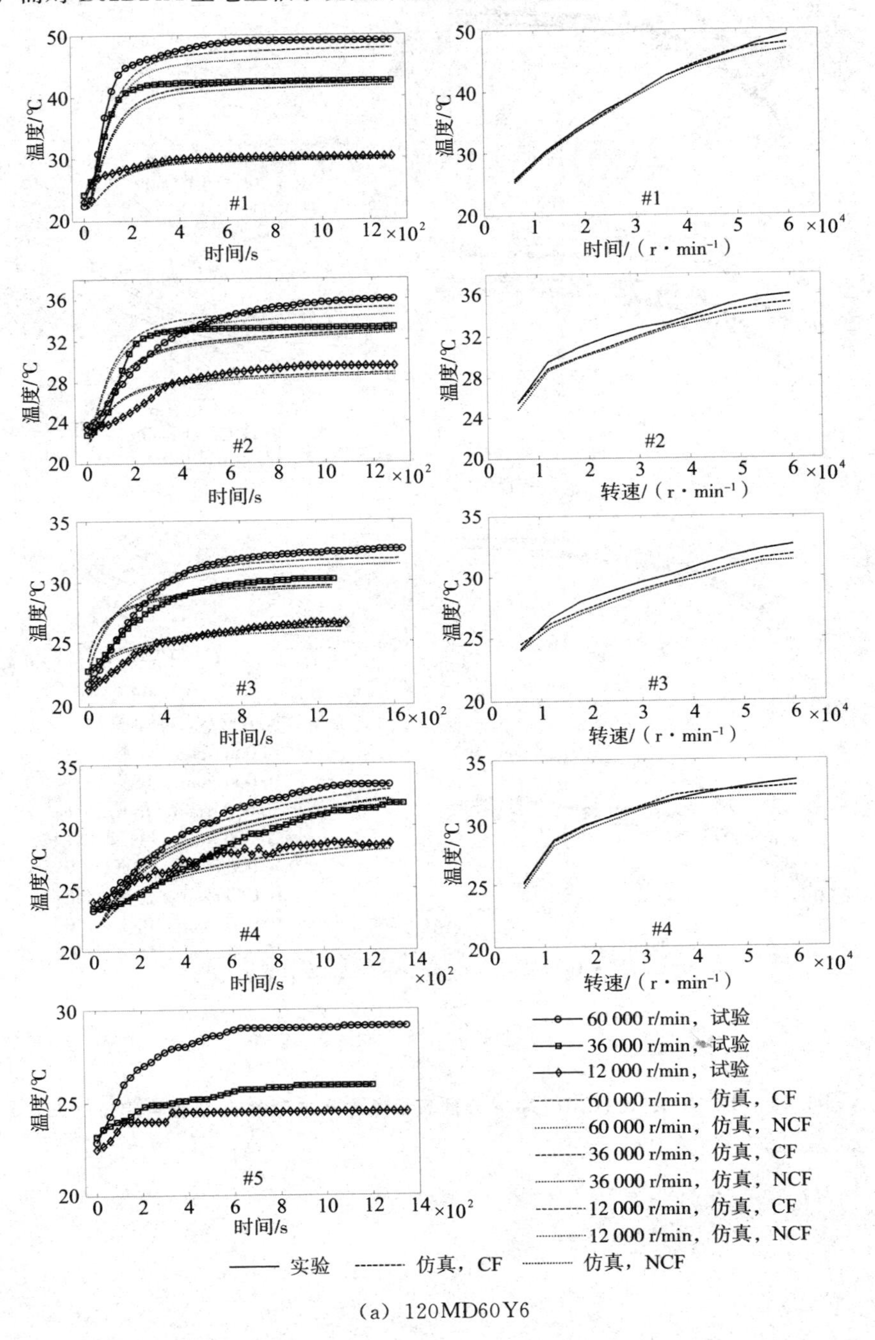

(a) 120MD60Y6

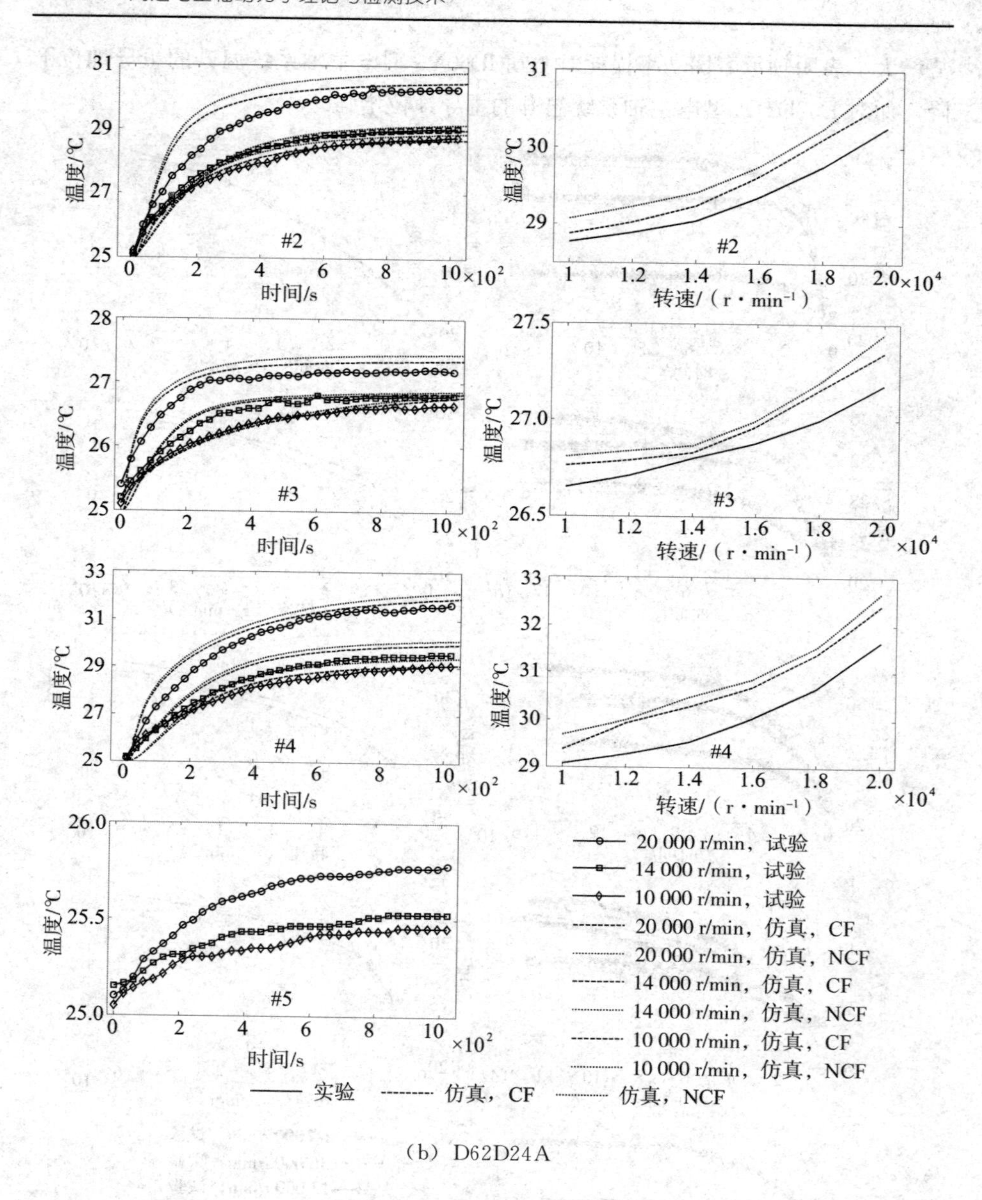

（b）D62D24A

图 3.30　电主轴温升（CF 和 NCF 分别表示考虑和未考虑热-机耦合因素影响）

第 4 章　高速电主轴的多场耦合动力学模型

高速电主轴的动力来源于内置电动机的能量转换，即电能→磁场能→机械能，并一直伴随着热能产生。这使得高速电主轴与普通机床主轴相比，额外引入了电-磁耦合和机-电耦合两个复杂因素，成为一个多变量、非线性、强耦合系统[86]。高速电主轴的动力学问题牵涉到主轴、轴承、电动机等多个部件之间的运动和受力，以及润滑、冷却等因素之间的相互关系，是机、电、磁、热、力与运动相互耦合的综合体现。它更是一个动态过程，涉及学、运动学、电磁学、摩擦学、传热学等多学科知识。因此，必须从多场耦合的角度揭示电主轴复杂动力学特性[10]。

本章提炼并归纳了电主轴中存在的多物理过程、多参数耦合现象，讨论了电主轴中存在的机-电-磁-热-力多场耦合关系，给出了电主轴的多场耦合结构；在此基础上，集成电主轴各子模型，采用有限元法建立了电主轴的多场耦合动力学模型。建立了电主轴多场耦合动力学模型的求解方法，并分析了各种影响因素（设计参数、工况参数或耦合参数）对电主轴模态特征的影响规律，并试验验证了动力学模型的有效性和准确性，为从多场耦合角度分析电主轴的动力学问题提供了理论基础。

4.1　电主轴多场耦合动力学模型

高速电主轴内置电机一般为三相异步电动机，装于定子铁芯槽内的相绕组相位互差 120°，三相绕组各自形成一个正弦交变磁场，三个对称的交变磁场相互叠加合成一个磁极方向一定且强度不变的恒速旋转的磁场，磁场的转速就是电主轴的同步转速[87]。异步电动机的同步转速 n 由输入电机定子绕组电流的频率 f 和电机定子的极对数 p 决定（$n=60f/p$）。输入电主轴定子的电流和电压由变频器逆变电路产生，电主轴控制方法则决定着这些输入量和主轴的机械输出特性[88]。系统的驱动控制不仅决定着转轴的转速，同时能为计算内置电机产热以及电磁不平衡力提供电参数。需要说明的是，外载荷不仅作用于转轴，同时会影响定子、转子电流的大小[89]，从而影响电动机产热和电磁不平衡力的大小。电磁不平衡力由装配误差等因素造成的气隙不均匀产生，直接作用于气隙间的转轴上[90]。轴承为转轴提供支承刚度，而转轴在轴承节点处的位移也需要反馈到轴承内部几何关系中。轴承和内置电动机是高速电主轴的两大热源，其产热经过热传递使整个系统达到热平衡后，轴承自身的热位移以及由于转轴和壳体热膨胀引起的轴承热位移也需反馈到轴承内部的几何关系中[91]，这将改变轴承内部的接触状态，即改变轴承的动力学参数，影响其产热和支承刚度等[92]。

由上述分析可知，高速电主轴是一个多场多参量的复杂耦合系统。图4.1所示的电主轴整体动力学模型清楚地描述了各子模型之间的耦合关系，是研究电主轴动多场耦合动力学行为的基础[93]。其中轴承模型和热模型分别在第2章和第3章已详细介绍，本节主要介绍转轴模型。

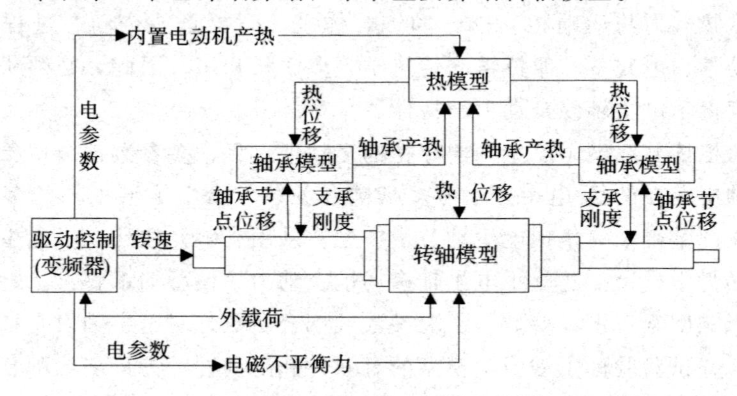

图 4.1　电主轴系统整体动力学模型

4.1.1　电主轴热-机耦合动力学模型

第2章基于轴承热-机耦合拟静力学模型建立了轴承动态支承刚度的求解方法，并验证了热-机耦合因素对轴承动态支承刚度的重要影响；同时第3章也介绍了电主轴在高速状态下存在因不均匀热分布而引发热膨胀的现象。因此，本节将在第2章中考虑了热-机耦合因素的轴承动态支承刚度的基础上，建立电主轴热-机耦合动力学模型。根据系统结构及其动力学特性做如下合理的简化、假设和分析[94]：

①壳体、轴和拉杆均视为转轴而进行分析，其中壳体可视为非转动转轴。

②各个转轴的振动包含一个轴向移动自由度 z、两个径向移动自由度 x 和 y、两个绕径向方向转动的自由度 θ_x 和 θ_y，其具体形式见图4.2。

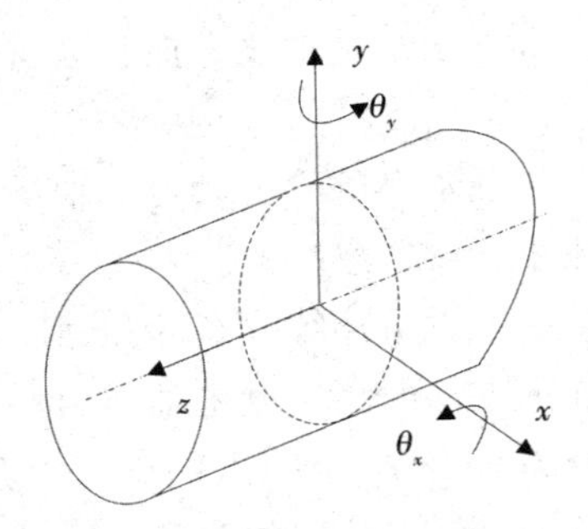

图 4.2　转轴的振动坐标系

④各个转轴上的附属零部件（轴上安装的刀柄、刀具、螺母、动平衡环、轴承内圈、电机转子等；壳体安装的电机定子、轴承座、端盖等）本身的弯曲刚度对转轴本身的刚度影响很小，可以忽略，但是其惯性影响较大，可视为附属于转轴上的附加质量单元。附属零件振动自由度与其和转轴的连接方式有关，共分为 5 类，如图 4.3 所示。

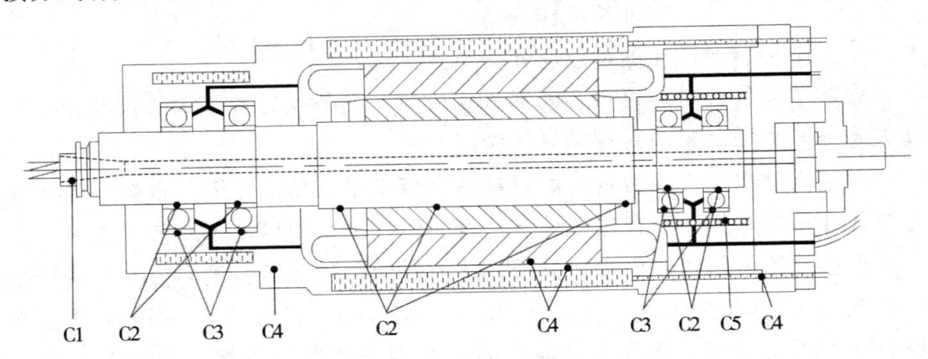

图 4.3　附属零件和梁的连接分类

由图 4.3 分析，C1 类为拉杆或者夹头与轴的连接，在拉杆拉力的作用下，刀柄、刀具、拉杆后端与轴紧密连接，可视为自由度完全耦合，振动状况完全一致；C2 类为轴上附属零件与轴的连接，由于均为过盈配合，可视为自由度完全耦合；C3 类为轴承外圈和轴承座的连接，由于轴承外圈被挡肩结构和锁紧螺母完全固定，可视为自由度完全耦合；C4 类为附属零件和壳体的连接，均为过盈配合或者螺栓锁死，可视为自由度完全耦合；C5 类为轴承座与壳体的轴向可移动连接，可视为径向和绕径向转动的自由度完全耦合，轴向移动自由度不耦合。

⑤连接固定零部件和转动零部件的轴承可视为受热膨胀因素影响的非线

性弹簧，为转动零部件提供除了绕其轴线方向转动自由度外的其他方向上的支承刚度。

⑥相对于系统中各个转轴本身的刚度而言，轴承预紧力及其轴向外载荷对转轴刚度产生的影响很小，可以忽略。

电主轴转轴本质上是一个质量连续分布的弹性阶梯轴，由无限个固有频率和振型。根据接触球轴承支承的高速电主轴结构特点，对其进行动力学分时，首先沿轴线将其划分为具有 N 个结点的 $N-1$ 个轴段单元，通过单元分析建立起各单元间结点力何结点位移的关系，综合各单元的运动方程，组建以结点位移为广义坐标的电主轴运动微分方程，从而将电主轴振动问题转化成有限个自由度系统的振动问题。利用有限元方法对转轴划分单元基本原则为[95]：

①转子横截面有突变的地方应作为节点，轴上附加零件的边缘应设为节点，相邻附加零件的尺寸或材料不同时，分界处应作为节点。

②轴承支承部位应作为节点。

③有外载荷作用的部位应作为节点。

④点附加质量所在的部位应作为节点。

⑤若单元较长时，可在其间插入相应数量的节点，各单元的长度相差不能太悬殊，否则会影响计算结果的精度。

⑥适当增加节点的数量，可以提高计算结果的精度，但节点数量的增多会导致计算量增加，需在保证计算精度的前提下采用尽量少的节点数量。

根据上述的简化、假设和分析，考虑转轴所受弯矩、横向位移、剪切变形和转动惯量等因素的影响，应用 Timoshenko 梁理论[96,97]和有限元理论[98]，将质量连续、无限多自由度的系统划分成质量离散、具有有限多自由度的有限元模型，第 i 个单元的单元位移向量为 $\{\delta_q\} = \{\delta_{zi} \quad \delta_{xi} \quad \delta_{yi} \quad \theta_{xi} \quad \theta_{yi} \quad \delta_{z(i+1)} \quad \delta_{x(i+1)} \quad \delta_{y(i+1)} \quad \theta_{x(i+1)} \quad \theta_{y(i+1)}\}^{\mathrm{T}}$。同时考虑系统阻尼和高速转子惯性离心力的影响，建立包含热膨胀因素影响的非线性轴承支承刚度特性的热-机耦合的系统动力学模型，其方程如下所示[99]：

$$\boldsymbol{M}\{\delta_{\mathrm{q}}\} + (C - 2\omega G)\{\dot{\delta}_{\mathrm{q}}\} + [K + K_{\mathrm{b}} - \omega^2 M_{\mathrm{c}}]\{\delta_{\mathrm{q}}\} = \{F_{\mathrm{t}} + F_{\mathrm{c}}\} \tag{4.1}$$

式中：$\boldsymbol{M} = \boldsymbol{M}_t + \boldsymbol{M}_r + \boldsymbol{M}_a$—— 转轴系统质量矩阵，其中 $\boldsymbol{M}_t$ 为转轴系统迁移质量矩阵，$\boldsymbol{M}_r$ 为转轴系统旋转质量矩阵，$\boldsymbol{M}_a$ 为转轴上附属零部件质量矩阵，其单元矩阵如下所示：

$$\boldsymbol{M}_{\mathrm{t}}=\frac{\rho A l}{420(1+\Theta)^2}\begin{bmatrix} m_{a1} & & & & & & & & & \\ 0 & m_1 & & & & & & & & \\ 0 & 0 & m_1 & & & & & & & \\ 0 & 0 & -m_2 & m_5 & & & & & & \\ 0 & m_2 & 0 & 0 & m_5 & & \text{sym} & & & \\ m_{a2} & 0 & 0 & 0 & 0 & m_{a1} & & & & \\ 0 & m_3 & 0 & 0 & -m_4 & 0 & m_1 & & & \\ 0 & 0 & m_3 & m_4 & 0 & 0 & 0 & m_1 & & \\ 0 & 0 & -m_4 & m_6 & 0 & 0 & 0 & m_2 & m_5 & \\ 0 & m_4 & 0 & 0 & m_6 & 0 & -m_2 & 0 & 0 & m_5 \end{bmatrix} \tag{4.2}$$

$$\boldsymbol{M}_{\mathrm{r}}=\frac{\rho I}{30(1+\Theta)^2 l}\begin{bmatrix} 0 & & & & & & & & & \\ 0 & 36 & & & & & & & & \\ 0 & 0 & 36 & & & & & & & \\ 0 & 0 & -m_7 & m_8 & & & & & & \\ 0 & m_7 & 0 & 0 & m_8 & & & & & \\ 0 & 0 & 0 & 0 & 0 & 0 & & & & \\ 0 & -36 & 0 & 0 & -m_7 & 0 & 36 & & & \\ 0 & 0 & -36 & m_7 & 0 & 0 & 0 & 36 & & \\ 0 & 0 & -m_7 & m_9 & 0 & 0 & 0 & m_7 & m_8 & \\ 0 & m_7 & 0 & 0 & m_9 & 0 & -m_7 & 0 & 0 & m_8 \end{bmatrix} \tag{4.3}$$

$$\boldsymbol{M}_{\mathrm{a}}=\frac{1}{2}\mathrm{diag}(m_{\mathrm{a}}\quad m_{\mathrm{a}}\quad m_{\mathrm{a}}\quad J_{\mathrm{a}}\quad J_{\mathrm{a}}\quad m_{\mathrm{a}}\quad m_{\mathrm{a}}\quad m_{\mathrm{a}}\quad J_{\mathrm{a}}\quad J_{\mathrm{a}}) \tag{4.4}$$

$$m_1=156+294\Theta+140\Theta^2;\quad m_2=(22+38.5\Theta+17.5\Theta^2)l;$$

$$m_3=54+126\Theta+70\Theta^2;\quad m_4=-(13+31.5\Theta+17.5\Theta^2)l;$$

$$m_5=(4+7\Theta+3.5\Theta^2)l^2;\quad m_6=-(3+7\Theta+3.5\Theta^2)l^2;$$

$$m_7=(3-15\Theta)l;\quad m_8=(4+5\Theta+10\Theta^2)l^2;$$

$$m_9=-(1+5\Theta-5\Theta^2)l^2;$$

$$m_{a1}=140(1+\Theta^2);$$

$$m_{a2}=70(1+\Theta^2);$$

$$\Theta=12EI/(\kappa AGl^2)$$

其中：ρ、A、l、I——单元材料密度、截面面积、长度和截面惯性矩；

E、G ——材料的杨氏弹性模量和剪切弹性模量；

κ——单元截面系数；

m_a、J_a——附属零部件单元质量和截面惯性矩。

C——电主轴系统阻尼矩阵，无法从理论计算得出，它与系统陀螺矩阵 G 共同产生对系统的综合阻尼效应，可以根据试验结果获取模态坐标下系统综合阻尼，再通过模态坐标变换即可求得系统阻尼矩阵；

G——转轴系统陀螺矩阵，其单元矩阵如下所示：

$$\boldsymbol{G}=\frac{\rho J}{30(1+\Theta)^2 l}\begin{bmatrix} 0 & & & & & & & & & \\ 0 & 0 & & & & & & & & \\ 0 & 36 & 0 & & & & & & & \\ 0 & -m_7 & 0 & 0 & & & & & & \\ 0 & 0 & -m_7 & m_8 & 0 & & & \text{skew} & \text{sym} & \\ 0 & 0 & 0 & 0 & 0 & 0 & & & & \\ 0 & 0 & 36 & -m_7 & 0 & 0 & 0 & & & \\ 0 & -36 & 0 & 0 & -m_7 & 0 & 36 & 0 & & \\ 0 & -m_7 & 0 & 0 & -m_9 & 0 & m_7 & 0 & 0 & \\ 0 & 0 & -m_7 & m_9 & 0 & 0 & 0 & m_7 & m_8 & 0 \end{bmatrix} \tag{4.5}$$

其中：**J**—— 单元极惯性矩；

K—— 转轴刚度矩阵，其单元矩阵如下所示：

$$\boldsymbol{K}=\frac{EI}{(1+\Theta)l^3}\begin{bmatrix} k_1 & & & & & & & & & \\ 0 & 12 & & & & & & & & \\ 0 & 0 & 12 & & & & & & & \\ 0 & 0 & -6l & k_2 & & & & & & \\ 0 & 6l & 0 & 0 & k_2 & & & \text{sym} & & \\ -k_1 & 0 & 0 & 0 & 0 & k_1 & & & & \\ 0 & -12 & 0 & 0 & -6l & 0 & 12 & & & \\ 0 & 0 & -12 & 6l & 0 & 0 & 0 & 12 & & \\ 0 & 0 & -6l & k_3 & 0 & 0 & 0 & 6l & k_2 & \\ 0 & 6l & 0 & 0 & k_3 & 0 & -6l & 0 & 0 & k_2 \end{bmatrix} \tag{4.6}$$

$$k_1=A(1+\Theta)l^2/I;k_2=(4+\Theta)l^2;k_3=(2-\Theta)l^2$$

单元惯性离心力向量 F_c 为：

$$\boldsymbol{F}_{\mathrm{c}} = \boldsymbol{\omega}^2\{B_e\}_1 + \Theta\boldsymbol{\omega}^2\{B_e\}_2 \tag{4.7}$$

式中：

$$\{B_e\}_1 = \frac{\rho_{AX}l}{(1+\Theta)}\begin{bmatrix} 0 \\ \frac{7}{20}\eta_{\mathrm{L}}l + \frac{3}{20}\eta_{\mathrm{R}}l \\ \frac{7}{20}\zeta_{\mathrm{L}}l + \frac{3}{20}\zeta_{\mathrm{R}}l \\ -\frac{1}{20}\zeta_{\mathrm{L}}l^2 - \frac{1}{30}\zeta_{\mathrm{R}}l \\ \frac{1}{20}\eta_{\mathrm{L}}l^2 + \frac{1}{30}\eta_{\mathrm{R}}l^2 \\ 0 \\ \frac{3}{20}\eta_{\mathrm{L}}l^2 + \frac{7}{20}\eta_{\mathrm{R}}l \\ \frac{3}{20}\zeta_{\mathrm{L}}l + \frac{7}{20}\zeta_{\mathrm{R}}l \\ \frac{1}{30}\zeta_{\mathrm{L}}l^2 + \frac{1}{20}\zeta_{\mathrm{R}}l^2 \\ -\frac{1}{30}\eta_{\mathrm{L}}l^2 - \frac{1}{20}\eta_{\mathrm{R}}l^2 \end{bmatrix} \tag{4.8}$$

$$\{B_e\}_2 = \frac{\rho_{AX}l}{(1+\Theta)}\begin{bmatrix} 0 \\ \frac{1}{3}\eta_{\mathrm{L}}l + \frac{1}{6}\eta_{\mathrm{R}}l \\ \frac{1}{3}\zeta_{\mathrm{L}}l + \frac{1}{6}\zeta_{\mathrm{R}}l \\ -\frac{1}{24}\zeta_{\mathrm{L}}l^2 - \frac{1}{24}\zeta_{\mathrm{R}}l^2 \\ \frac{1}{24}\eta_{\mathrm{L}}l^2 + \frac{1}{24}\eta_{\mathrm{R}}l^2 \\ 10 \\ \frac{1}{6}\eta_{\mathrm{L}}l + \frac{1}{3}\eta_{\mathrm{R}}l \\ \frac{1}{6}\zeta_{\mathrm{L}}l + \frac{1}{3}\zeta_{\mathrm{R}}l \\ \frac{1}{24}\zeta_{\mathrm{L}}l^2 + \frac{1}{24}\zeta_{\mathrm{R}}l^2 \\ -\frac{1}{24}\eta_{\mathrm{L}}l^2 - \frac{1}{24}\eta_{\mathrm{R}}l^2 \end{bmatrix} \tag{4.9}$$

（η_L，ζ_L）、（η_R，ζ_R）——单元座左、右节点不平衡质量坐标，为分析方便，假设各单元不平衡质量坐标沿转轴线性分布。

$\boldsymbol{M}_c$—— 转轴系统离心质量矩阵，其单元矩阵如下所示：

$$\boldsymbol{M}_c=\frac{\rho Al}{420(1+\Theta)^2}\begin{bmatrix} 0 & & & & & & & & & \\ 0 & m_1 & & & & & & & & \\ 0 & 0 & m_1 & & & & & & & \\ 0 & 0 & -m_2 & m_5 & & & & & & \\ 0 & m_2 & 0 & 0 & m_5 & & & \text{sym} & & \\ 0 & 0 & 0 & 0 & 0 & 0 & & & & \\ 0 & m_3 & 0 & 0 & -m_4 & 0 & m_1 & & & \\ 0 & 0 & m_3 & m_4 & 0 & 0 & 0 & m_1 & & \\ 0 & 0 & -m_4 & m_6 & 0 & 0 & 0 & m_2 & m_5 & \\ 0 & m_4 & 0 & 0 & m_6 & 0 & -m_2 & 0 & 0 & m_5 \end{bmatrix} \tag{4.10}$$

$\boldsymbol{F}$—— 切削载荷向量；

$\boldsymbol{K}_b$——轴承支承刚度矩阵；

$\omega=\pi\cdot n/30$——转轴转动角速度。

4.1.2 轴承动态支承刚度模型

将主轴系统中某个轴承径向相对位移 δ_r 和角位移 θ 同样分解为 x 和 y 两个方向，可以得到此处轴承-转轴在外载荷下的变形方程[98]：

$$\begin{bmatrix} F_z \\ F_x \\ F_y \\ M_x \\ M_y \end{bmatrix}=\begin{bmatrix} k_{zz} & k_{zx} & k_{zy} & k_{z\theta_x} & k_{z\theta_y} \\ k_{xz} & k_{xx} & k_{xy} & k_{x\theta_x} & k_{x\theta_y} \\ k_{yz} & k_{yx} & k_{yy} & k_{y\theta_x} & k_{y\theta_y} \\ k_{\theta_x z} & k_{\theta_x x} & k_{\theta_x y} & k_{\theta_x\theta_x} & k_{\theta_x\theta_y} \\ k_{\theta_y z} & k_{\theta_y x} & k_{\theta_y y} & k_{\theta_y\theta_x} & k_{\theta_y\theta_y} \end{bmatrix}\begin{bmatrix} \delta_z \\ \delta_x \\ \delta_y \\ \theta_x \\ \theta_y \end{bmatrix} \tag{4.11}$$

简写为：

$$\boldsymbol{F}_\text{b}=\boldsymbol{K}_\text{b}\boldsymbol{\delta}_\text{b} \tag{4.12}$$

式中：$\boldsymbol{F}_b$——轴承外载荷列向量；

$\boldsymbol{K}_b$——轴承支承刚度矩阵；

$\boldsymbol{\delta}_b$——轴承位移列向量。

轴承支承刚度矩阵 $\boldsymbol{K}_\text{b}$ 中的个元素，表示在相应方向上轴承对转轴的支承刚度，由于轴承内部 Hertz 接触的非线性，各方向上载荷与位移之间的关系也是非线性的，各刚度的值并非常数，需将载荷对相应方向上的位移进行求导来进行线性化处理。例如对于轴承支承刚度矩阵 $\boldsymbol{K}_{\mathrm{b}}$ 中的对角线上的元素，代表轴承径向刚度的为：

$$k_{xx}=\frac{\mathrm{d}\boldsymbol{F}_x}{\mathrm{d}\boldsymbol{\delta}_x} \tag{4.13}$$

$$k_{yy}=\frac{\mathrm{d}\boldsymbol{F}_y}{\mathrm{d}\boldsymbol{\delta}_y} \tag{4.14}$$

轴向刚度和角刚度则为

$$k_{zz}=\frac{\mathrm{d}\boldsymbol{F}_z}{\mathrm{d}\boldsymbol{\delta}_z} \tag{4.15}$$

$$k_{\theta_x\theta_x}=\frac{\mathrm{d}\boldsymbol{M}_x}{\mathrm{d}\theta_x} \tag{4.16}$$

$$k_{\theta_y\theta_y}=\frac{\mathrm{d}\boldsymbol{M}_y}{\mathrm{d}\theta_y} \tag{4.17}$$

对于轴承支承刚度矩阵 $\boldsymbol{K}_{\mathrm{b}}$ 中的非对角线上的元素，其线性化的方法与之类似，从而得到完整的电主轴角接触球轴承对主轴的动态支承刚度矩阵，即雅可比（Jacobian）矩阵。

由于角接触球轴承中球体与内外圈滚道间存在接触角，同一个轴承安装方向不一样时，其支承刚度矩阵 $\boldsymbol{K}_{\mathrm{b}}$ 非对角线上的元素将发生变化[98]。图 4.4 所示的是角接触球轴承正装和反装时的坐标，根据所示的坐标关系可将反装和正装时载荷向量和位移向量中的元素可按如下关系映射：

$$-\boldsymbol{F}_x\rightarrow\boldsymbol{F}_x\quad \boldsymbol{F}_y\rightarrow\boldsymbol{F}_y\quad -\boldsymbol{F}_z\rightarrow\boldsymbol{F}_z\quad -\boldsymbol{F}_x\rightarrow\boldsymbol{F}_x\quad \boldsymbol{F}_y\rightarrow\boldsymbol{F}_y$$

$$-\boldsymbol{\delta}_x\rightarrow\boldsymbol{\delta}_x\quad \boldsymbol{\delta}_y\rightarrow\boldsymbol{\delta}_y\quad -\boldsymbol{\delta}_z\rightarrow\boldsymbol{\delta}_z\quad -\boldsymbol{\theta}_x\rightarrow\theta_x\quad \boldsymbol{\theta}_y\rightarrow\boldsymbol{\theta}_y$$

便可得到轴承反装时在轴承坐标系内的支承刚度矩阵：

$$\boldsymbol{K}_{\mathrm{b}}=\begin{bmatrix} k_{zz} & -k_{zx} & k_{zy} & k_{z\theta_x} & -k_{z\theta_y} \\ -k_{xz} & k_{xx} & -k_{xy} & -k_{x\theta_x} & k_{x\theta_y} \\ -k_{yz} & -k_{yx} & k_{yy} & k_{y\theta_x} & -k_{y\theta_y} \\ k_{\theta_x z} & -k_{\theta_x x} & k_{\theta_x y} & k_{\theta_x\theta_x} & -k_{\theta_x\theta_y} \\ -k_{\theta_y z} & k_{\theta_y x} & -k_{\theta_y y} & -k_{\theta_y\theta_x} & k_{\theta_y\theta_y} \end{bmatrix} \tag{4.18}$$

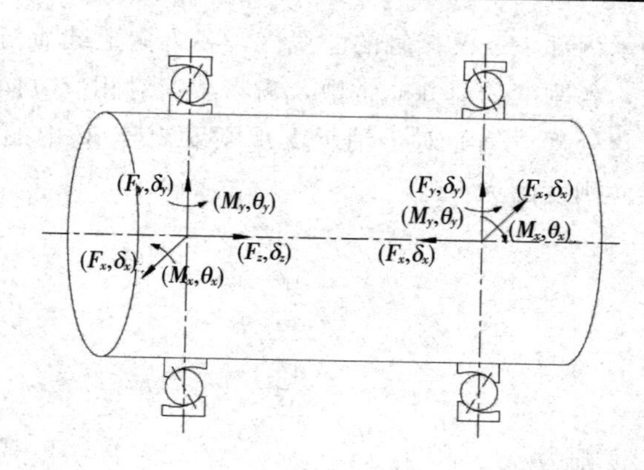

图 4.4　轴承坐标系

4.1.3　计及电磁不平衡力的电主轴多场动力学模型

由于内置电动机的存在，电主轴在运行过程中，由系统装配、振动等因素产生的不均匀气隙会导致系统产生额外的电磁不平衡力作用于转轴上，进而影响系统动态性能[100]。

电主轴定子、转子相对偏心如图 4.5 所示。图中 o 为定子内圆几何中心，o_1 为转子外圆集合中心，坐标为（x，y），c 为转轴质心，α 为 x 轴与气隙宽度等于 δ 的圆周位置处的夹角，β 为 x 轴与气隙宽度最小的圆周位置处的夹角，δ 为气隙大小，气隙偏心为（x^2+y^2）$^{0.5}$。

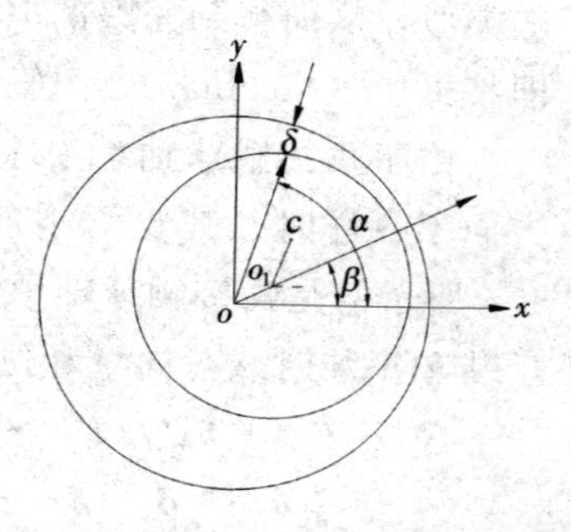

图 4.5　气隙偏心图

高速电主轴内置电动机一般为三相交流电动机，所以电动机定子、转子间气隙磁场能为[101,102]：

$$W=\frac{R_{\mathrm{s}}L_{\mathrm{r}}}{2}\int_0^{2\pi}\Lambda_0\sum_{i=0}^{\infty}\varepsilon^i\cos^i(\alpha-\beta)[F_{1\mathrm{m}}\cos(\omega_f t-p\alpha)+F_{2\mathrm{m}}\cos(\omega_f t-p\alpha-\varphi_1-\varphi_2)]^2\mathrm{d}\alpha \tag{4.19}$$

式中，$i=0$ 的成分分量相较较大，$i\neq0$ 的各项均由气隙偏心引起，且各自占不同的比重。由于有效相对偏心 ε 远小于 1，故随着 i 的增大，该分量所占比重迅速减小，对式（4.19）取前三项，整理得：

$$W=\frac{R_{\mathrm{s}}L_{\mathrm{r}}\Lambda_0}{2}\int_0^{2\pi}\left(1+\frac{x^2+y^2}{2\sigma^2}+\frac{x}{\sigma}\cos\alpha+\frac{y}{\sigma}\sin\alpha+\frac{x^2-y^2}{2\sigma^2}\cos2\alpha+\right.$$

$$\frac{xy}{\sigma^2}\sin 2\alpha\Big)\left[F_{1m}\cos(\omega_f t - p\alpha) + F_{2m}\cos(\omega_f t - p\alpha - \varphi_1 - \varphi_2)\right]^2 d\alpha \tag{4.20}$$

式中：R_s——电动机定子内圆半径；

L_r——电动机转子有效长度；

Λ_0—— 不均匀气隙磁导率，且 $\Lambda_0 = \mu_0/(k_\mu \cdot \delta_0)$，$\mu_0$ 为空气磁导率，δ_0 为均匀气隙宽度，k_μ 为饱和度，且 $k_\mu = 1 + \delta_{Fe}/(k_0 \cdot \delta_0)$，$\delta_{Fe}$ 为铁磁材料当量气隙，k_0 为平均气隙的计算系数；

$\sigma = k_\mu \cdot \delta_0$；

ω_f——旋转磁场角频率，且 $\omega_f = 2\pi f$，f 为电频率；

F_{1m}、F_{2m}——电动机定子、转子绕组三相基波磁动势幅值，且

$$F_{1m} = 1.35 I_{1l} k_{w1} w_1 / p \tag{4.22}$$

$$F_{2m} = 1.35 I_{2l} k_{w2} w_2 / p \tag{4.23}$$

I_{1l}、I_{2l}——电动机定子、转子线电流；

w_1、w_2——电动机定子、转子绕组圈数；

k_{w1}、k_{w2}——电动机定子、转子绕组系数；

$\varphi_1 + \varphi_2$——转子电流滞后于定子电流的相位角，且

$$\cos\varphi_1 = x_{1s}/r_1 \tag{4.24}$$

$$\cos\varphi_2 = x_{2s}/r_2 \tag{4.25}$$

x_{1s}、x_{2s}——电动机定子、转子漏电抗；

r_1、r_2——电动机定子、转子绕组电阻；

令 $\mathbf{V} = \{x, y\}^T$，方程式（4.20）可写成矩阵形式：

$$\mathbf{W} = \frac{1}{2} V^T \mathbf{K}_e \mathbf{V} + \mathbf{V}^T \overline{\mathbf{F}_e} \tag{4.26}$$

式中：$\mathbf{K}_e$——气隙磁场的“电磁刚度矩阵”，且

$$\mathbf{K}_e = \begin{bmatrix} \mathbf{K}_{11} & \mathbf{K}_{12} \\ \mathbf{K}_{21} & \mathbf{K}_{22} \end{bmatrix} \tag{4.27}$$

$$\mathbf{K}_{11} = \frac{R_s L_r \Lambda_0}{2\sigma^2} \int_0^{2\pi} \{[1 + \cos(2\alpha)](B)^2\} d\alpha$$

$$\mathbf{K}_{12} = \mathbf{K}_{21} = \frac{R_s L_r \Lambda_0}{2\sigma^2} \int_0^{2\pi} \{[\sin(2\alpha)](B)^2\} d\alpha$$

$$\mathbf{K}_{22} = \frac{R_s L_r \Lambda_0}{2\sigma^2} \int_0^{2\pi} \{[1 - \cos(2\alpha)](B)^2\} d\alpha$$

$$B = F_{1m}\cos(\omega_f t - p\alpha) + F_{2m}\cos(\omega_f t - p\alpha - \varphi_1 - \varphi_2)$$

$\overline{\mathbf{F}_e}$——电磁力向量，且

$$\overline{\boldsymbol{F}_{\mathrm{e}}} = \begin{bmatrix} \boldsymbol{F}_1 \\ \boldsymbol{F}_2 \end{bmatrix} \tag{4.28}$$

$$\boldsymbol{F}_1 = \frac{R_{\mathrm{s}} L_{\mathrm{r}} \Lambda_0}{2\sigma^2} \int_0^{2\pi} [\cos\alpha \cdot (B)^2] \mathrm{d}\alpha$$

$$\boldsymbol{F}_2 = \frac{R_{\mathrm{s}} L_{\mathrm{r}} \Lambda_0}{2\sigma^2} \int_0^{2\pi} [\sin\alpha \cdot (B)^2] \mathrm{d}\alpha$$

如上所示，电磁不平衡力被表示为刚度矩阵和载荷向量的形式，避开了一般文献中电磁不平衡力的复杂计算[103,104]。根据电主轴运行特点，考虑主轴高速运行时惯性离心力和陀螺力矩的影响而忽略阻尼影响，再结合附加的电磁不平衡力，高速电主轴主轴系统的运动微分方程可表示为[105]：

$$\boldsymbol{M}\{\delta_q\} + (\boldsymbol{C} - 2\omega G)\{\dot{\delta}_q\} + [\boldsymbol{K} + \boldsymbol{K}_{\mathrm{b}} + \boldsymbol{K}_{\mathrm{e}} - \omega^2 \boldsymbol{M}_{\mathrm{c}}]\{\delta_q\} = \boldsymbol{F}_{\mathrm{t}} + \boldsymbol{F}_{\mathrm{c}} + \overline{\boldsymbol{F}_{\mathrm{e}}} \tag{4.29}$$

4.2 电主轴多场耦合动力学行为仿真分析

4.2.1 多场耦合动力学模型计算流程

基于电主轴多场耦合整体动力学模型，本节设计了一个充分考虑轴承模型、热模型和转轴模型三大子模型耦合关系的系统动力学计算流程，如图4.6所示[106,107]。针对轴承模型和转轴模型的强非线性，分别应用牛顿-拉夫逊法[108]和子空间迭代法[109]对其进行求解，具体计算过程如下：代入已知参数后，首先通过求解轴承模型（不考虑热位移）和电磁损耗模型分别得到轴承动态参数和内置电动机损耗，进而获得受轴承配置控制的轴承支承刚度，同时电磁损耗模型可以为计算电磁不平衡拉力提供电参数。将轴承支承刚度和电磁不平衡力代入转轴模型，并通过求解转轴模型得到的轴承结点位移对轴承模型进行反馈。结合热源产热和热边界条件得到系统温度分布，可计算同样受轴承配置控制的轴承热位移，根据轴承热位移修正轴承内部边界条件[92]，当轴承定压预紧时只需修正内部几何关系，而定位预紧时需同时修正内部几何关系和预紧力，之后再对轴承模型以及与轴承模型相耦合的转轴模型进行求解，如此反复，直到各子模型和整体模型都达到相应的收敛精度后，才可输出结果。

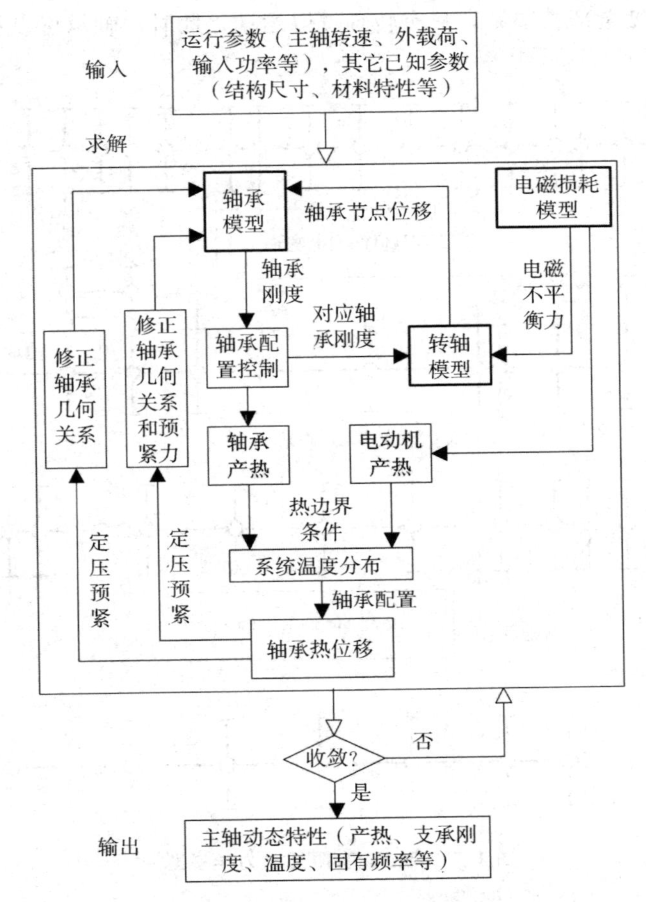

图 4.6　电主轴多场耦合动力学模型求解流程图

4.2.2　电主轴热-机耦合模态特征分析

通过分析两型号电主轴的结构特点，根据第 4.1.1 节提出的高速电主轴转轴动力学建模方法，建立 120MD60Y6 型和 D62D24A 型电主轴有限元动力学模型如图 4.7 所示[39]。两型号电主轴动力学模型均由壳体和转轴两个转子构成，并且通过轴承单元连接，不同之处是 120MD60Y6 型电主轴轴承组采用定压预紧，后轴承座可以轴向自由移动，而 D62D24A 型电主轴采用定位预紧，后轴承外圈与壳体自由度完全耦合，所以前者的后轴承座要多出一个轴向移动的自由度，在其轴线方向上与壳体通过弹簧连接。当电主轴壳体自由时，系统动力学模型为图 4.7 中所示，当壳体被固定时，可以认为壳体所有自由度全部被限制，只有转轴可以运动，此时，轴承可以视为直接连接于固定面[110,111]。

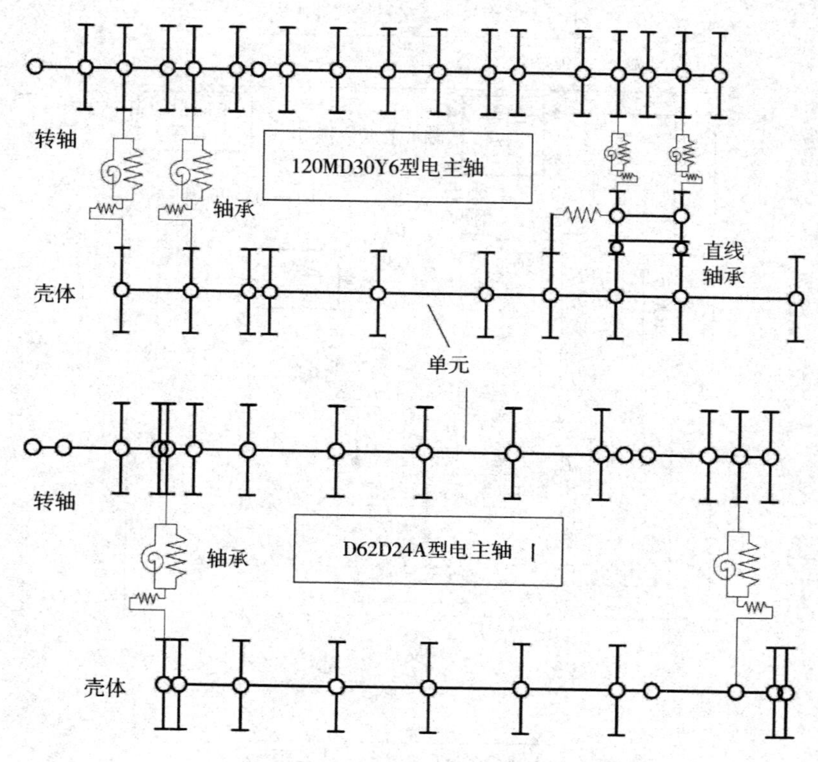

图 4.7　电主轴有限元动力学模型

固有振型分析高速电主轴结构一定时，其转速、冷却与润滑条件、热膨胀现象、轴承预紧状态等因素对其固有特性的影响体现为系统固有频率的变化，而系统固有振型受这些因素影响很小[112]。所以分析系统固有振型时只需分析电主轴静止状态时即可，其他工况下的固有振型变化程度很小。高速电主轴第一阶固有特性为系统最重要、最明显的基本特性，也是对系统动力学特性影响最大的固有特性，影响着电主轴的极限转速等参数，图 4.8 所示为两型号电主轴的第一阶固有振型，包含壳体未固定时的径向固有振动和轴向固有振动，以及壳体固定时的径向固有振动和轴向固有振动。

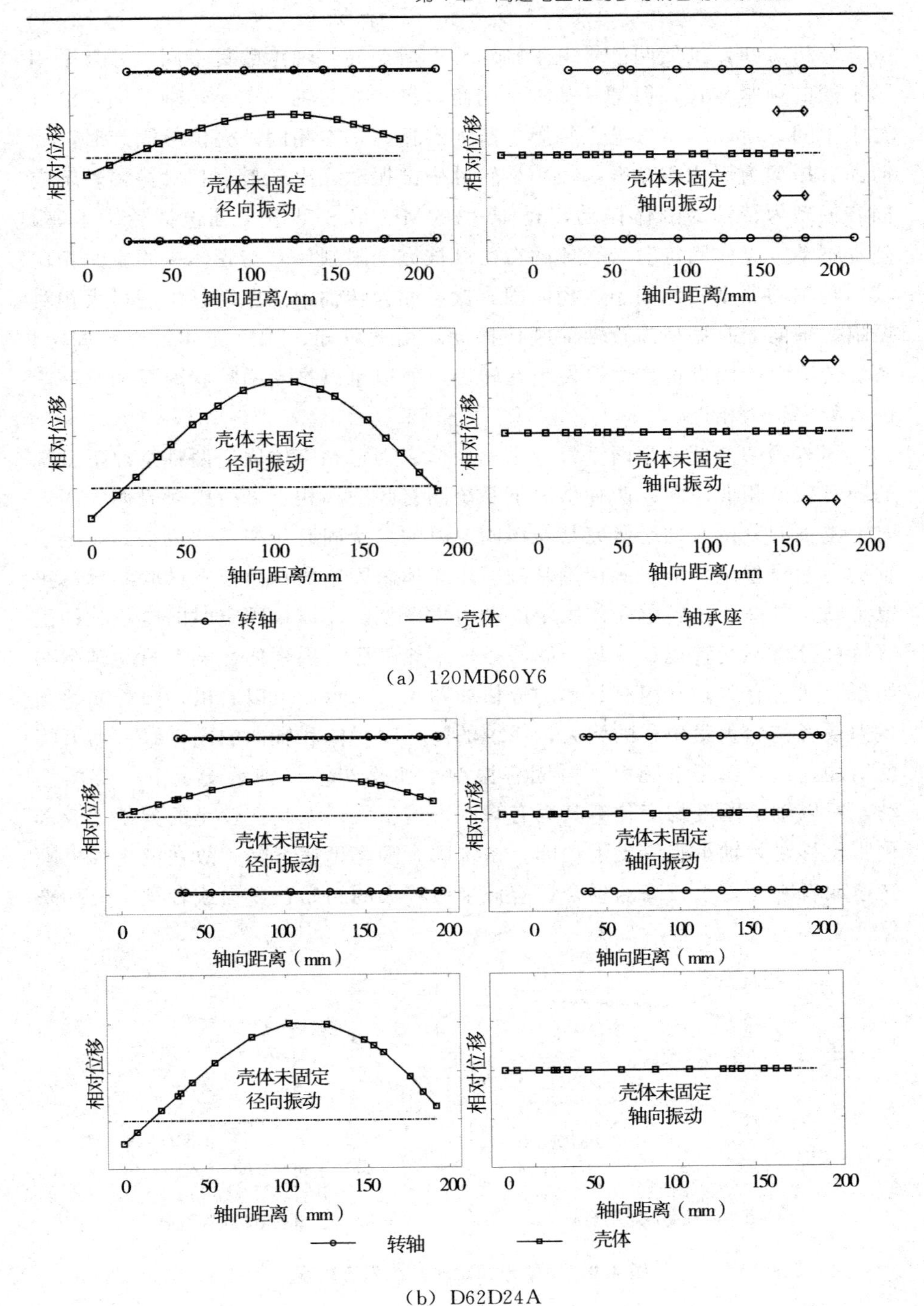

相对位移
壳体未固定
径向振动
轴向振动
轴向距离/mm
0
50
100
150
200
转轴
壳体
轴承座
(a) 120MD60Y6
轴向距离（mm）
(b) D62D24A

图 4.8　电主轴固有振型

分析可知，虽然两型号电主轴结构有所差异，轴承数目不同，并且采用了不同的预紧方式，但是其基本结构布置形式均为轴承支承转轴两端，电机置于中间，所以两型号电主轴第一阶固有振型基本相同。壳体未固定时，径向固有振型为壳体相对振幅较小，转轴中部振动且出现最大相对振幅，轴向固有振型为转轴的刚体振动，壳体（120MD60Y6 型电主轴包括后轴承座）基本不动。壳体固定时，壳体的自由度被完全限制住，与壳体未固定时相比较，转轴的振型变化很小，径向固有振型亦为转轴中部振动且出现最大相对振幅，轴向固有振型为转轴的刚体振动。由此可知，无论壳体是否被固定，系统的第一阶固有振型主要发生在转轴，所以可以推断两种状况下的第一阶固有频率较为相近。

固有频率分析由于两型号电主轴壳体未固定和壳体固定两种情况下系统的固有振型相似，因此两种情况下系统固有频率亦相近，所以对壳体未固定时电主轴的分析有助于研究其壳体固定时的系统固有频率，这也是高速电主轴动力学模型试验修正的理论基础即用壳体未固定的自由模态试验结果修正电主轴正常高速运转时壳体固定的动力学模型。壳体未固定时的电主轴的固有特性分析不受转速、冷却与润滑条件、热膨胀等因素的影响，只与轴承初始预紧状态有关，其固有频率的分析如图 4.9 所示。可以看出，随着初始预紧力或者初始预紧位移的增大，系统的第一阶径向和轴向的固有频率均大幅度增加，这是由于系统第一阶固有振型主要是转轴在轴承支承下中部的涡动，所以轴承刚度的变化对其固有频率影响很大，尤其在较小的预紧力或者预紧位移时，轴承丧失支承功能，系统固有频率迅速下降，故在电主轴极限转速或者刚度要求较高的场合，应该采用较大的初始预紧力或者预紧位移来保证需求。

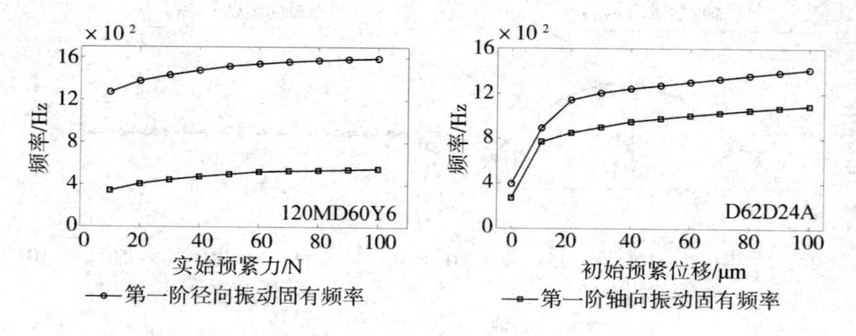

图 4.9 壳体未固定时系统固有频率

电主轴安装到机床（壳体完全固定）且高速运行时，角接触球轴承的支承刚度受到转速、初始预紧状态、转轴轴向外载荷、温升和热膨胀等因素的影响，系统的低阶振型（第一阶振型）为转轴在轴承的支承作用下中部发生的涡动，所以这些因素直接影响系统的固有频率，其变化趋势如图 4.10 所示[113]。

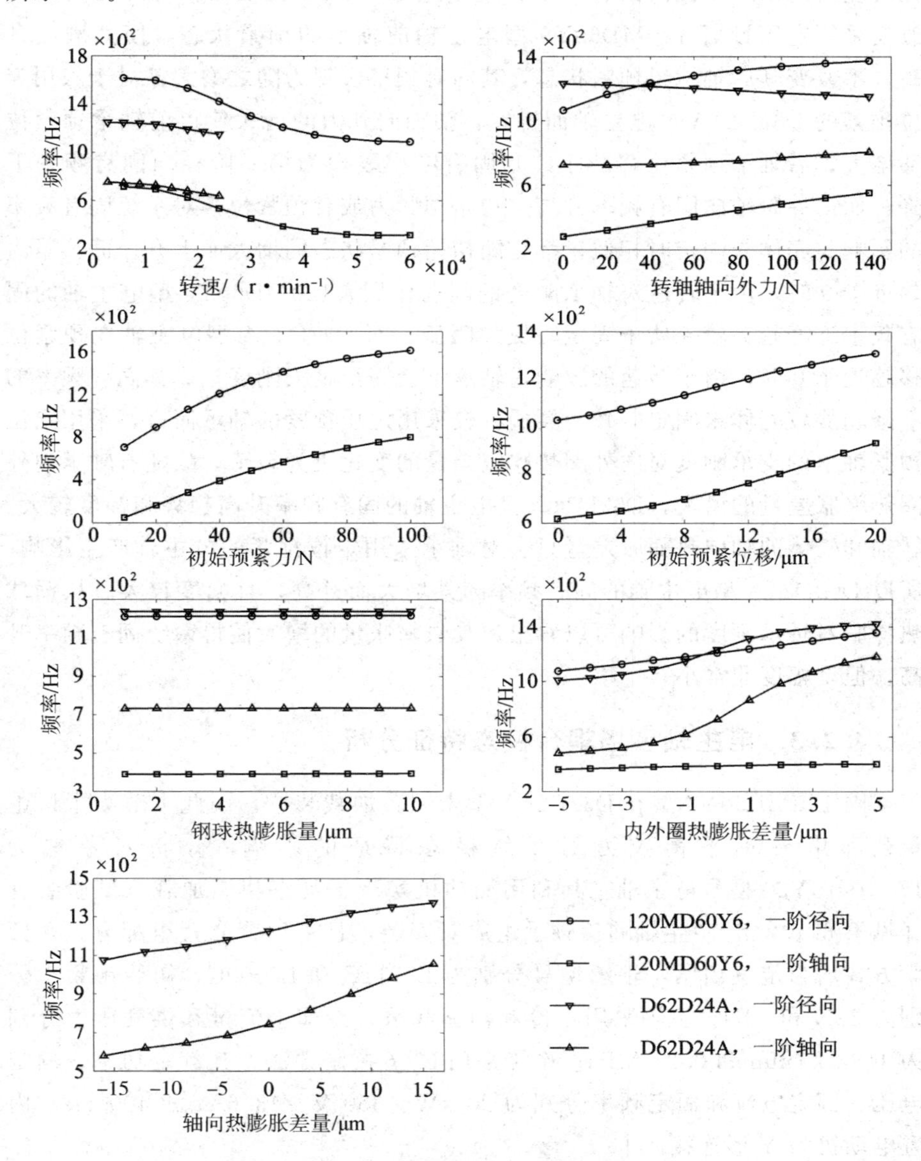

图 4.10　壳体固定时系统固有频率

如 4.10 图所示，由于转速对轴承支承刚度的“软化”作用，所以转速的升高导致系统第一阶径向和轴承固有振动频率大幅度下降，这点在最高转速为 60 000 r/min 的 120MD60Y6 型电主轴上表现尤为突出，最高转速和最低转速时的第一阶径向固有频率相差超过 500 Hz。转轴的轴向外力的增大改变采用定压预紧 120MD60Y6 型电主轴前轴承的预紧状态，使其刚度升高，不改变其后轴承组预紧状态，其固有频率表现为随之增大；对于采用定位预紧的 D62D24A 型电主轴而言，转轴轴向外力的增大使得前轴承预紧位移增大，后轴承预紧位移减小，其固有频率表现为第一阶径向固有频率下降，而第一阶轴向固有频率升高。初始预紧力或者预紧位移对系统固有频率的影响与壳体未固定时相似，都是随初始预紧状态的增大而上升，而预紧力趋近于 0 时，由于转速对轴承刚度的削弱作用，120MD60Y6 型电主轴的固有频率下降趋势较壳体未固定时更加明显，而 D62D24A 型电主轴在预紧位移趋近于 0 时，由于转速的影响，轴承不会完全丧失刚度，故其固有频率的下降趋势较壳体未固定时较为缓慢。较采用定压预紧的轴承而言，采用定位预紧轴承的支承刚度对内外圈热膨胀差量的变化更为敏感，故随着轴承内外圈热膨胀差量的增大，D62D24A 型电主轴的固有频率升高趋势和幅度较大。转轴和壳体的轴向热膨胀差量只会对轴承采用定位预紧的电主轴产生影响，所以 D62D24A 型电主轴的固有频率随其增大而升高，且幅度较大。从钢球热膨胀对轴承刚度的影响可以看出，其热膨胀量的增大使得系统固有频率升高，但是幅度非常小。

4.2.3 电主轴多场耦合模态特征分析

因 120MD60Y6 型和 D62D24A 型未配置加载装置，因此本节为了讨论负载和电磁不平衡拉力对系统模态特征的影响，分析对象选为 170MD15Y20 型号电主轴，其利用测功机实现了动态扭矩加载（试验装置详见第 6.1.2 节）。主轴前后轴承组成对安装，且采用背靠背组配方式，预紧方式均为定位预紧，轴承型号分别为 B7011C 和 B7009C，初始预紧力分别为 88N 和 40N。主轴采用水冷和油雾润滑，冷却水流量和供气压力分别为 1.32 L/min 和 0.24 MPa；系统采用 U/f 控制方法，其额定功率、额定电压、额定电流和额定频率分别为 20 kW、350 V、43.6 A 和 400 Hz，内置电动机为 Y 形连接。

图 4.11 是主轴加载 10 N · m 时不同转速下热位移和电磁不平衡力对系统前两阶固有频率的影响，图中的热位移和电磁不平衡力分别用 TD 和

UEF 表示。170MD15Y20 型号电主轴的极限转速（15 000 r/min）不属于超高速范围，故讨论的转速范围内，惯性离心力和陀螺力矩对系统固有频率的影响不是很大，轴承定位预紧带来的支承刚度的提高能有效补偿惯性效应带来的系统“软化”，所以主轴的前两阶固有频率随着转速的上升而细微上升。热位移使得球体与内、外圈接触加强，预紧力进一步增大，故考虑位移影响后系统固有频率增大。电磁不平衡力通过转轴对轴承施加径向载荷，虽然对轴承支承刚度影响不大，但它带来的电磁刚度 K_e 会降低主轴系统稳定性，使得系统前两阶固有频率降低。

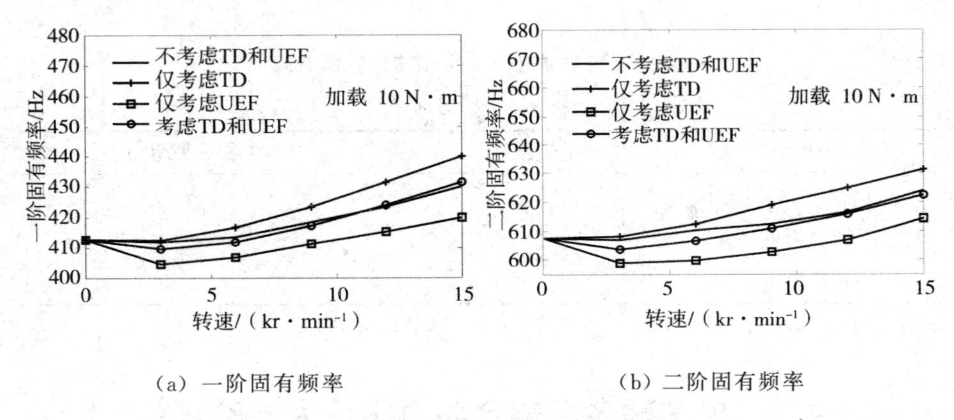

（a）一阶固有频率　　　　（b）二阶固有频率

图 4.11　负载条件下电主轴前两阶固有频率

图 4.12 是主轴空载时不同转速下热位移和电磁不平衡力对系统前两阶固有频率的影响。系统空载时内置电动机的产热很小，会造成转轴、轴承座、轴承等位置的温度和热位移发生变化，进而影响轴承的径向和轴向热位移(变小)，所以考虑热位移影响后相对加载 10 N · m 时的系统前两阶固有频率较小，但差距细微；系统空载时定子、转子电流远小于加载时的定子、转子电流，所以电磁不平衡力带来的电磁刚度 K_e 相对小很多，其对系统固有频率的影响也相应小很多，因此考虑电磁不平衡力后影响比加载 10 N · m 时的系统前两阶固有频率较大，且变化幅值大于考虑热位移影响时的变化幅值。

基于上述分析，总结了热位移和电磁不平衡力对高速电主轴系统动态特性的影响，如表 4.1 所示。表中“＋”表示增加，“－”表示减弱，“*”表示影响不大。由表 4.1 可知热位移能提高轴承的动态支承刚度，增强系统稳定性，但同时会加剧摩擦，使得轴承温度过高，降低其使用寿命。电磁不平衡力虽然对轴承动态支承刚度影响较小，但也能使轴承摩擦损耗增大同时降低系统稳定性，使系统固有频率下降。

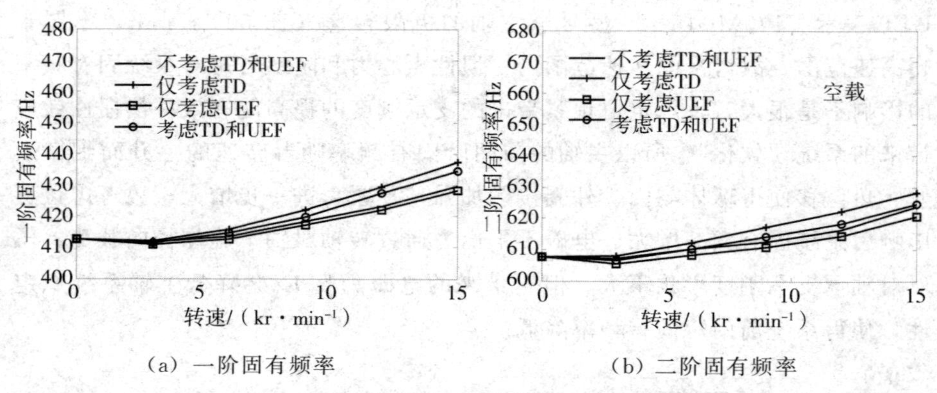

（a）一阶固有频率　　（b）二阶固有频率

图 4.12　空载条件下电主轴前两阶固有频率

表 4.1　耦合关系

	热位移	电磁不平衡力
产热（温升）	+	+
轴承刚度	+	*
固有频率	+	−

表注："+"表示增加，"−"表示减弱，"*"表示影响不大。

4.3　电主轴多场耦合动力学行为试验研究

模态分析主要涉模态理论、动态测试技术和参数估计等三个方面的内容。根据研究模态分析的方法和手段，可将模态分析技术分为理论模态分析与试验模态分析。试验模态分析的原理是通过试验测得激励和响应的时间历程，运用数字信号处理技术求得脉冲函数或频响函数（传递函数），然后进行曲线拟合得到系统的非参数模型，再利用参数识别方法，计算出结构系统的模态参数，进而建立起结构动态模型，为下一步的理论计算模型的验证、动态响应分析以及结构的修改提供重要的技术数据[114,115]。所以试验模态分析的核心内容就是识别出表征系统特性的模态参数，主要有时域和频域两类辨识方法。时域模态参数识别是通过振动响应的时间历程数据来进行参数的识别；频域模态参数识别则利用频响函数的测试数据来提取模态参数[116]。系统动态特性指系统随频率、刚度、阻尼的变化特性，它既可以用时域的脉冲响应函数描述，也可以通过频域的频响函数描述。根据主轴状态可开展自由模态试验和工作模态（振动测试）试验，以期得到主轴静止时和工作时的固有频率。

4.3.1　电主轴自由模态试验

电主轴有限元动力学模型建立后不一定能够完全准确地描述系统的动态特性，所以在进行其他试验之前需要对其进行修正。由于120MD60Y6型和D62D24A型电主轴在壳体未固定和固定两种情况下的第一阶固有振型相似，而且在壳体未固定（高速电主轴处于自由状态下）的情况下系统无转速、润滑和冷却条件、热膨胀等因素的干扰，所以此情况下采用对电主轴进行壳体激振、转轴端部测振的手段是初步了解系统动力学特性最简单有效的方法，其结果不但可以修正电主轴动力学模型，而且对其他试验也有参考意义，同时，也能对壳体未固定时的系统固有特性分析进行验证。

假设同步测量的输入、输出信号分别为 $x(n)$ 和 $y(n)$，$n=0,1,2,\cdots,N-1$，则其相对应的离散傅立叶变换对为：

$$
\begin{aligned}
X_k &= \sum_{n=0}^{N-1} x(n)\mathrm{e}^{-j2\pi kn/N} \quad k=0,1,2,\cdots,N-1 \\
Y_k &= \sum_{n=0}^{N-1} y(n)\mathrm{e}^{-j2\pi kn/N} \quad k=0,1,2,\cdots,N-1
\end{aligned}
\tag{4.30}
$$

可以得到数字信号互功率谱和自功率谱密度如下式：

$$
\begin{aligned}
S_{xy}(k) &= \Delta\bar{X}_k Y_k/N \quad k=0,1,2,\cdots,N-1 \\
S_x(k) &= \Delta\bar{X}_k X_k/N \quad k=0,1,2,\cdots,N-1 \\
S_y(k) &= \Delta\bar{Y}_k Y_k/N \quad k=0,1,2,\cdots,N-1
\end{aligned}
\tag{4.31}
$$

式中：Δ 为满足采样定理的采样周期，则系统的传递函数和相干函数分别为：

$$
\begin{aligned}
H(k) &= S_{xy}(k)/S_x(k) \quad k=0,1,2,\cdots,N-1 \\
\gamma_{xy}^2(k) &= S_{xy}^2(k)/[S_x(k)S_y(k)] \quad k=0,1,2,\cdots,N-1
\end{aligned}
\tag{4.32}
$$

在以上对测量信号的处理基础之上采用谱平均技术，提高试验精度[117]。

本试验旨在通过测量系统壳体中部到转轴端部的传递函数来修正系统的动力学有限元模型，同时验证壳体未固定时高速电主轴固有特性的分析，所以可以用胶皮软管将电主轴悬吊，使其处于自由状态，激振壳体中部，同步测量激振力和转轴端部的振动加速度，其测试示意图及数据处理流程如图4.13所示，试验中所用仪器设备参数见表4.2。

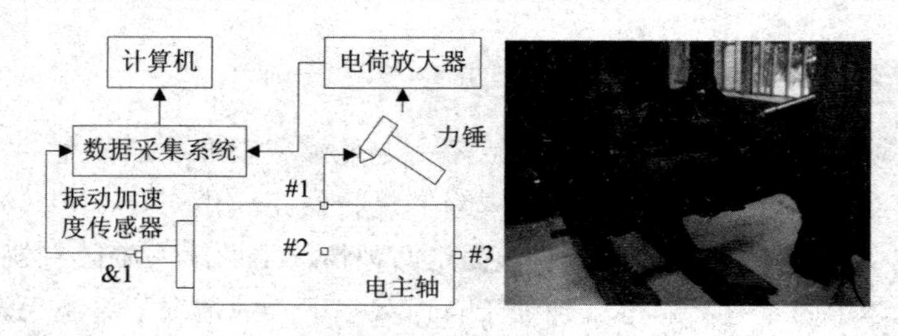

图 4.13 电主轴自由模态试验现场示意图

表 4.2 仪器设备的参数

器材	型号	测量范围	灵敏度	非线性误差/%
力锤的力传感器	CL-YD-303	0～2000 N	3.650 pC/N	1
电荷放大器	YE5850	－10－＋10 V	100 mV/N	1
加速度传感器	PCB 356 A32	－500－＋500 m · s^{-2}	x－10.38 mV/m · s^{-2} y－10.27 mV/m · s^{-2} z－10.11 mV/m · s^{-2}	0.5

如图 4.13 所示，力锤激振位置为电主轴壳体中部处于正交位置的＃1 和＃2 点以及后端中部的轴向方向的＃3 点，同步测量激振力信号以及转轴端部 &1 点三个正交方向上的振动加速度信号，采样频率为 10 000 Hz，测量信号通过信号采集系统的离散和数字化处理后进入计算机，加矩形窗后分别计算输入、输出信号的自功率谱密度和互功率谱密度，应用式 4.32 以及谱平均技术分析系统在壳体未固定时的传递函数及相应的相干函数。

图 4.14 表示两型号电主轴壳体＃1、＃2 和＃3 点处受力对转轴端部 &1 点处加速度的传递函数及相应测试信号的相干函数。可以看出，各个传递函数在其固有频率处均有较大峰值，120MD60Y6 型电主轴壳体未固定时的第一阶径向振动固有频率为1 476.6 Hz，第一阶轴向振动固有频率为 472.3 Hz，D62D24A 型电主轴壳体未固定时的第一阶径向振动固有频率为 1 264.1 Hz，第一阶轴向振动固有频率为 978.2 Hz。由于系统固有阻尼的不可计算性，所以在电主轴壳体未固定时所测得的系统模态固有阻尼比对其壳体固定并且高速运转时的分析具有一定的参考意义，测量值见表 4.3。分析其相干系数可知，120MD60Y6 型电主轴的＃1 和＃3 测点输入和输出信号基本完全相干，＃2 测点处的轴向振动固有频率处出现较大噪声干扰，其原因为固有频率处系统对噪声的影响灵敏度较高，测试过程容易受到噪声干扰，D62D24A 型电主轴三个测点相干系数的低频阶段远小于 1，受到噪声

干扰严重，300 Hz 以后输入和输出信号基本完全相干，而系统的第一阶固有特性均在较高频阶段，所以低频区域的噪声干扰不影响结果分析。

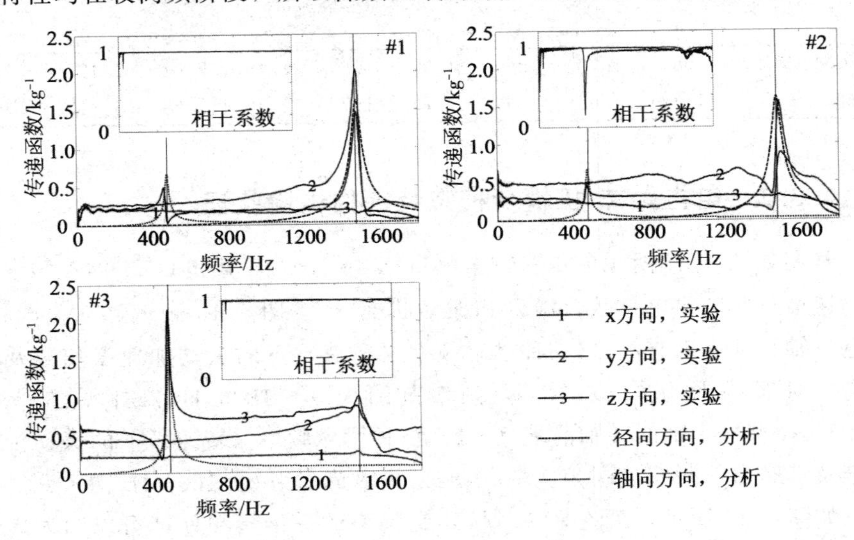

（a）120MD60Y6

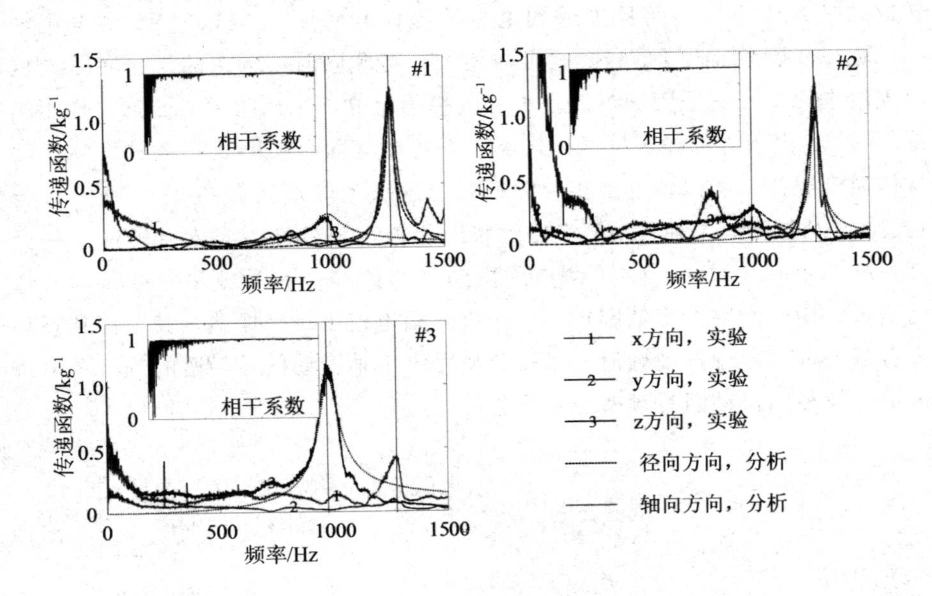

（b）D62D24A

图 4.14　♯1 和♯2 和♯3 到 &1 的传递函数

表 4.3 试验模态固有阻尼比

单位:%

电主轴型号	#1			#2			#3		
	x	y	z	x	y	z	x	y	z
120MD60Y6	1.68	1.79	1.56	1.92	1.64	1.49	2.01	2.42	0.97
D62D24A	1.82	1.84	2.92	1.79	1.75	2.86	2.65	3.81	2.59

4.3.2 电主轴热-机耦合模态特征的试验验证

利用如图 3.27 所示的试验方案测量 120MD60Y6 型和 D62D24A 型电主轴高速运行时的供电参数、温升和振动状况[118]。图 4.15 表示 120MD60Y6 型电主轴壳体中部（&1）三种励磁频率（转速）下的振动加速度信号及其频谱，时间范围为 0～0.10 s，频率范围为 0～1800 Hz。图 4.16 表示 D62D24A 型电主轴的转轴前端（&2）三种励磁频率（转速）下的振动位移信号及其频谱，时间范围为 0～0.10 s，频率范围为 0～1600 Hz。

如图 4.15 所示，无论是从时域还是频率的一倍转频处都可以明显地看出，随着励磁频率（转速）的升高，由于转子不平衡造成的转轴离心载荷与转速的平方成正比，而且传递到电主轴壳体，所以 120MD60Y6 型电主轴 &1 测点的振动加速度信号随之迅速增大。与此同时，频谱的二倍转频处也出现较大峰值，其原因很可能是由于电机的电磁不平衡拉力对转轴的作用结果[104,119]。由于外部噪声信号的影响，系统在其固有频率处产生较大的振动且传递到壳体，所以频谱内相应频率处出现振动峰值。如图 4.16 所示，与 120MD60Y6 型电主轴 &1 测点振动状况相似，随着励磁频率（转速）的升高，D62D24A 型电主轴 &2 测点的振动位移信号在其时域和一倍转频处随之增大，由于励磁频率范围较小，所以增幅也较小；同样地，其二倍转频和固有频率处也出现振动峰值。通过两型号电主轴振动信号频谱的分析看出系统第一阶径向振动固有频率的变化趋势。

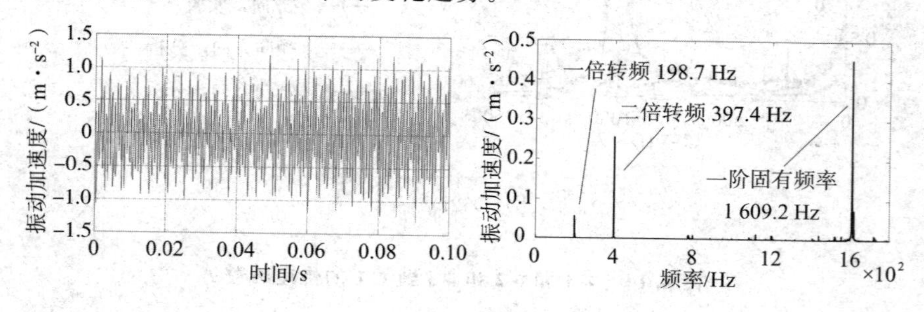

(a) 200 Hz

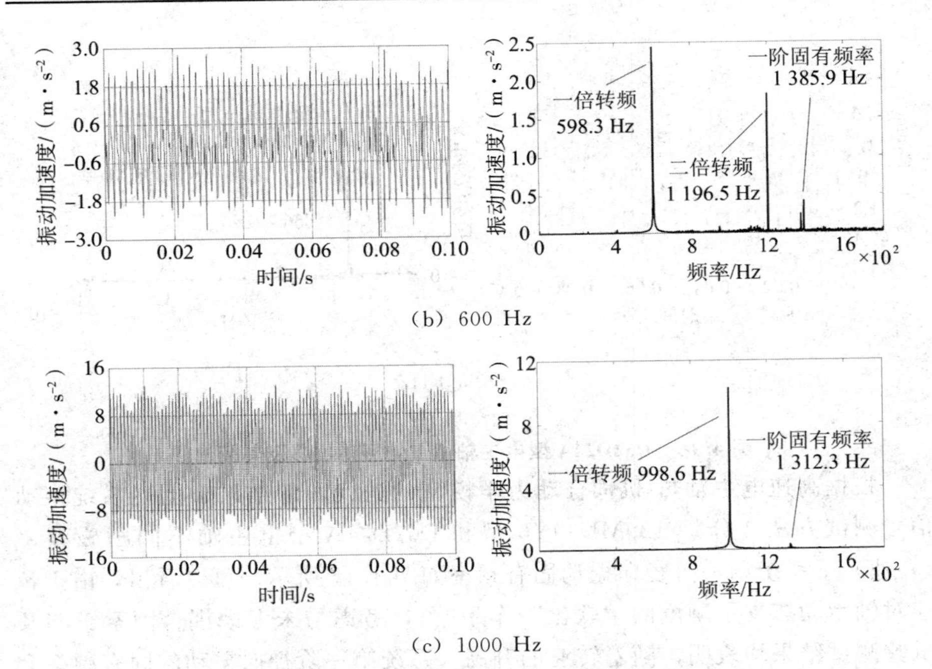

（b）600 Hz

（c）1000 Hz

图 4.15　120MD60Y6 型电主轴 &1 处振动加速度信号及其频谱

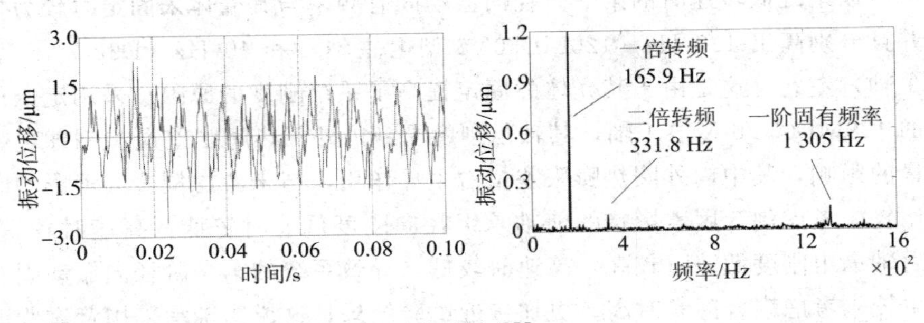

（a）166.7Hz

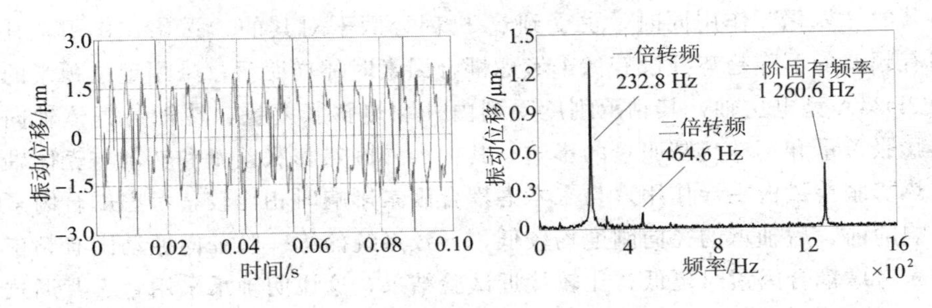

（b）233.3 Hz

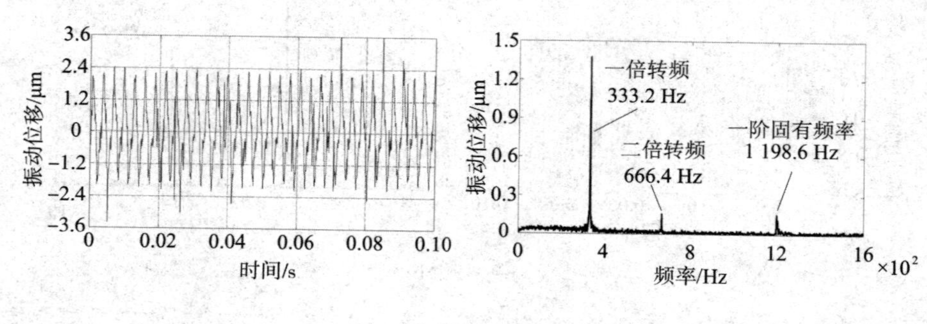

(c) 333.3 Hz

图 4.16 D62D24A 型电主轴 &2 处振动位移及其频谱

根据高速电主轴热-机耦合动力学模型的迭代求解结果和上述系统振动信号测试方法，分析 120MD60Y6 型和 D62D24A 型电主轴不同励磁频率（转速）下系统第一阶径向振动固有频率如图 4.17 所示。可以看出，由于转速对轴承动态支承刚度的“软化”作用[120]，考虑与未考虑耦合因素影响及试验测试结果均表明，随着转速的升高，系统第一阶径向振动的固有频率会有所下降。两型号电主轴壳体固定与未固定时第一阶径向振动固有振型相似，所以系统低转速时的第一阶径向振动固有频率与其壳体未固定时较为接近并且分别高出 130 Hz（120MD60Y6 型电主轴）和 40 Hz（D62D24A 型电主轴）左右，这是由于其壳体的固定提高了系统刚度的原因。采用定压预紧的 120MD60Y6 型电主轴，其轴承刚度受到内外圈热膨胀差量和钢球热膨胀量的影响，其中内外圈热膨胀差量占主导作用，与未考虑耦合因素影响时相比较，考虑耦合因素影响的前轴承组径向刚度低速时较低，高速时较高，而后轴承组刚度低速时较高，高速时较低，导致系统的第一阶径向振动固有频率较未考虑耦合因素时高，更加接近试验结果，这说明轴承采用背靠背形式定压预紧和后轴承座采用直线轴承的电主轴系统低阶固有频率在受到转速对其的“软化”作用同时，也受到热-机耦合因素对其的“强化”作用，其固有频率的下降趋势并没有像未考虑耦合因素时那样明显；采用定位预紧的 D62D24A 型电主轴，其轴承刚度受到内外圈热膨胀差量、转轴与壳体轴向热膨胀差量和钢球热膨胀量的影响，其中内外圈热膨胀差量和转轴与壳体轴向热膨胀差量占主导作用，与未考虑耦合因素影响时相比较，考虑耦合因素影响的前、后轴承的径向刚度均较低，导致系统的第一阶径向振动固有频率较未考虑耦合因素时更低，比较接近试验结果，这说明轴承采用背靠背形式定位预紧的电主轴系统低阶固有频率在受到转速对其的“软化”作用同时，也受到热-机耦合因素对其的“软化”作用，其固有频率的下降趋势较未考虑耦合因素影响时更加明显。

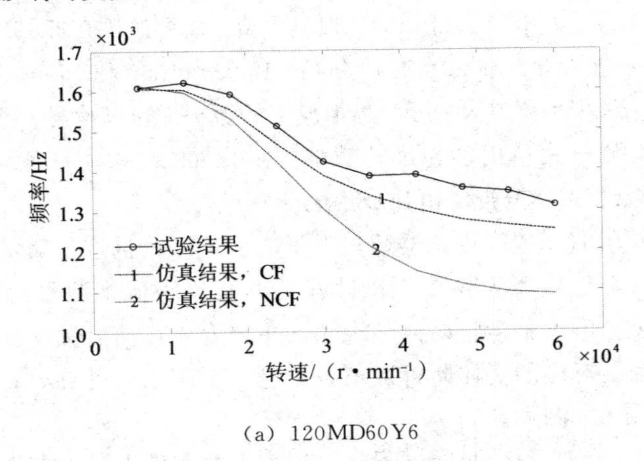

（a）120MD60Y6

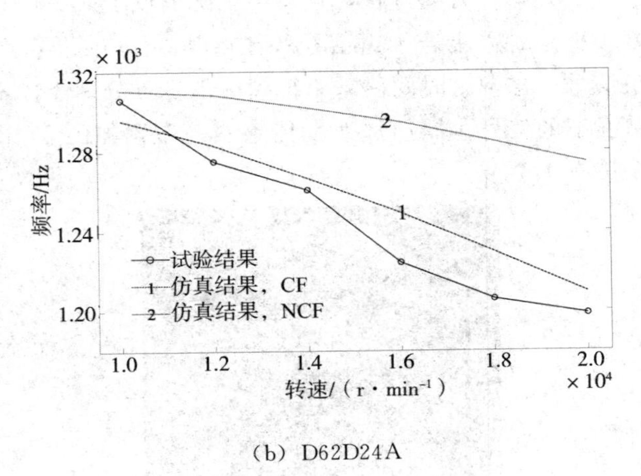

（b）D62D24A

图 4.17　电主轴第一阶径向振动固有频率

4.3.3　电主轴多场耦合模态特征的试验验证

高速电主轴的动态特性直接决定着机床的加工质量和精度，而主轴不同转速运转时支承刚度和惯性效应作用的变化会导致其振动也随着转速变化而变化，因此有必要获取电主轴工况下的模态参数。鉴于此，对主轴对象进行了振动测试试验。高速电主轴运转过程中整体结构的低阶固有频率就是转轴的固有频率，所以测量电主轴壳体的振动信号就可以分析转轴的振动情况。

电主轴在运转状态下，先用加速度传感器采集径向方向上的振动信号，采集信号经过电荷放大器和LMS信号采集分析仪的传输和转换后，最终传送到PC机里的LMS专业分析软件进行分析处理。试验主要测试170MD15Y20型电主轴在3 000 r/min、6 000 r/min、9 000 r/min、12 000 r/min和15 000 r/min等五种不同转速下空载和加载10 N·m两种情况下的振动加速度信号。测试装置具体为：B&K4384压电式单向加速度传感器、B&K2692-014电荷放大器、SC305-UTP型LMS数据采集分析仪和LMS信号分析软件。

当试验所用的加速度传感器数量有限时，可以分批进行测量。试验过程中以其中某一个传感器为参考，通过移动其余传感器来测量每个测点的信号。通常来讲，电主轴运行时的最大振动主要发生在前后轴承支承区域，试验时在前后轴承对应的壳体附近区域各布置3个测点，并在轴的中部布置3个测点，一共9个测点。

由于热响应需要一个时间过程，在每个工况测试点时，可先在启动20 s左右后速度基本稳定时采集若干组信号；在启动30 min左右后热系统稳定时采集若干组信号。这两个时间段采集得到的信号可分别当作不考虑和考虑热位移影响情况下的信号。振动加速度传感器的布置如图4.18所示，加载试验装置详见第6.1.2节。

图4.18　加速度传感器的布置图

压电式传感器采集所得的电压信号经处理转化为加速度幅值信号，得到测点振动加速度的时域图，将时域图转化为频谱图便可分析主轴的固有频率。图4.19所示的是主轴转速12 000 r/min、加载10 N·m时前轴承正上方测点热稳定后的振动加速度的时域图和频谱图。

图4.19（b）所示的频谱图主轴转速为12 000 r/min，即电频率为400 Hz，转轴转频为200 Hz，故图中400 Hz处的峰值为两倍转频峰值，同样可以得出系统的一阶固有频率和二阶固有频率分别为418 Hz和615 Hz。

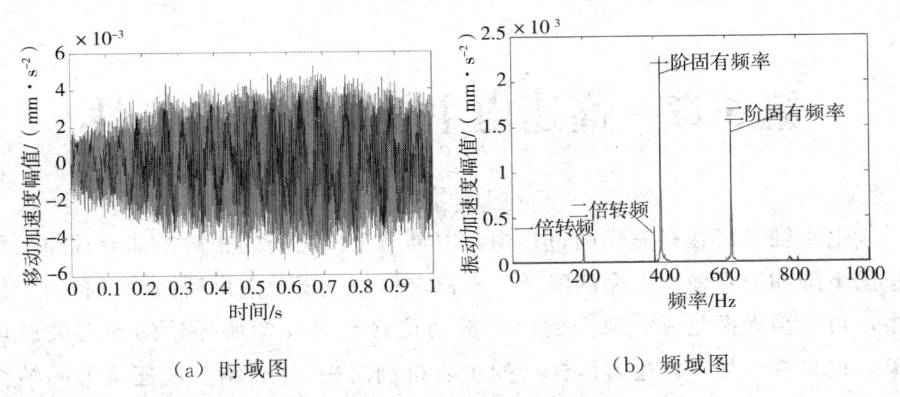

（a）时域图　　（b）频域图

图 4.19　振动加速度信号

将测试所得的主轴固有频率和第 4.2.3 节的计算结果对比，验证所建理论模型。图 4.20 所示的是主轴各种工况下的前两阶固有频率理论和试验结果，图中的热位移和电磁不平衡力分别用 TD 和 UEF 表示。由图可知系统各种工况下一阶和二阶固有频率的理论值和试验值之间的误差均在 10%以内，这也进一步证明了所建高速电主轴多场耦合动力学模型及其计算流程的准确性与可靠性。

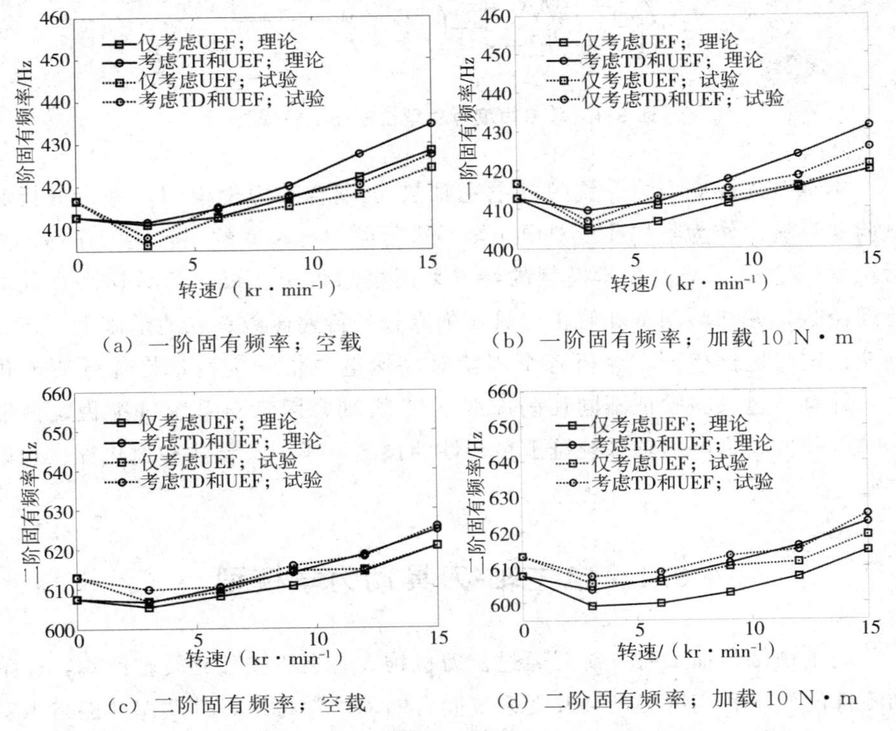

（a）一阶固有频率；空载　　（b）一阶固有频率；加载 10 N · m

（c）二阶固有频率；空载　　（d）二阶固有频率；加载 10 N · m

图 4.20　170MD15Y20 型电主轴前两阶固有频率的理论值与试验室对比

第5章 高速电主轴的铣削稳定性

电主轴刀具在高速切削过程中，刀具与工件之间的相对振动导致加工质量的下降和刀具使用寿命的降低。不稳定切削主要是由自激振动引起的，其中，再生型颤振是一种典型的由于振动位移延时反馈所导致的动态失稳现象，也是铣削加工发生自激振动的主要机制之一[121]。结合高速铣刀的结构特点，典型的再生型高速铣削稳定性模型如图5.1所示，图示为单自由度、由切削厚度变化和振动位移变化引起切削力变化、工件与刀具之间的相对自激振动的动力系统，其稳定性受到了刀具刚度和阻尼、切削宽度、切削厚度、被加工材料材质等诸多因素的影响[122]。

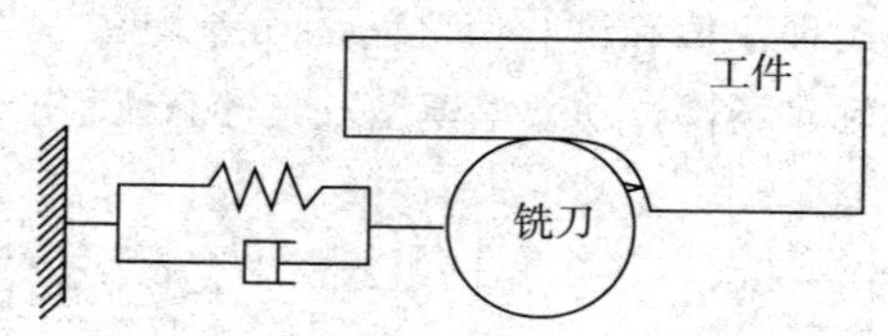

图5.1 单自由度再生型铣削稳定性模型

本章首先建立安装有铣刀的电主轴热-机耦合动力学模型，理论分析和试验验证铣刀作为附加质量对电主轴系统低阶固有频率的“软化”作用；然后根据电主轴-刀具动力学模型的特点采用模态将阶法得出刀具切削点处的传递函数，并试验测量和修正刀具切削点处的传递函数；在此基础上，建立高速铣削稳定性模型，分析各个因素对高速电主轴铣削稳定性能的影响规律，并且通过试验验证不同切削深度下热-机耦合因素对系统铣削稳定性能的减弱效应。为电主轴系统铣削稳定性的预测、辨识、预防和优化提供理论基础。

5.1 电主轴-刀具动力学模型

电主轴铣削加工时，铣刀通过拉刀机构或者夹头安装到转轴前端，此附加零件的质量和刚度必定会改变系统固有的动力学特性，其动态性能与未安装刀具时必然会有所不同，此变化会对刀具切削点处传递函数及电主轴铣削稳定性能产生影响[123]。所以，若要研究电主轴的铣削稳定性能，对电主轴-刀具系统动力学特性的分析是首要任务。

5.1.1 模型的建立与分析

以D62D24A型电主轴为例，根据第4章提出的电主轴动力学建模方法，建立电主轴-刀具动力学有限元模型如图5.2所示[124]。与第4章此型号电主轴动力学模型不同，其转轴前端加入铣刀单元，共包含3个转子，即壳体、转轴和铣刀，铣刀与转轴相应节点之间刚性连接，具有完全相同的自由度，此动力学模型共包含节点31个、单元28个。当壳体固定时，可以认为壳体所有自由度全部被限制，只有转轴和刀具可以振动，此时轴承可以视为直接连接于固定面，模型共包含节点20个、单元18个。

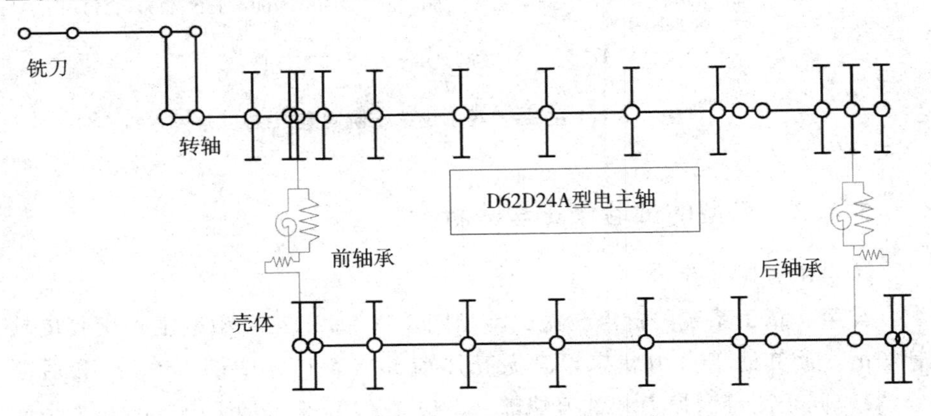

图5.2　电主轴-刀具动力学有限元模型

利用第4.2.1节的求解流程对D62D24A型电主轴一刀具动力学模型进行求解，求解结果如图5.3所示，包含壳体未固定和固定时的径向固有振动和轴向固有振型。分析可知，安装上铣刀后，壳体未固定时，第一阶径向固有振型为转轴带动铣刀的振动，转轴中部和铣刀端部出现最大相对振幅，壳体相对振幅均较小，第一阶轴向固有振型为转轴与铣刀的轴向刚体振动，壳体基本不动。壳体固定时，壳体的自由度被完全限制住，与壳体未固定时相比较，振型变化很小，第一阶径向固有振型亦为转轴和铣刀的弹性体振动，第一阶轴向固有振型为转轴和铣刀的刚体振动。

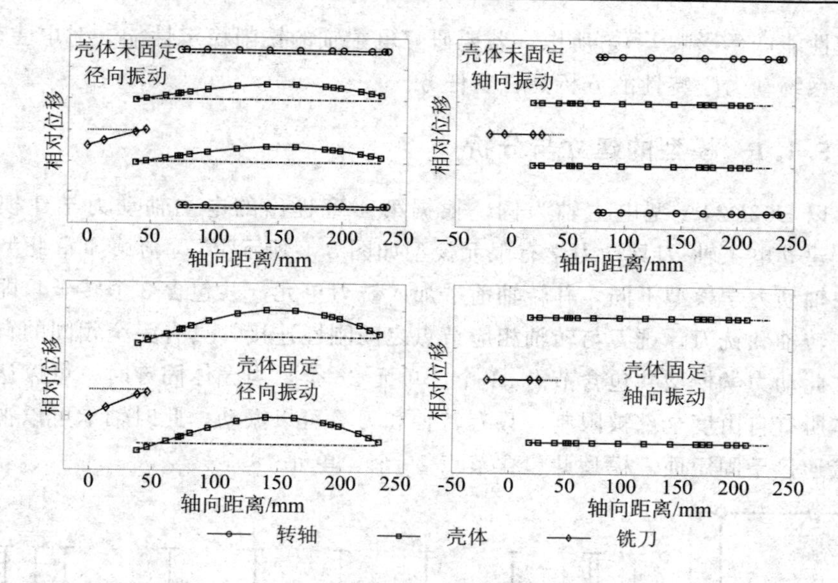

图 5.3 电主轴-刀具系统第一阶固有振型

5.1.2 模型的试验修正与分析

①自由激振试验

与第 4 章中系统的自由激振试验相同，将 D62D24A 型电主轴用胶皮软管悬吊，使其处于自由状态，激振壳体前部（#1）、中部（#2）和后部（#3），同步测量激振力和铣刀端部（&1）三个正交方向上（x 和 y 为径向方向，z 为轴向方向）的振动加速度，其测试示意图及数据处理流程如图 5.4 所示，采样频率为 10，000 Hz，试验中所用仪器设备参数见表 4.2。

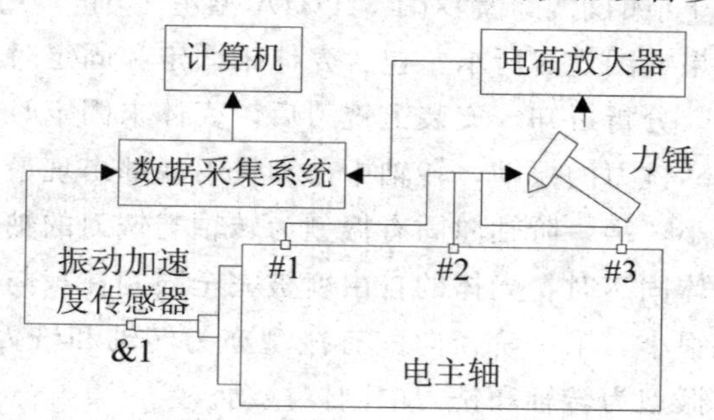

图 5.4 电主轴-刀具系统自由激振试验

图 5.5 表示电主轴壳体#1、#2 和#3 三个测点处受力对铣刀端部 &1

点处三个正交方向加速度的传递函数及相应测试信号的相干函数。很明显，各个传递函数在系统固有频率处均有较大峰值，由于铣刀在径向方向上为非对称结构，则安装有铣刀的系统在 x 和 y 两个正交方向上结构略有差异，所以同一激振点到铣刀端部的传递函数理论上并非完全相同，表现为传递函数在径向方向固有频率处存在位置接近的两个峰值，一个主峰和一个小峰，其第一阶径向振动固有频率 x 方向为 1 009.3 Hz，y 方向为 1 082.4 Hz，第一阶轴向振动固有频率为 962.8 Hz。与第 4.3.1 节中未安装铣刀且壳体未固定时的系统传递函数相比较可知，铣刀的附加质量使得系统径向和轴向的固有频率（分别为 1 264.1 Hz 和 978.2 Hz）均有所降低，径向表现更加明显。由于系统固有阻尼的不可计算性，所以在电主轴壳体未固定时所测得的系统模态固有阻尼比对其壳体固定并且高速运转时的分析有一定的参考意义，测量值见表 5.1。

表 5.1 试验模态固有阻尼比 单位：%

电主轴型号	#1			#2			#3		
	x	y	z	x	y	z	x	y	z
D62D24A	1.67	1.21	2.35	1.25	1.11	2.52	1.66	1.37	2.59

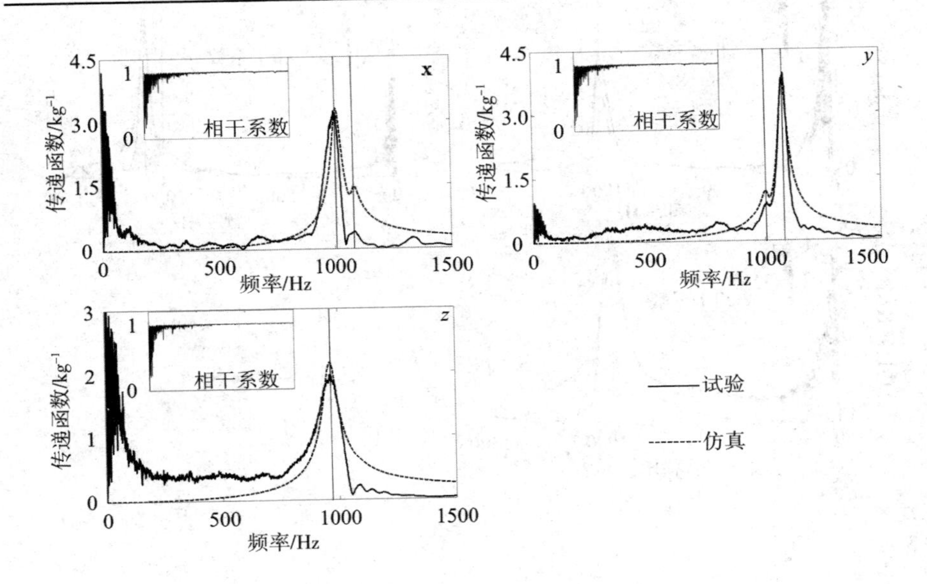

(a) #1

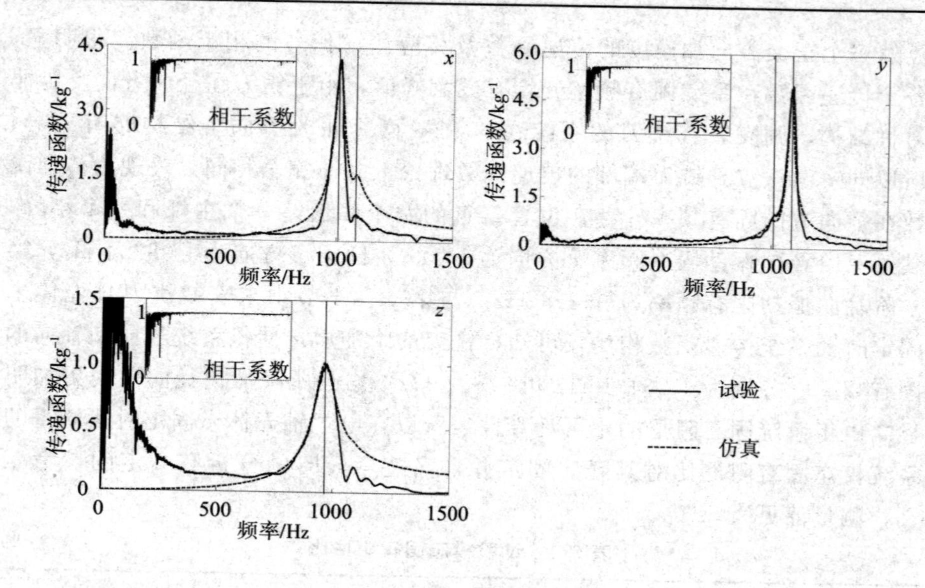

（b）＃2

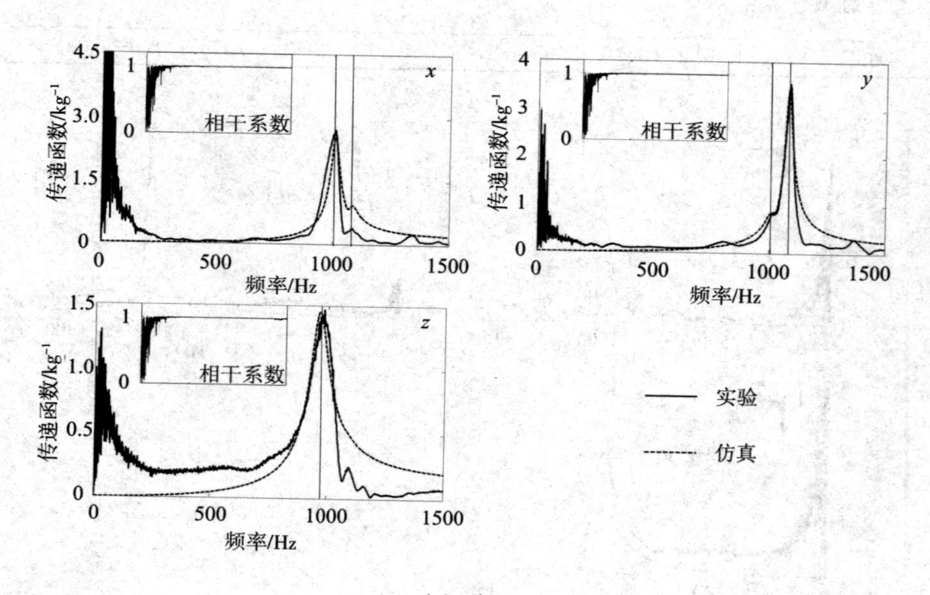

（c）＃3

图 5.5　＃1 和＃2 和＃3 到 &1 的传递函数

②壳体固定时系统动态试验

壳体未固定时的自由激振试验为系统动力学模型进行了初步的修正和验证，壳体固定且转轴高速运行时，由于系统模型边界条件的改变，其固有特性必有所变化。由 5.1.1 节对电主轴的固有振型分析可知，壳体固定和未固定时的转轴与刀具第一阶径向固有振型相似，所以可推断两种状况下的系统第一阶径向固有频率应该较为接近；壳体固定时，电主轴安装刀具与未安装刀具两种状况下转轴固有振型相似，所以这两种状况下的系统第一阶径向固有频率也应该较为接近。对 D62D24A 型电主轴采用与第 4.4.2 节相同的试验方案，测量系统高速运行时的供电参数、温升和振动状况，不同之处是第 4.4.2 节测量的系统振动为转轴前端的振动位移，而本节测试为刀具刀杆靠近切削刃处的振动位移（切削刃处的振动位移无法直接测量，刀杆靠近切削刃处的振动基本上可以反映出铣刀切削刃处的振动状况）[125]。

图 5.6 表示不同转速下电主轴刀杆处的振动位移及其频谱。可以看出，由于转速从 10 000 r/min 到 20 000 r/min 变化范围不大，所以振动位移幅值随着转速的升高在时域和频域内的增幅不大。电主轴安装有铣刀与未安装铣刀（图 4.16）时相比较，系统第一阶径向振动固有频率明显有所降低，趋势与壳体未固定时相似，都是由于铣刀的附加质量所造成。

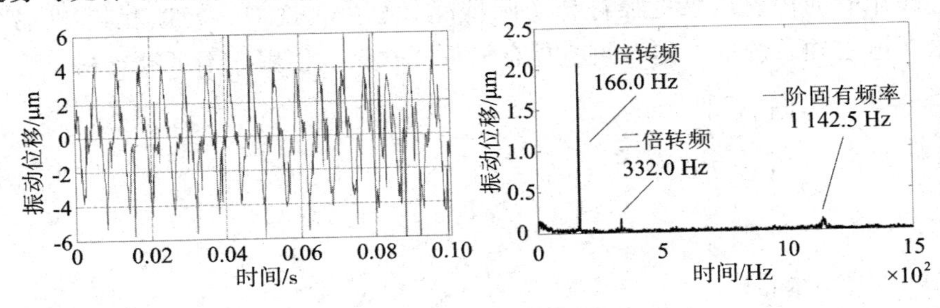

(a) 166.7 Hz (10 000 r/min)

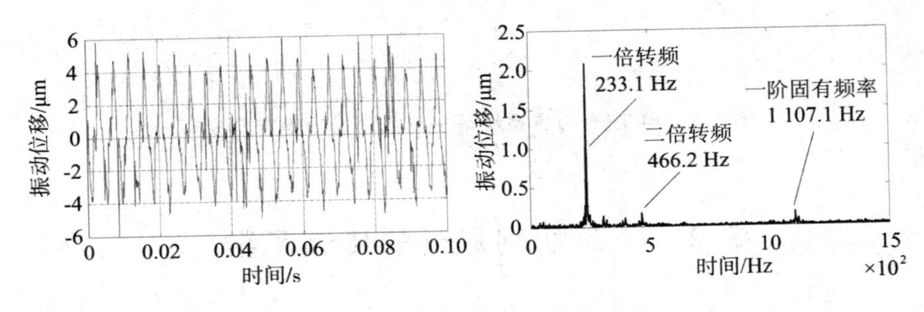

(b) 233.3 Hz (14 000 r/min)

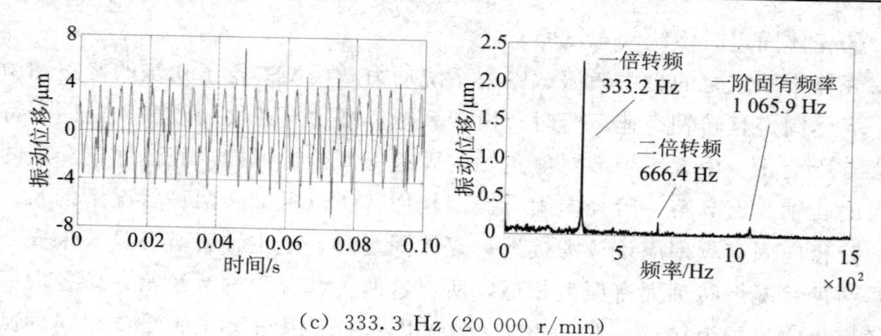

(c) 333.3 Hz (20 000 r/min)

图 5.6 刀杆振动位移及其频谱

根据动态试验结果和高速电主轴热-机耦合动力学模型的求解结果，D62D24A 型电主轴（含刀具）在不同转速下第一阶径向振动固有频率如图 5.7 所示，其中 CF 和 NCF 分别表示考虑和未考虑热-机耦合因素影响时的仿真结果。与图 4.17 相比，明显发现铣刀对电主轴系统低阶固有频率具有“软化”作用[126]。由图 5.7 可以看出，由于转速和热-机耦合因素对轴承动态支承刚度的“软化”作用，使得系统第一阶径向振动固有频率从 10 000 r/min到 20 000 r/min 时下降约 70 Hz，而考虑热-机耦合因素“软化”作用时的仿真结果更加符合实际情况。总之，铣刀、转速和热-机耦合因素对电主轴系统低阶固有频率具有三重“软化”作用，不可被忽视[127]。

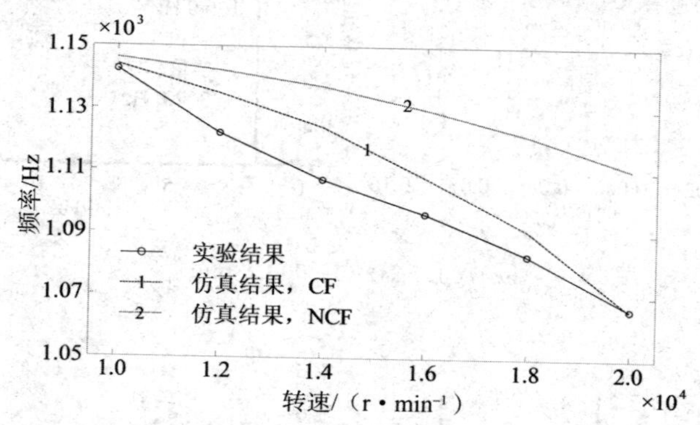

图 5.7 电主轴-刀具系统第一阶径向振动固有频率

5.2 刀具切削点处的传递函数

铣刀切削点处的传递函数是建立铣削稳定性模型的关键条件。铣刀切削点处的传递函数表征了电主轴转轴在受到铣刀位置处切削力的作用下而产生振动位移、速度或加速度的内在关系[128]。通常可以根据电主轴动力学模型的特点采用模态将阶法或者试验测量法得出刀具切削点处的传递函数。

5.2.1　传递函数的理论建模

分析高速电主轴热-机耦合动力学模型可知，系统离散化后的自由度总数通常为几十到几百不等，其所包含的模态数目与之相等，然而分析系统的动态特性往往只需要前几阶模态即可。同时，在物理坐标下求解刀具与被切削材料接触点处的传递函数费时又困难，所以，将物理坐标下的系统热-机耦合动力学模型转换到模态坐标是非常必要的，通过降阶后的模型求解切削点处的传递函数将更加简单、有效。

由于系统传递函数与实际的外载荷无关，而系统切削点处传递函数只需研究该点处受力与位移、速度或者加速度的关系即可，故在研究切削点处传递函数时，可以将切削外载荷写成切削点分布向量与切削力大小相乘的形式，如下：

$$M\{\ddot{\delta}_q\}+(C-2\omega G)\{\dot{\delta}_q\}+[K+K_{\mathrm{b}}-\omega^2 M_{\mathrm{c}}]\{\delta_q\}=F=\{\mathrm{b}\}F \tag{5.1}$$

式中：$\{\mathrm{b}\}$ ——切削点分布输入向量；

F——切削点处切削力。

假设系统模态坐标向量为 $\{\xi\}$，则：

$$\begin{gathered}\{\delta_q\}=\boldsymbol{\Phi}\{\xi\}\\ \boldsymbol{\Phi}^{\mathrm{T}}M\boldsymbol{\Phi}=I;\quad \boldsymbol{\Phi}^{\mathrm{T}}(C-2\omega G)\boldsymbol{\Phi}=\mathrm{diag}(2\zeta_i\omega_i);\\ \boldsymbol{\Phi}^{\mathrm{T}}(K+K_{\mathrm{b}}-\omega^2 M_{\mathrm{c}})\boldsymbol{\Phi}=\mathrm{diag}(2\omega_i^2)\end{gathered} \tag{5.2}$$

式中：$\boldsymbol{\Phi}$——系统归一化的模态矩阵。

ζ_{i}—— 第 i 阶模态阻尼比；

ω_{i}——第 i 阶模态固有角频率。

式 5.1 变换到模态坐标下为：

$$\{\ddot{\xi}\}+\mathrm{diag}(2\zeta_i\omega_i)\{\dot{\xi}\}+\mathrm{diag}(\omega_i^2)\{\xi\}=\boldsymbol{\Phi}^{\mathrm{T}}\{b\}F \tag{5.3}$$

设状态向量：

$$\{X\}=\{\dot{\xi}^{\mathrm{T}}\ \xi^{\mathrm{T}}\}^{\mathrm{T}} \tag{5.4}$$

则系统动力学方程可以写成状态方程的形式：

$$\{\dot{X}\}=\begin{bmatrix}\mathrm{diag}(-2\zeta_i\omega_i) & \mathrm{diag}(-\omega_i^2)\\ I & 0\end{bmatrix}\{X\}+\begin{Bmatrix}\boldsymbol{\Phi}^{T}\{b\}\\ 0\end{Bmatrix}F=\boldsymbol{A}_m\{X\}+\boldsymbol{B}_mF \tag{5.5}$$

式中：$\boldsymbol{A}_m$——系统状态矩阵；

$\boldsymbol{B}_m$——系统输入矩阵。

按照切削点分布状况，写出系统输出方程，当输出为系统振动位移或者振动速度时：

$$\{Y\} = \{c\}^{\mathrm{T}}\begin{Bmatrix}\dot{\delta}\\ \delta\end{Bmatrix} = \{c\}^{\mathrm{T}}\begin{bmatrix}\boldsymbol{\Phi} & 0\\ 0 & \boldsymbol{\Phi}\end{bmatrix}\begin{Bmatrix}\dot{\xi}\\ \xi\end{Bmatrix} = \boldsymbol{C}_{\mathrm{m}}\{X\} \tag{5.6}$$

当输出为系统振动加速度或者振动速度时：

$$\begin{aligned}\{Y\} &= \{c\}^{\mathrm{T}}\begin{Bmatrix}\ddot{\delta}\\ \dot{\delta}\end{Bmatrix} = \{c\}^{\mathrm{T}}\begin{bmatrix}\Phi & 0\\ 0 & \Phi\end{bmatrix}\begin{Bmatrix}\ddot{\xi}\\ \dot{\xi}\end{Bmatrix}\\ &= \{c\}^{\mathrm{T}}\begin{bmatrix}\Phi & 0\\ 0 & \Phi\end{bmatrix}A_{\mathrm{m}}\{X\} + \{c\}^{\mathrm{T}}\begin{bmatrix}\Phi & 0\\ 0 & \Phi\end{bmatrix}B_{\mathrm{m}}F\\ &= \boldsymbol{C}_{\mathrm{m}}\{X\} + D_{\mathrm{m}}F\end{aligned} \tag{5.7}$$

式中：$\{c\}$ ——切削点分布输出向量；

$\boldsymbol{C}_m$——系统输出矩阵。

假设求解切削点处第 v 个自由度上输入到第 u 自由度上输出的传递函数，可以调整向量 $\{b\}$ 第 v 个数值为 1，其他全部为 0，调整向量 $\{c\}$ 中第 u 个数值为 1，其他全部为 0，再根据式 5.5 和 5.6 可以得到传递函数如下：

$$G_{MV} = \frac{\{\mathrm{Y}(j\omega)\}}{F(j\omega)} = C_{\mathrm{m}}(j\omega\mathrm{I} - \boldsymbol{A}_{\mathrm{m}})^{-1}\boldsymbol{B}_m \tag{5.8}$$

5.2.2 传递函数的试验测量

高速运转下电主轴刀具切削点处传递函数的测试非常困难，但是其静态下的测试具有可实施性，然后根据静态测试结果可以推算高速运转刀具切削点的传递函数。将 D62D24A 型电主轴安装于 Carver-S400 型三轴雕刻机床，将合金平头立铣刀安装于电主轴转轴前端，铣刀参数如表 5.2 所示。测试原理如图 5.8 所示，用 CL-YD-303 型力锤分别激振刀具切削点处 x 和 y 方向，并且利用力锤配套的力传感器测量激振力，同时利用 WD501 型电涡流传感器测量相应方向上的刀具振动位移，试验器材参数见表 3.3。根据第 4.3.1 节的数字信号处理技术得到 D62D24A 型电主轴铣刀切削点处在其径向方向上的试验传递函数（仅考虑系统第一阶固有特性），如图 5.9 所示，其静态下测试的系统模态固有阻尼比分别为 1.52%（x）和 1.34%（y）。

表 5.2　铣刀参数

材料	齿数	螺旋角	刀柄直径/mm	刃部直径/mm	刃部长度/mm	刀具总长度/mm	刀具悬长/mm
硬质合金	3	30°	6	4	13	50	30

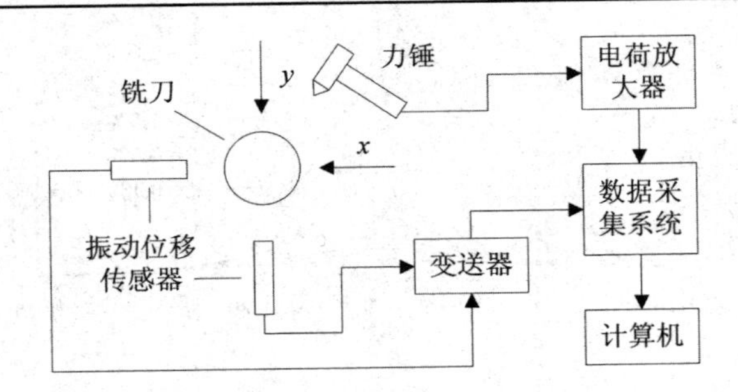

图 5.8　刀具切削点处传递函数测试示意图

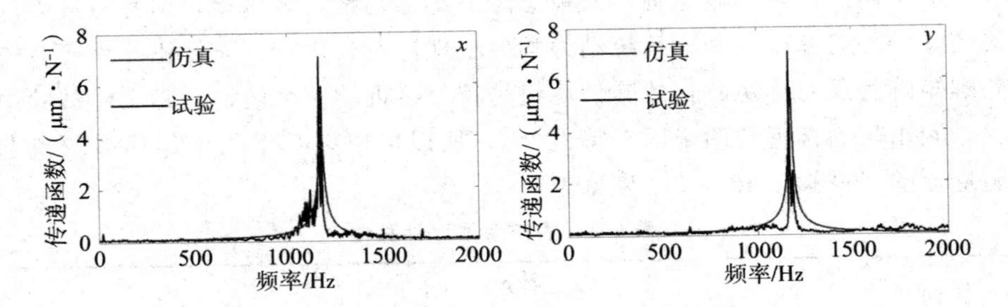

图 5.9　铣刀切削点处 x 方向和 y 方向的传递函数

由图 5.9 可知，在力锤的激振下，铣刀切削点处传递函数在其第一阶固有频率处出现峰值，分别为 x 方向 1 162.1 Hz、y 方向 1 176.9 Hz，与壳体未固定时的激振试验结果（图 5.5）相比较，略有增大，这是由于壳体的固定在某种意义上来讲是增大了系统刚度的缘故；与壳体固定后的动态试验结果（图 5.6）相比较，其幅值也略为增大，这在另一个方面又一次证明了热-机耦合因素对系统的“软化”作用。根据测试结果修正后的系统动力学模型，利用刀具切削力处传递函数理论模型计算铣刀相同位置处的传递函数，并且将其与试验结果相比较，基本吻合，如图 5.9 所示。

虽然系统的模态阻尼比对系统固有振型和固有频率的影响较小，但是其对刀具切削点处的传递函数值影响较大。图 5.10 表示壳体固定情形下 D62D24A 型电主轴铣刀切削点处 x 方向的传递函数仿真值。可以看出，随着模态阻尼比的减小，在固有频率处的传递函数值增大，尤其在小模态阻尼比时，传递函数的增大效果非常明显。由此可以推断，系统模态阻尼比较小的变动也会对高速电主轴铣削稳定性能产生较大的影响。

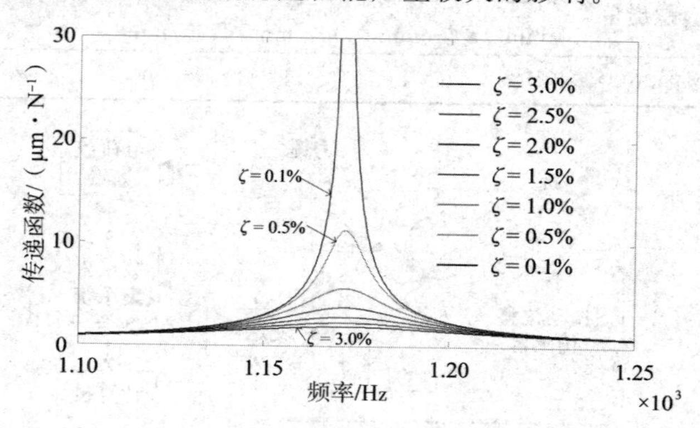

图 5.10　铣刀切削点处 x 方向的传递函数

对于高速运转的电主轴，其模态阻尼比的测量较为困难，但是通过以静态测量结果为基础，利用系统动力学模型理论对其进行计算修正，由于系统陀螺矩阵为反对称矩阵，故其计算值是较为接近的两个值，但是实际试验中很难测出较为接近的两个固有特性[129]，所以可以以其平均值作为系统模态阻尼比的计算修正值，其结果见表 5.3。

表 5.3　模态阻尼比计算值

方向	转速/（r·min⁻¹）					
	10 000	12 000	14 000	16 000	18 000	20 000
x	1.14	1.04	0.95	0.88	0.83	0.79
y	1.06	0.96	0.87	0.80	0.75	0.72

由于高速运转的电主轴系统动力学特性会受到热-机耦合因素的影响，所以铣刀切削点处的传递函数与系统热-机耦合因素会发生联系。图 5.11 表示考虑 4 种情形下 D62D24A 型电主轴铣刀切削点处 x 方向的传递函数仿真值。其中，考虑动态试验结果是指根据电主轴空转试验测量的电磁参数、温升和转差率等计算热膨胀量和动态支承刚度，考虑热-机耦合因素（CF）是指利用图 4.6 耦合迭代求解热膨胀量和动态支承刚度，然后带入电主轴热-机耦合动力学模型中求解传递函数；只考虑转速作用是指将热膨胀量设定为定值，不考虑热-机耦合因素（NCF）是指直接忽略热膨胀的影响，进而由轴承模型计算动态支承刚度，然后带入电主轴转轴动力学模型中求解传递函数。由图 5.11 可以看出：由于考虑动态试验结果与考虑热-机耦合因素时的

计算结果较为接近，所以两种情形下的仿真传递函数值吻合度高；高转速较低转速而言，只考虑转速作用，而不全面考虑热-机耦合因素作用时传递函数仿真值差别较大；而不考虑热-机耦合因素时的传递函数值明显不同于考虑热-机耦合因素时。这说明热-机耦合因素对系统刀具切削点处的传递函数产生较大的影响，从而会影响到高速电主轴的铣削稳定性能。

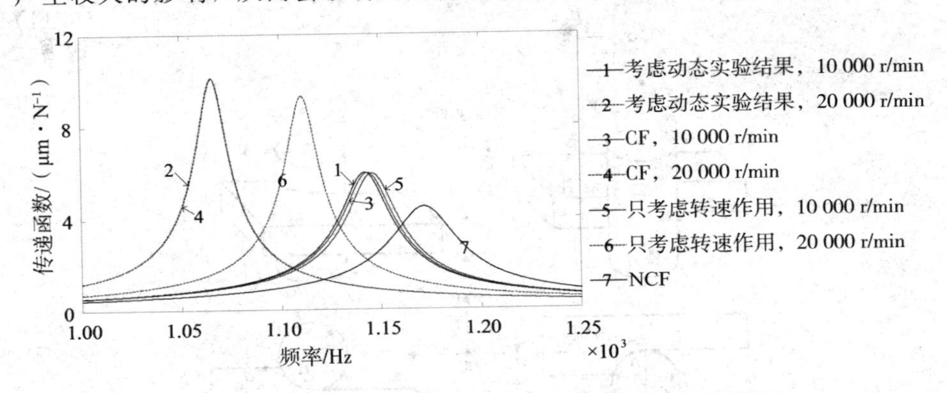

图 5.11　考虑不同因素影响下的铣刀切削点处传递函数

5.3　电主轴铣削稳定性模型

高速铣削过程中刀具的振动可以分为两部分，一部分为平稳切削时刀齿断续切入材料产生的周期性切削力引起的强迫振动，另一部分为非平稳切削时由于振动位移、速度、加速度等因素引起的延时反馈而产生的自激振动[130]。自激振动会引起不稳定切削，严重时不但影响工件的加工质量和生产效率，还有可能造成事故，损坏整个加工系统。根据反馈量与反馈方式的不同，自激振动可以分为不同的类型，各自会产生不同的失稳形式，其中再生颤振是一种典型的由于振动位移延时反馈所导致的动态失稳现象，也是铣削系统发生自激振动的主要机制之一[131]。

本章主要讨论高速电主轴热-机耦合动力学特性与其铣削稳定性的关系，所以本节只介绍立式圆柱铣刀圆周铣削加工过程及其稳定性，其基本切削过程及切削参数如图 5.12 所示。铣刀在电主轴的拖动下以速度 f 向 x 方向进给，同时以角速度 Ω 高速切削工件，切削深度为 a_c，切削厚度为 b_c，设铣刀齿数为 N、半径为 r，则可以得到加工过程中的每齿进给量：

$$f_N = \frac{2\pi f}{N\Omega} \tag{5.9}$$

对于顺铣，其切入、切出角分别为：

$$\begin{aligned} \alpha_s &= 0 \\ \alpha_e &= \cos^{-1}[(r-a_c)/r] \end{aligned} \tag{5.10}$$

对于逆铣，其切入、切出角分别为：

$$\begin{aligned} \alpha_s &= \pi - \cos^{-1}[(r-a_c)/r] \\ \alpha_e &= \pi \end{aligned} \tag{5.11}$$

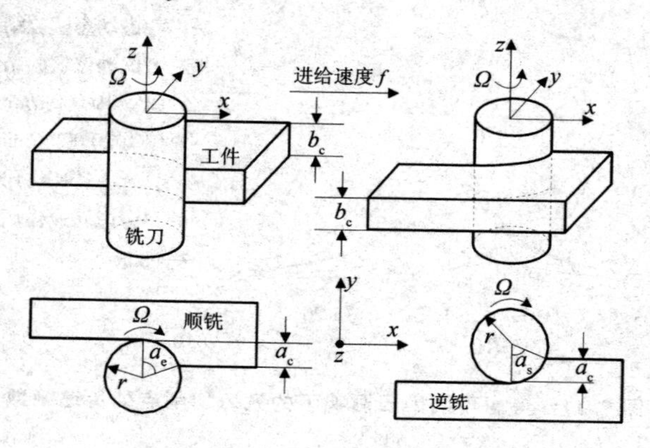

图 5.12 圆柱铣刀圆周铣削过程

5.3.1 铣削力模型

在几种经典切削力模型中，瞬时刚性力模型能够准确地描述加工过程中任意时刻铣削力的大小和方向，所以该模型的应用较为广泛[132]，根据其基本原理，可以建立高速铣削加工动力学方程并且对高速电主轴铣削稳定性能进行分析。

对于一般的圆柱铣刀，由于螺旋角 γ 的存在，导致刀刃底部切削点较于顶部相位超前，如图 5.13 所示。

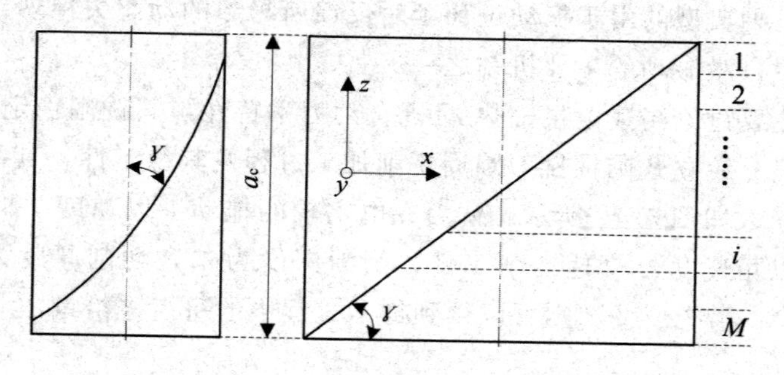

图 5.13 圆柱螺旋铣刀的铣削刃微单元

图 5.13 中，将铣刀沿 z 轴方向等分成 M 份铣削刃微单元，其中第 j 个刀齿的第 i 个铣削刃微单元径向角位移为：

$$\varphi_{ij}=\varphi_{10}+(j-1)\varphi_{\mathrm{p}}+\frac{ia_{c}\tan\gamma}{Mr} \tag{5.12}$$

式中：φ_{10}——第一个切削刃底部角位移；

$\varphi_{\mathrm{p}}=2\pi/N$——齿间角。

铣削过程中切屑厚度与其切削刃所在位置角位移有关，则可以假设第 j 个刀齿第 i 个铣削刃微单元处的切屑厚度为 h（φ_{ij}），根据瞬时刚性力模型可以得到该点处切向、径向和轴向的铣削力[133]：

$$\begin{Bmatrix}F_{\mathrm{t}ij}\\F_{\mathrm{r}ij}\\F_{\mathrm{a}ij}\end{Bmatrix}=g(\varphi_{ij})\frac{a_{\mathrm{p}}}{M}\begin{Bmatrix}K_{\mathrm{tc}}h(\varphi_{ij})+K_{\mathrm{te}}\\K_{\mathrm{rc}}h(\varphi_{ij})+K_{\mathrm{re}}\\K_{\mathrm{ac}}h(\varphi_{ij})+K_{\mathrm{ae}}\end{Bmatrix} \tag{5.13}$$

式中：K_{tc}、K_{rc}、K_{zc}——切向、径向和轴向的切屑切削力系数；

K_{te}、K_{re}、K_{ze}——切向、径向和轴向的刃口切削力系数；

$g(\varphi_{ij})=\begin{cases}1 & \varphi_{s}\leqslant\varphi_{ij}\leqslant\varphi_{\mathrm{e}}\\0 & \varphi_{ij}>\varphi_{\mathrm{e}}\ \text{or}\ \varphi_{ij}<\varphi_{j}\end{cases}$——单位阶跃函数。

其中，根据各种切削力系数不同的计算方法可以分为以下几种：平均切削力系数模型、正交切削到斜角切削转化模型、双线性力模型、指数切屑厚度模型、半力学模型和高阶铣削力模型[134,135]，针对常规材料的高速铣削，采用平均切削力系数模型足以满足精度要求。

高速铣削加工过程中，由于刀具与工件存在相对振动，所以会产生非均匀的切屑厚度，在 $x-y$ 坐标平面内分析第 j 个刀齿第 i 个铣削刃微单元处的切屑厚度和切削力方向，如图 5.14 所示。

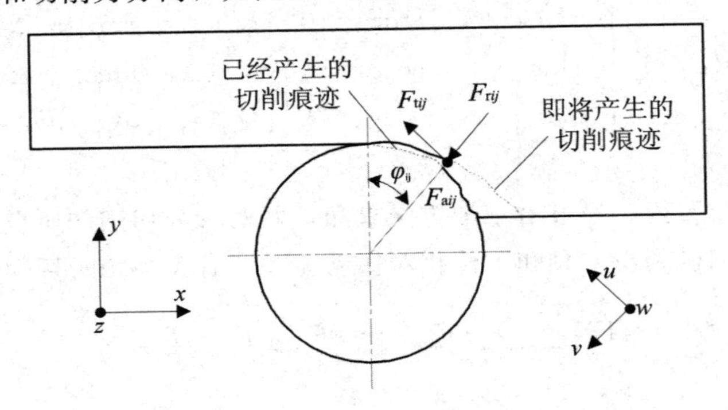

图 5.14　切屑厚度与切削力方向

由图 5.14 可知，切屑厚度有两部分产生，一部分是随着角位移 φ_{ij} 的变化而产生的均匀变化部分，另一部分是由于刀具与工件的相对振动而产生的变化部分：

$$h(\varphi_{ij}) = f_N \sin\varphi_{ij} + v_{ij0} - v_{ij} \tag{5.14}$$

式中：v_{ij0}、v_{ij}——先前刀齿和当前刀齿切削时因刀具和工件的相对振动在径向方向上所产生的动态位移。

通过坐标变化，将切屑厚度从坐标 $u-v-w$ 转换到坐标 $x-y-z$：

$$\begin{gathered} h(\varphi_{ij}) = f_N \sin(\varphi_{ij}) + \Delta x_{ij} \sin\varphi_{ij} + \Delta y_{ij} \cos\varphi_{ij} \\ \Delta x_{ij} = x_{ij} - x_{ij0} \\ \Delta y_{ij} = y_{ij} - y_{ij0} \end{gathered} \tag{5.15}$$

式中：x_{ij0}、y_{ij0}、x_{ij}、y_{ij}——v_{ij0}、v_{ij} 在 x 和 y 方向上的分量，由于所有刀齿沿轴向方向均产生相同的径向位移，所以 Δx_{ij} 和 Δy_{ij} 可以去掉下标表示为 Δx 和 Δy，所有刀齿及其所有铣削刃微单元与工件的相对振动位移。

通过坐标变化，将切削力从坐标 $u-v-w$ 转换到坐标 $x-y-z$：

$$\begin{pmatrix} F_{xij} \\ F_{yij} \\ F_{zij} \end{pmatrix} = \begin{bmatrix} -\cos\varphi_{ij} & -\sin\varphi_{ij} & 0 \\ \sin\varphi_{ij} & -\cos\varphi_{ij} & 0 \\ 0 & 0 & 1 \end{bmatrix} \begin{pmatrix} F_{tij} \\ F_{rij} \\ F_{aij} \end{pmatrix} = \{F_{sij}\} + \{F_{dij}\} \tag{5.16}$$

式中：$\{F_{sij}\}$、$\{F_{dij}\}$——分别为与刀具和工件相对振动无关和有关的切削力向量，可以表示如下：

$$\{F_{sij}\} = g(\varphi_{ij}) \frac{a_p}{M} \begin{bmatrix} -\cos\varphi_{ij} & -\sin\varphi_{ij} & 0 \\ \sin\varphi_{ij} & -\cos\varphi_{ij} & 0 \\ 0 & 0 & 1 \end{bmatrix} \begin{Bmatrix} K_{tc} f_N \sin\varphi_{ij} + K_{te} \\ K_{rc} f_N \sin\varphi_{ij} + K_{re} \\ K_{ac} f_N \sin\varphi_{ij} + K_{ae} \end{Bmatrix} \tag{5.17}$$

$$\{F_{dij}\} = g(\varphi_{ij}) \frac{a_p}{M} \begin{bmatrix} -\cos\varphi_{ij} & -\sin\varphi_{ij} & 0 \\ \sin\varphi_{ij} & -\cos\varphi_{ij} & 0 \\ 0 & 0 & 1 \end{bmatrix} \begin{Bmatrix} K_{tc}(\Delta x_{ij} \sin\varphi_{ij} + \Delta y_{ij} \cos\varphi_{ij}) \\ K_{rc}(\Delta x_{ij} \sin\varphi_{ij} + \Delta y_{ij} \cos\varphi_{ij}) \\ K_{ac}(\Delta x_{ij} \sin\varphi_{ij} + \Delta y_{ij} \cos\varphi_{ij}) \end{Bmatrix} \tag{5.18}$$

对于每个刀齿，通过沿 z 轴方向求和，并对参与切削的所有刀齿进行求和，可以分别得到与刀具和工件相对振动无关和有关的瞬时切削力：

$$\{F_s\} \sum_{j=1}^{N} \sum_{i=1}^{M} \{F_{sij}\} = \{F_{sx} \quad F_{sy} \quad F_{sz}\}^{\mathrm{T}} \tag{5.19}$$

$$\{F_d\} \sum_{j=1}^{N} \sum_{i=1}^{M} \{F_{dij}\} = \{F_{dx} \quad F_{dy} \quad F_{dz}\}^{\mathrm{T}} \tag{5.20}$$

分析可知，引起刀具和工件相对振动的切削力可以分为两部分：一部分与振痕无关，是由于刀具进给所造成不同刀齿断续切入材料时引起强迫振动的周期性切削力，其基本频率是刀齿通过材料的频率，$\omega N/2\pi$；另一部分与振痕有关，是由于先前刀齿切削对当前刀齿切削的调制作用而产生再生效应、引起再生颤振的切削力。

5.3.2　铣削稳定性模型

在分析高速铣削稳定性能之前，根据铣削稳定性特点，做如下合理的假设和分析[123,136]：

①被加工工件完全固定，刀具与工件之间的相对振动为刀具自身的绝对振动，颤振发生在径向方向，刀具轴向方向不发生颤振，所以分析中只涉及两个自由度。

②刀具振动过程中不发生完全脱离工件的现象，即本次切削痕迹只受到前次切削的影响，与再先前的切削痕迹无关。

③与刀具和工件相对振动无关的瞬时切削力向量 $\{F_s\}$ 对铣削稳定性能不产生影响，所以在分析中忽略此项。

此时分析与再生颤振有关的切削力向量，可以得到如下关系式：

$$\boldsymbol{F}_{\mathrm{d}}=\begin{Bmatrix}F_{dx}\\F_{dy}\end{Bmatrix}=\frac{a_c}{2}\begin{bmatrix}a_{xx} & a_{xy}\\a_{yx} & a_{yy}\end{bmatrix}\begin{Bmatrix}\Delta x\\\Delta y\end{Bmatrix}=\frac{a_c}{2}A(t)(\Delta)\tag{5.21}$$

式中，$A(t)$ 是周期 $T=2\pi/\Omega N$ 的周期函数，其方向系数可以表示为：

$$\begin{aligned}
a_{\mathrm{xx}}&=\sum_{j=1}^{N}\sum_{i=1}^{M}g(\varphi_{ij})[-K_{\mathrm{tc}}\sin2\varphi_{ij}-K_{\mathrm{rc}}(1-\cos2\varphi_{ij})]\\
a_{\mathrm{xy}}&=\sum_{j=1}^{N}\sum_{i=1}^{M}g(\varphi_{ij})[-K_{\mathrm{tc}}(1+\cos2\varphi_{ij})-K_{\mathrm{rc}}\sin2\varphi_{ij})]\\
a_{\mathrm{tx}}&=\sum_{j=1}^{N}\sum_{i=1}^{M}g(\varphi_{ij})[K_{\mathrm{tc}}(1-\cos2\varphi_{ij})-K_{\mathrm{rc}}\sin2\varphi_{ij})]\\
a_{\mathrm{yy}}&=\sum_{j=1}^{N}\sum_{i=1}^{M}g(\varphi_{ij})[K_{\mathrm{tc}}\sin2\varphi_{ij}+K_{\mathrm{rc}}(1+\cos2\varphi_{ij})]
\end{aligned}\tag{5.22}$$

周期函数的 Fourier 级数常常被用来对周期系统进行求解，已经有文献[137,138]证明周期函数 $A(t)$ 的高次谐波不影响铣削稳定性的预测精度，因此将其进行 Fourier 级数展开并保留直流分量有：

$$A_0=\frac{\Omega N}{2\pi}\int_0^{\frac{2\pi}{\Omega N}}A(t)\mathrm{d}t=\frac{N}{2\pi}\begin{bmatrix}a_{xx0} & a_{xy0}\\a_{yx0} & a_{yy0}\end{bmatrix}\tag{5.23}$$

式中：

$$
\begin{aligned}
a_{xx0} &= \frac{1}{2}[K_{tc}\cos 2\varphi - 2K_{rc}\varphi + K_{rc}\sin 2\varphi]_{\alpha_e}^{\alpha_s} \\
a_{xy0} &= \frac{1}{2}[-K_{tc}\sin 2\varphi - 2K_{tc}\varphi + K_{rc}\cos 2\varphi]_{\alpha_e}^{\alpha_s} \\
a_{yx0} &= \frac{1}{2}[-K_{tc}\sin 2\varphi + 2K_{tc}\varphi + K_{rc}\cos 2\varphi]_{\alpha_e}^{\alpha_s} \\
a_{xx0} &= \frac{1}{2}[-K_{tc}\cos 2\varphi - 2K_{rc}\varphi - K_{rc}\sin 2\varphi]_{\alpha_e}^{\alpha_s}
\end{aligned}
\tag{5.24}
$$

由式 5.23 可知，A_0为与时间无关、只与切削参数有关的常数矩阵，表示切削参数对颤振的平均影响效果，并且与铣刀有无螺旋角无关[137]，此时与再生颤振有关的切削力向量可以表示为：

$$\{F_d\} = \frac{a_c}{2}A_0\{\Delta\} \tag{5.25}$$

分析加工过程中刀具总体受力，根据电主轴系统刀具切削点处的传递函数，建立高速铣削动力学模型如图 5.15 所示。

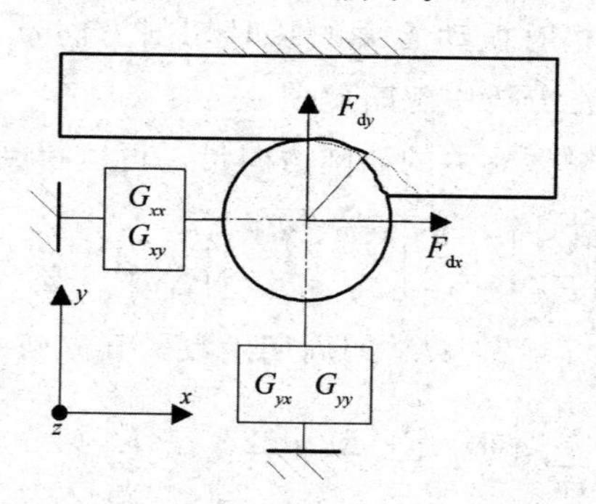

图 5.15　铣削动力学模型

设 $\{r(t)\} = \{x(t)\ y(t)\}^T$、$\{r(t-T)\} = \{x(t-T)\ y(t-T)\}^T$，则 $\{\Delta\} = \{r(t)\} - \{r(t-T)\}$，分析图 5.15 可知，$\{r(t)\}$ 与切削力向量 $\{F_d\}$ 在频域范围内存在如下关系：

$$\{r(k\omega)\} = \begin{bmatrix} G_{xx}(j\omega) & G_{xy}(j\omega) \\ G_{tx}(j\omega) & G_{yy}(j\omega) \end{bmatrix}\{\mathrm{F_d}(j\omega)\} \tag{5.26}$$

则：

$$\{\Delta(j\omega)\} = \{r(j\omega)\}(1 - \mathrm{e}^{j\omega T}) \tag{5.27}$$

将式 5.26、5.27 带入式 5.25 得：

$$\{\mathrm{F}_d(j\omega)\} = \frac{a_c}{2}(1 - \mathrm{e}^{-j\omega T})A_0\begin{bmatrix} G_{xx}(j\omega) & G_{xy}(j\omega) \\ G_{tx}(j\omega) & G_{yy}(j\omega) \end{bmatrix}\{\mathrm{F}_d(j\omega)\} \tag{5.28}$$

上式存在奇异解的条件为：

$$\det\left(I-\frac{a_c}{2}(1-e^{-j\omega T})A_0\begin{bmatrix}G_{xx}(j\omega) & G_{xy}(j\omega)\\ G_{tx}(j\omega) & G_{yy}(j\omega)\end{bmatrix}\right)=0 \tag{5.29}$$

设：

$$\Lambda=\frac{1}{2a_0}(1-e^{-j\omega T}) \tag{5.30}$$

在给定的颤振角频率 ω_c 处：

$$\Lambda=\frac{1}{2a_0}(-a_1\pm\sqrt{2_1^2-4a_0}) \tag{5.31}$$

式中：

$$\begin{aligned}a_0=&[a_{xx0}G_{xx}(j\omega_c)+a_{xy0}G_{yx}(j\omega_c)][a_{yx0}G_{xy}(j\omega_c)+a_{yy0}G_{yx}(j\omega_c)]\\&-[a_{xx0}G_{xy}(j\omega_c)+a_{xy0}G_{yy}(j\omega_c)][a_{yx0}G_{xx}(j\omega_c)+a_{yy0}G_{yx}(j\omega_c)]\\a_1=&[a_{xx0}G_{xx}(j\omega_c)+a_{xy0}G_{yx}(j\omega_c)][a_{yx0}G_{xy}(j\omega_c)+a_{yy0}G_{yx}(j\omega_c)]\end{aligned} \tag{5.32}$$

根据式 5.30、5.31 可以求解出临界切削深度，由于刀具切削点处的传递函数为复数，故求解出的临界切削深度也包含复部，但是实际切削深度只能为实数，所以其复部必为 0，设 $\Lambda=\Lambda_R+j\Lambda_I$，并且应用欧拉公式 $e^{j\omega T}=\cos\omega T+j\sin\omega T$，可以得到临界切削深度：

$$a_{\mathrm{clim}}=\frac{2\pi\Lambda_R[1+(\Lambda_r/\Lambda_R)^2]}{N} \tag{5.33}$$

式中：

$$\frac{\Lambda_r}{\Lambda_R}=\frac{\sin\varphi_c T}{1-\cos\varphi_c T} \tag{5.34}$$

由式 5.32 可以看出，只有当 Λ_R 为负数时，得到的临界切削深度才能为正数、才有物理意义。求解式 5.33 即可以得到临界转速：

$$n_{2\lim}=\frac{60\omega_c}{N[2k\pi+\tau]} \tag{5.35}$$

式中：$k=0, 1, 2\cdots$ —— 系统稳定叶瓣数；

$\tau=\pi-2\arctan(\Lambda_I/\Lambda_R)$ —— 前、后振痕的相位差。

综上分析，通过选定的颤振角频率 ω_c 求解式 5.30 可以得到 Λ，再根据式 5.33 和 5.35 确定此颤振角频率处的临界切削深度和临界转速，不断变化 ω_c 重复上述过程即可得到系统铣削稳定性叶瓣图。

5.3.3 铣削稳定性分析

在对高速电主轴热-机耦合动力学特性及刀具切削点处传递函数的研究

基础之上，研究系统的铣削稳定性能，其不仅与电主轴本身的固有特性有关，而且还受到被加工材料特性和切削过程的影响。与被加工材料性质有关的参数为切向和径向的切屑切削力系数 K_{tc} 和 K_{rc}，令 $K_c^2 = K_{tc}^2 + K_{rc}^2$，$\tan\beta = K_{tc}/K_{rc}$，其中 K_c 为综合切削力系数，β 为切削角度；与切削过程有关的参数有切削厚度 b_c 和切削深度 a_c。

根据上述高速铣削稳定性理论，在分别考虑系统动力学特性、切削材料特性和加工过程参数等因素对系统切削稳定性能影响的情况下，计算系统铣削稳定性瓣图，研究不同条件下极限切削深度，分析高速铣削的稳定加工区域，完成高速电主轴铣削稳定性能的仿真研究，其中分析范围为 6 000～24 000 r/min。

图 5.16 表示系统第一阶模态阻尼比对高速电主轴铣削稳定性能的影响，其中被加工材料为铝 6061-T6，$K_c = 750$ MPa，$\beta = 71.6°$[139]，考虑热-机耦合因素的影响，切削深度 $a_c = 1$ mm。可以看出，模态阻尼比的减小削弱了系统铣削稳定性能，使得稳定切削区域不断减小，尤其在 $\zeta = 0.1\%$ 时，部分转速段内的极限切削厚度接近于 0，这对加工过程的稳定性能是十分不利的，所以较大的阻尼有益于增强系统的铣削稳定性能。

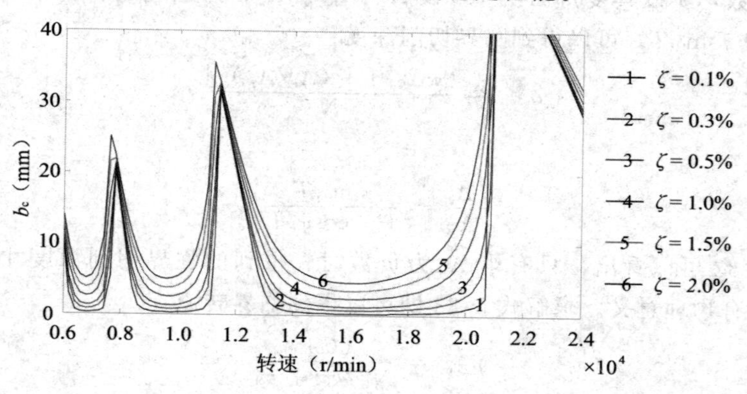

图 5.16　模态阻尼比对铣削稳定性的影响

图 5.17 表示系统热-机耦合因素对高速电主轴铣削稳定性能的影响，其中被加工材料为铝 6061-T6，$K_c = 750$ MPa，$\beta = 71.6°$，模态阻尼比为静态测试试验中的固定值，x 方向 1.52%、y 方向 1.34%，切削深度 $a_c = 1$ mm。可以看出，较低转速下，图 5.17 中 4 种情形下的系统稳定瓣图差别较小，这是由于低转速下热-机耦合因素对系统动力学特性的影响较小的缘故；但是高转速下 4 种情形的稳定瓣图区分得较为明显，根据考虑热-机耦合因素

影响计算结果与动态试验结果而得出的稳定瓣图基本一致，只考虑转速影响和不考虑耦合因素影响时的稳定瓣图差别较大，这是分别考虑转速对系统刚度“软化”作用与热-机耦合因素对系统刚度“软化”作用的体现；考虑耦合因素影响与未考虑耦合因素影响相比较可以发现，随着转速的升高，热-机耦合因素对系统极限铣削厚度有着削弱作用。

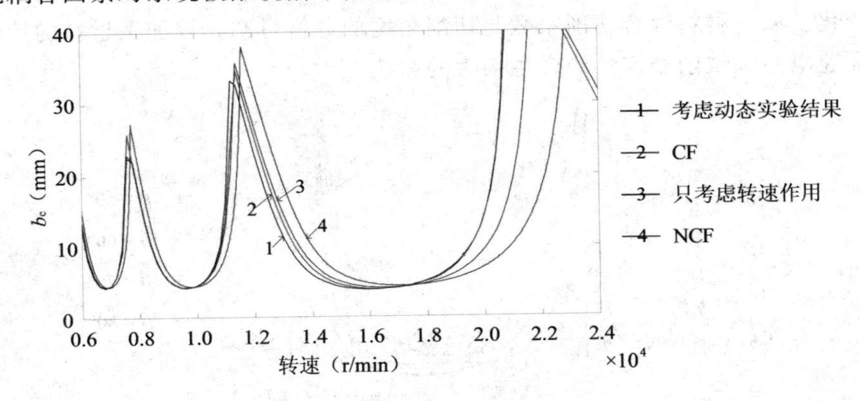

图 5.17　耦合因素对铣削稳定性的影响

图 5.18 表示被加工材料的综合切削力系数对高速电主轴铣削稳定性能的影响，其中假设切削角度 $\beta=71.6°$，考虑热-机耦合因素的影响，模态阻尼比为静态测试试验中的固定值，x 方向 1.52%、y 方向 1.34%，切削深度 $a_c=1$ mm。可以看出，随着材料综合切削系数的增大，系统稳定区域不断减小，极限切削深度也相应减小，这说明加工较硬材料时，为防止再生性颤振的发生，应采用较小的切削厚度，而加工较软材料时可以采用较大的切削厚度。

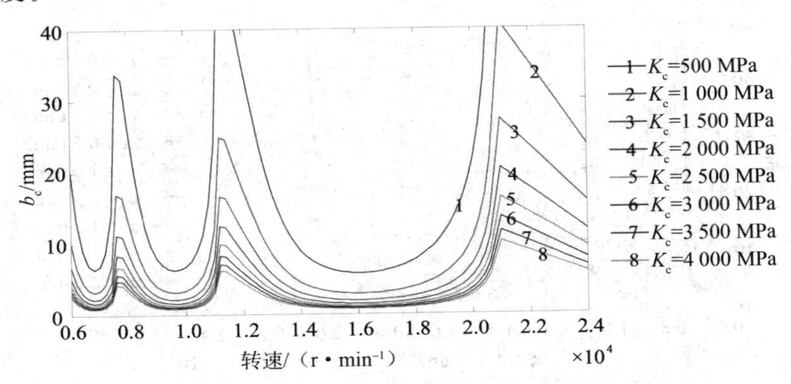

图 5.18　综合切削力系数对铣削稳定性的影响

图 5.19 表示被加工材料的切削角度对高速电主轴铣削稳定性能的影响，其中假设被加工材料为铝 6061-T6，$K_c=750$ MPa，考虑热-机耦合因素的影响，模态阻尼比为静态测试试验中的固定值，x 方向 1.52%、y 方向 1.34%，切削深度 $a_c=1$ mm。可以看出，被加工材料切削角度的变化不但改变了切削稳定区域和极限铣削厚度的大小，还使得稳定瓣图的形状发生较大变化。联合材料综合切削系数与切削角度的分析可知，被加工材料的特性对高速电主轴铣削稳定性能产生很大的影响[139]。

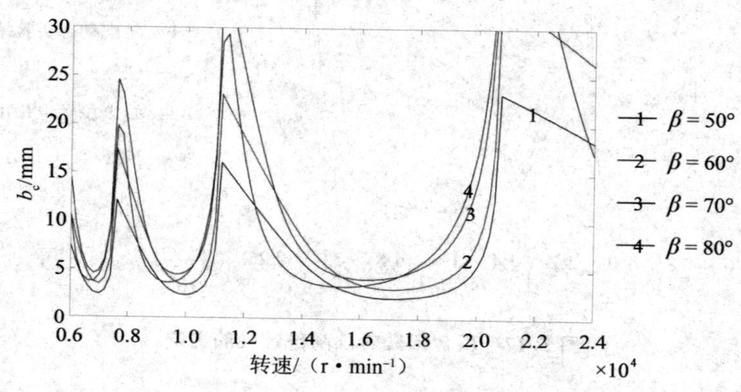

图 5.19 切削角度对铣削稳定性的影响

图 5.20 表示铣削深度对高速电主轴铣削稳定性能的影响，其中被加工材料为铝 6061－T6，$K_c=750$ MPa，$\beta=71.6°$，考虑热-机耦合因素的影响，模态阻尼比为静态测试试验中的固定值，x 方向 1.52%、y 方向 1.34%。可以看出，铣削深度的增大，使得加工稳定区域和极限铣削厚度迅速减小，并且影响的转速段范围也随之增加。

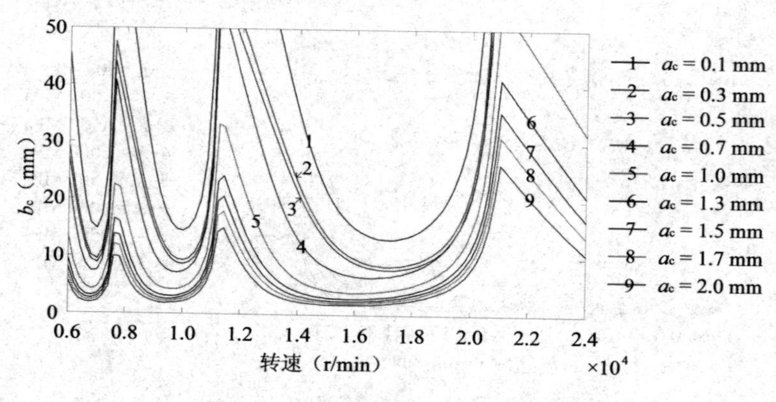

图 5.20 铣削深度对铣削稳定性的影响

5.4　电主轴铣削稳定性试验研究

根据铣削稳定性能试验研究内容，建立如图5.21所示试验平台。在检测电主轴供电参数、系统温升、冷却水流量等参数外，还需测试加工过程中工件受到的切削力，前者测试器材及方法与第3.5.1节相同，后者的力传感器参数见表5.4。加工过程中进给方向为x方向，进给速度为0.12 m/min，逆铣，被加工材料为铝6061-T6，待电主轴达到热平衡后进行切削，切削转速分别为10 000 r/min、15 000 r/min和20 000 r/min，切削深度为0.3～2.0 mm，切削厚度为2～10 mm，稳定切削后采集切削力信号的动态值，采样频率为10 000 Hz。

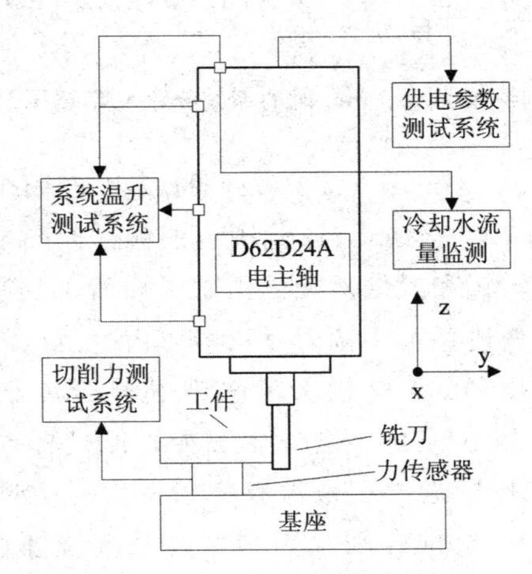

图5.21　高速电主轴铣削稳定性试验示意图

表5.4　力传感器参数

型号	x方向灵敏度（pC·N^{-1}）	y方向灵敏度（pC·N^{-1}）
Kistler 9251A	8	8

图5.22表示切削深度为0.3 mm时的系统铣削稳定瓣图和相应的试验结果。由于铣削深度很小，所以铣削厚度极限值较高，无论考虑热-机耦合因素的影响与否，铣削厚度极限值均在5 mm以上。与未考虑热-机耦合因素相比较，考虑耦合因素的影响时，不但稳定瓣图的每个叶瓣底端随着转速的升高逐渐下降，而且存在朝低速方向移动的趋势。图中还标出了不同铣削厚度和不同转速下，铣削过程发生再生型颤振的情况，可以看出，转速为

10 000 r/min 时，切削厚度为 7.0 mm 和 10.0 mm 时发生了颤振，转速为 15 000 r/min 时，切削厚度为 10.0 mm 时发生了颤振，转速为 20 000 r/min 时，各个切削厚度均未发生颤振。

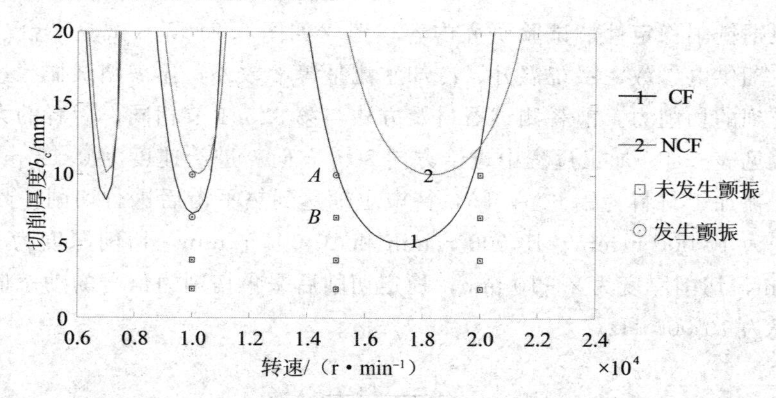

图 5.22　切削深度为 0.3 mm 时的系统铣削稳定瓣图及其试验结果

以图 5.22 中 15 000 r/min（250 Hz）的 A 和 B 两个测点为例，其 x 方向切削力的动态值及其 0～4 000 Hz 范围内的频谱如图 5.23 所示。很明显，切削力的频谱中一倍转频和二倍转频处出现了峰值，其原因在第 4.4.2 节已经讨论过，在此不再赘述。由于铣刀有三个刀齿，所以峰值在三倍转频处也会出现，为刀齿通过频率。若是以未考虑热-机耦合因素时的系统铣削稳定瓣图进行判定，A 点和 B 点均不会发生颤振，但是根据其切削力频谱可以看出，A 点在 3 000 Hz 附近出现颤振频率，发生再生型颤振，B 点未发生颤振。若是根据考虑热-机耦合因素影响时的系统铣削稳定瓣图进行判定，A 点正好落在分界线上，将发生颤振，试验结果与考虑耦合因素时相吻合，而且发生颤振的 A 点切削力明显大于 B 点。这说明高速运转的电主轴，其热-机耦合作用通过改变系统动力学特性影响到了电主轴铣削稳定性能，作用结果为使系统铣削稳定性能减弱。

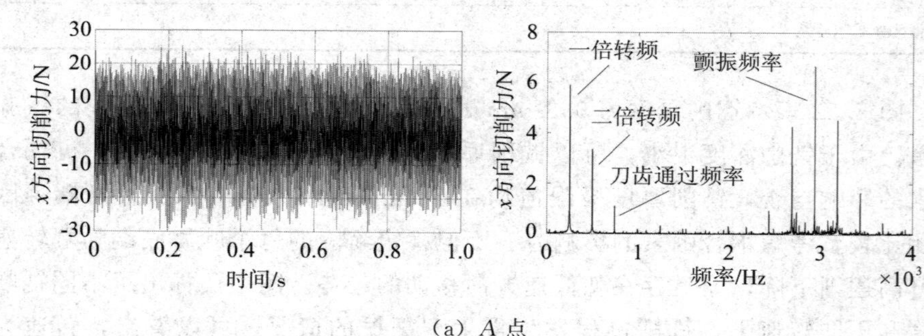

(a) A 点

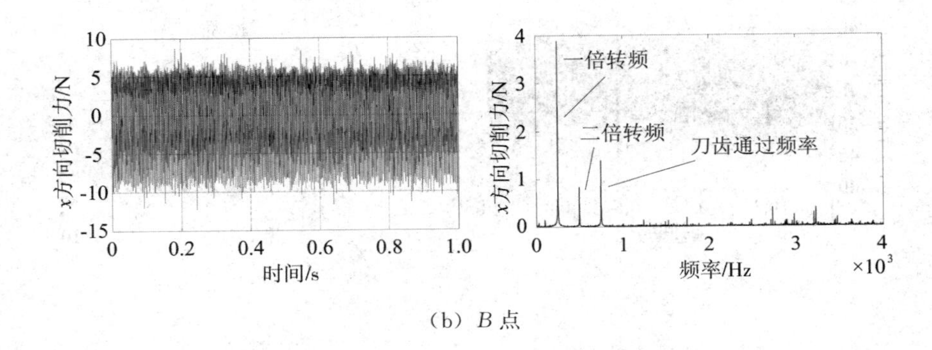

（b）B 点

图 5.23　切削深度为 0.3 mm 时 A 点和 B 点的切削力及其频谱

图 5.24 表示切削深度为 1.0 mm 时的系统铣削稳定瓣图和相应的试验结果。由于铣削深度较大，所以铣削厚度极限值较低，未考虑热-机耦合因素的影响时，铣削厚度极限值在 5 mm 左右，考虑热-机耦合因素影响时，系统铣削稳定瓣图变化趋势与图 5.22 相同。可以看出，转速为 10 000 r/min或者 15 000 r/min 时，切削厚度为 4.0 mm、5.0 mm、7.0 mm和 10.0 mm 时均发生了颤振，转速为 20 000 r/min 时，只有切削厚度为 10.0 mm 时才发生了颤振，这是因为转速为 20 000 r/min 时系统铣削稳定区域界线较高的缘故。同样的，A 点和 B 点均处于未考虑热-机耦合因素时的铣削稳定区域内，而处于考虑耦合因素时的铣削非稳定区域内，其 x 方向切削力的动态值及其 0～4 000 Hz 范围内的频谱如图 5.25 所示，无论是从时域还是频域均可以看出铣削过程发生了颤振，证明了热-机耦合因素对系统铣削稳定性能的作用结果。

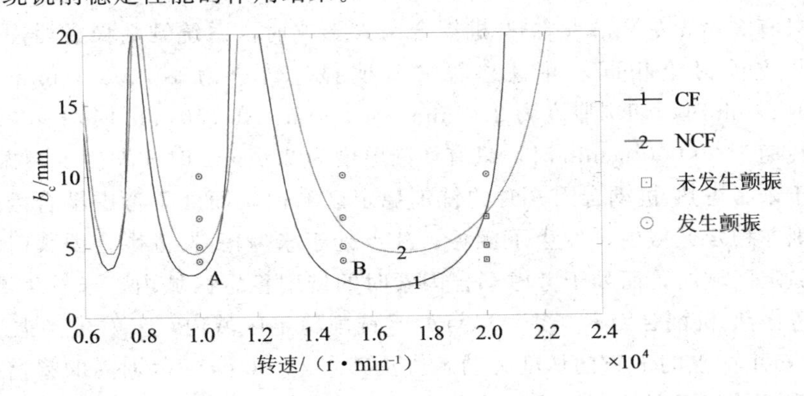

图 5.24　切削深度为 1.0 mm 时的系统铣削稳定瓣图及其试验结果

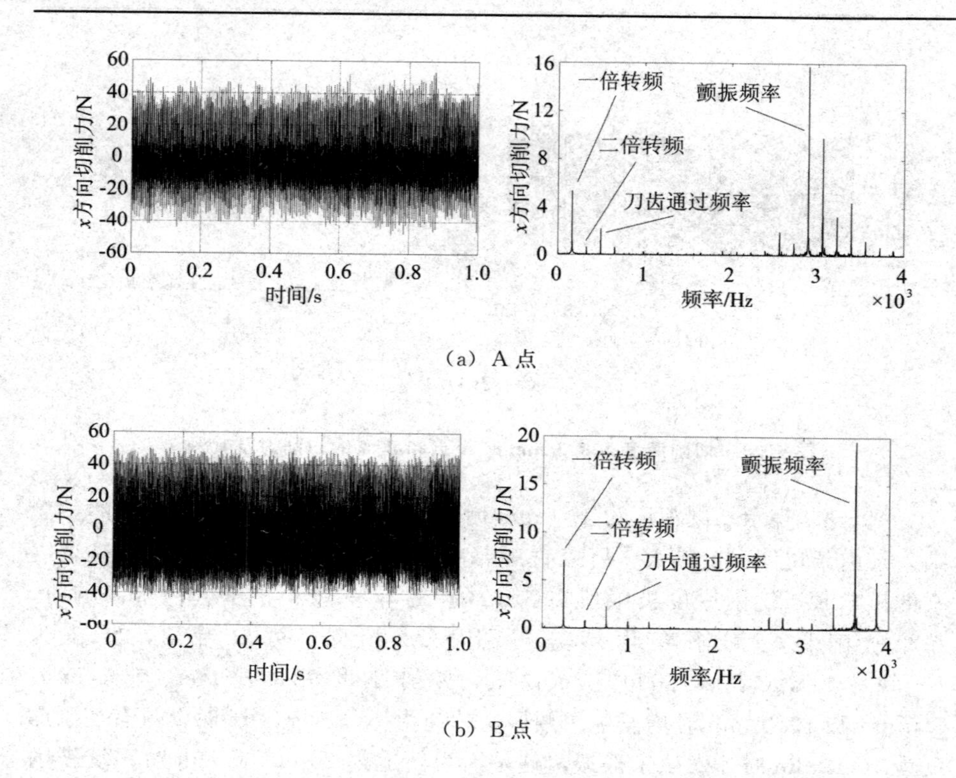

(a) A 点

(b) B 点

图 5.25 切削深度为 1.0 mm 时 A 点和 B 点的切削力及其频谱

图 5.26 表示切削深度为 2.0 mm 时的系统铣削稳定瓣图和相应的试验结果。此时切削深度已经达到铣刀刃部尺寸的 50 %，属于大铣削深度加工，所以铣削厚度极限值非常低。未考虑热-机耦合因素的影响时，铣削厚度极限值只有 2 mm 左右，考虑热-机耦合因素影响时，系统铣削稳定瓣图变化趋势与先前讨论相同，并且趋势非常明显。转速为 10 000 r/min 或者 15 000 r/min时，切削厚度为 2.0 mm、4.0 mm、和 7.0 mm 时均发生了颤振，转速为 20 000 r/min 时，只有切削厚度为 7.0 mm 时才发生了颤振。A 点处于未考虑热-机耦合因素时的铣削稳定区域内，而处于考虑耦合因素时的铣削非稳定区域内，发生了颤振；B 点处于未考虑热-机耦合因素时的铣削非稳定区域内，而处于考虑耦合因素时的铣削稳定区域内，未发生颤振；无论考虑热-机耦合因素与否，C 点处于铣削稳定区域内，未发生颤振。A、B、C 三个测点的 x 方向切削力动态值及其 0～4 000 Hz 范围内的频谱如图 5.27 所示，试验结果再一次证明了热-机耦合因素对系统铣削稳定性能的减弱作用。

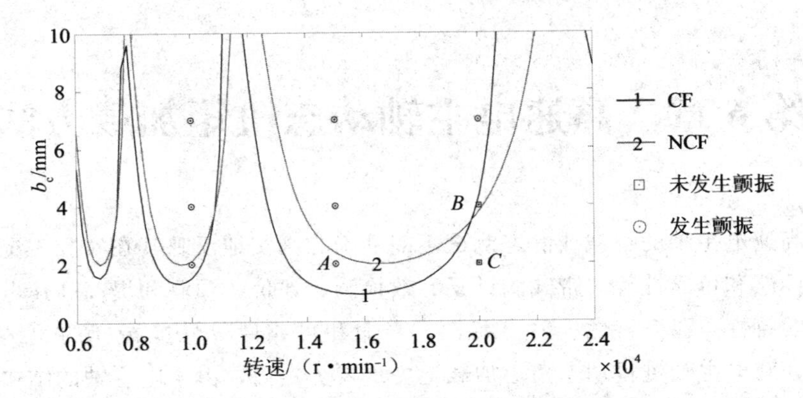

图 5.26　切削深度为 2.0 mm 时的系统铣削稳定瓣图及其试验结果

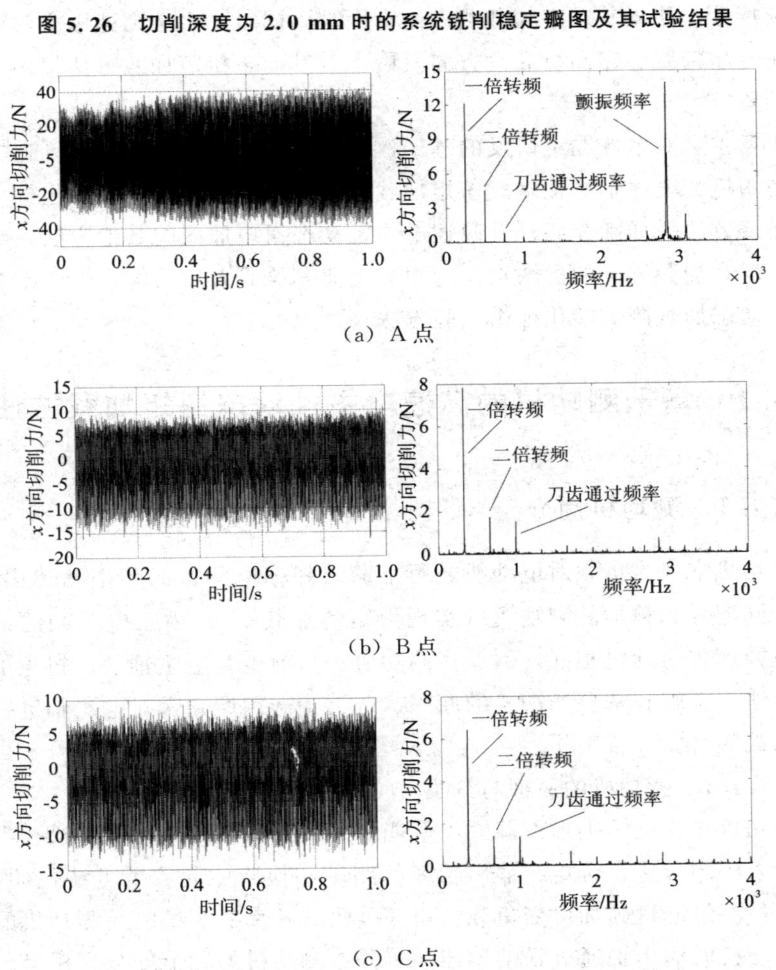

图 5.27　切削深度为 2.0 mm 时 A 点、B 点和 C 点的切削力及其频谱

第6章 高速电主轴动态扭矩加载方法

高速电主轴的空载或静态测试不能准确和真实地反映其在实际工况下的动态性能和可靠性等。带载测试是有效检测、评价、预测和提高高速电主轴动力学特性、温升特性、输出特性、寿命和可靠性等性能指标的关键[140]。因此，对电主轴进行动态扭矩加载至关重要。然而，由于电主轴的结构特征和高速特性，使得其动态加载测试尚有困难。同时，由于高速电主轴不断向超高速、超精度、超高可靠性方向发展，对其动态扭矩加载方法提出了更加严苛的要求[141]。

本章主要对本课题组研发的基于测功机的电主轴对拖式扭矩加载方法、基于测功机的电主轴非接触式扭矩加载方法、基于磁流变液的电主轴剪切式扭矩加载方法做详细介绍；并简述电主轴动态扭矩加载的其他方法；最后横向对比现有加载方法的优缺点，为相关企业和科研人员由电主轴的空载运转测试向动态加载测试转化提供试验方法。

6.1 基于测功机的高速电主轴动态扭矩加载方法

6.1.1 测功机简介

测功机常作为负载对电动机进行加载，根据电动机的功率和转速大小，选用不同型号和种类的测功机以实现力矩的加载[142]。由于电主轴的机电能量转换原理与电动机相同，因此，测功机法目前也是电主轴动态扭矩加载的主流方法。了解和掌握测功机的原理、分类和选用原则是对电主轴进行动态扭矩加载的必要准备工作。

6.1.1.1 测功机的原理与分类

测功机作为旋转类动力源输出性能的专用测试设备，在电动机、电动工具等动力源的转速、转矩、输出功率的测试和检验中起着无可替代的作用，它能对被测电动机施加可变负载转矩并吸收其功率。测试时，测功机的轴与被测电动机的输出轴通过联轴器连接，并在测功机的轴上安装光栅盘，以实现被测电动机的同步转速测量。加载扭矩的大小可以通过控制仪器调节，并由测功机智能显示仪直接将力矩数字显示。再结合其他电磁参数检测辅助设备，可以测试各种类型电动机的输入电压、电流、功率和输出转矩、转速、功率因素及效率等特性曲线，完成对被测电动机性能的系列测试。

按功率转换方法的不同，测功机分为功率吸收型测功机和功率传递型测功机。

①功率吸收型测功机：以测功机加载器为制动器。当被测电动机驱动测功机旋转时，制动器就吸收被测电动机所发出的功率（能量），并以发热的方法消耗能量，被测电动机输出的功率就全部转换为热能，使制动器发热来散热耗功。其优点是结构简单，转矩的调节控制也简单，辅助设备少。但此类测功机功率不能制造得很大，因为功率（能量）全部由制动器吸收转换为热量，功率大就不易使测功机的热量散发出去，测功机本体温升很高，绕组绝缘易烧坏，这就影响了测功机能量的增加。同时发热将使转矩传感器和测功机内部的转矩放大器等产生温漂，严重影响测功机的精度和稳定性。因此功率吸收型测功机适合工作于小功率[143]。

②功率传递型测功机：将获得的能量以发电机方式输出给测功机本体外的电阻器或反馈到电网，来降低本体的发热，提高了测功机的测试功率，而且发热量和转矩漂移小，测试稳定。

按加载器的工作方式的不同，测功机可划分为磁滞测功机、磁粉测功机、电涡流测功机、直流测功机、无刷同步测功机、异步测功机和伺服测功机等不同类型，其特点分别如下：

①磁滞测功机：采用硬磁材料加载，其核心是磁滞制动器，属功率吸收型，其功率不宜做得太大，一般不超过 5 kW，转速不超过 25 000 r/min。

②磁粉测功机：采用磁粉制动器，属功率吸收型，与同体积的制动器比较，其制动转矩最大，激磁电流很小。功率不宜做得太大，尤其转速不能做得太高，一般不超过 5 000 r/min。

③电涡流测功机：采用涡流制动器作为加载器，属功率吸收型，功率范围较宽、转速较高、响应速度较快，具有结构简单、惯量低、精度及稳定性高等特点，适用于操作、控制的自动化，测试工艺也比较成熟。但需要配有水冷循环系统，吸收功率较小，恒转矩控制和恒转速控制达不到精度要求，不能对异步测功机的不稳定部分进行测试。

④直流测功机：采用直流发电机作为加载器，属功率传递型，直流控制，操作方便，调速平滑，性能良好，但测功机有电刷整流子摩擦，转矩不高、维护困难、寿命短。

⑤无刷同步测功机：采用无刷同步发电机作为加载器，属功率传递型，测试特性、高速、低速性能均很好，功率范围宽，不仅适用于高速小转矩，也适用于低速大转矩，具有很高的推广应用价值。

⑥异步测功机：采用异步发电机作为加载器，用静止变频电源来控制异步测功机的变频调速装置，属功率传递型。具有优异的转矩动态响应特性，高精度的转矩和转速控制特性，高效节能和高可靠性，适合各种动力机械设备的性能测试，从简单的稳态测试到高级的瞬态测试。此外，异步测功机同时具有动力驱动（电动）和动力吸收（加载）能力，配合自动化测控系统，能够进行复杂的动态测试和模拟测试[142]。

⑦伺服测功机：是一种高效、节能的新型测功机，它可以根据被测电动机的情况自动调整测功机的参数，是一种智能型测功机，也是今后测功机发展的方向。它由加载器、转矩/转速传感器、控制/显示器等主要部件组成。测量精度高，测试方便、准确，主要用于高精度、难测试的环境[14]。

6.1.1.2　测功机的选用原则

在选用测功机时，首先需要根据被测电动机的给定铭牌值，如输出功率、额定频率、极对数等，然后根据如下公式分别计算出被测电动机的额定转矩、最大转矩与同步转速等。

$$n_1 = \frac{60f}{p_m} \tag{6.1}$$

式中：n_1为同步转速；f为额定频率；p_m为磁极对数。

由式（6.1）可得被测电动机的额定转速约为：

$$n_N \approx n_1 \times 0.97 \tag{6.2}$$

根据式（6.2）及被测电动机的额定功率可得被测电动机的额定输出转矩为：

$$T_N = 9550\,\frac{P_{2N}}{n_N} \tag{6.3}$$

式中：T_N为额定输出转矩；P_{2N}为额定功率。

依据式（6.3）可以大概估计被测电动机的最大输出转矩为

$$T_{\max} \approx 2T_N \tag{6.4}$$

由此可以根据被测电动机的同步转速、输出功率、额定转矩与最大转矩值，再结合上述各种类型测功机的特点，考虑安全、经济、高效、长期稳定运行的原则，选用满足要求的测功机。

6.1.2　基于测功机的电主轴对拖式扭矩加载

6.1.2.1　加载方案

图 6.1 为系统加载示意图，系统中被测电主轴与测功机采用对拖方式加载。测功机与专用变频电源相连，调节测功机的供电频率即可完成动态扭矩加载[144]。当变频电源控制测功机与被测电主轴转向及转速相同时，被测电主轴的输出接近空载功率。当降低测功机变频电源频率，测功机就被电主轴拖动同速转动并实现加载，此时测功机吸收了被测电主轴的输出功率[145]。一般情况下，电主轴转速越低功率越大，对拖式加载因属于接触式加载而不适用于过高转速，因此适合选用功率传递型测功机对其实施加载。对电主轴而言，其核心部件是异步电动机，根据测功机的特点，最终采用异步测功机对电主轴实施加载[146]。

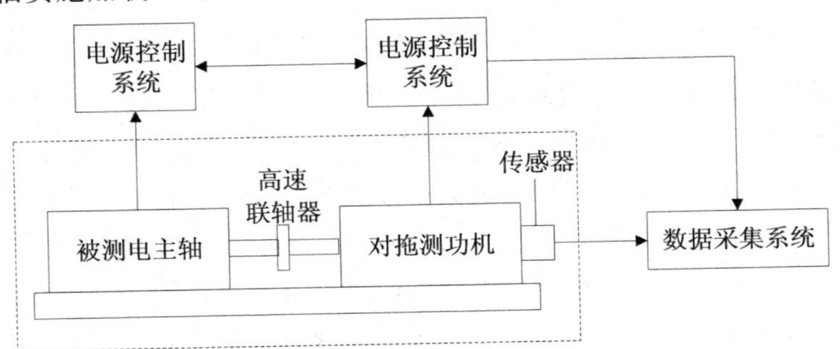

图 6.1　电主轴对拖式加载示意图

普通测功机的容量一般比被测对象的容量大，故轴承尺寸也较大，通常运行在数千转或一万转左右，超过两万转就颇为困难且在运转时产生强烈的振动和刺耳的噪声，轴承会急剧发热，缩短其使用寿命[147]。因此还应对普通测功机从两个方面进行适当的改造：第一，使用与被测电主轴相同型号、容量比被测电主轴大一个等级的电主轴作为测功机的核心部件对被测电主轴进行加载，这样保证了测功机能够与被测电主轴达到同样高的转速；第二，对测功机的电源控制系统进行改造，将测功机吸收的机械能再次转化为电能，供被测电主轴重复利用，达到节能和降温的目的。改进后的对拖式加载方法使得转速与功率范围都得到极大的提高，是一种先进的加载方式。

但因电主轴对动平衡的特殊要求，被测电主轴、联轴器、测功机都必须严格地做整体动平衡校验，且三者的同轴度要求极高。也正因为这一点，限制了该方法的应用范围，对拖式加载平台通常可测的转速范围 5 000～60 000 r/min，转矩范围 0.5～20 N·m。

6.1.2.2 加载试验装置

为了验证上述试验方案的可行性，选用 VFD-V 型（额定电压 350V，额定功率 22kW）台达变频器按 U/f 开环控制原理，对 170MD15Y20 油雾润滑型电主轴进行动态扭矩加载。170MD15Y20 型高速电主轴的主要参数见表 6.1。

表 6.1 170MD15Y20 型高速电主轴的主要参数

参数名称	取值	参数名称	取值
额定相电压 U_n/V	350	励磁电流 I_m/A	8.0
额定线电流 I_1/A	46	励磁电抗/Ω	21.3
额定功率 P/kW	20	定子漏电抗/Ω	0.95
额定转速 n/（r·min^{-1}）	15 000	转子漏电抗/Ω	0.97
额定频率 f/Hz	500	定子电阻 R_1/Ω	0.11
额定转矩 T/（N·m）	13	转子电阻 R_2/Ω	0.21

根据其最高转速，选用对拖的方式进行动态扭矩加载，如图 6.2（b）所示。在试验平台的下面箱体内布置润滑和冷却系统，节省空间。图 6.2（a）为安装在测功机侧的传感器装置，分别通过编码器和扭矩传感器测量加载系统的转速和加载扭矩。图 6.3 为控制与采集系统。右侧控制柜内可放置两套被测电主轴的电源，控制柜上方的两个小面板为被测电主轴的变频控制器。下方两排为三相电参数仪，可直接采集和显示被测电主轴的电压、电流和功率等。图 6.3 左侧的控制柜主要为数据采集和处理系统，工控机内置采集卡，速度传感器、扭矩传感器、测功机电参数、电主轴电参数等信号通过转换接口直接传输给工控机，并在显示器上显示数据。测功机智能显示仪可实时显示测功机的电参数。测功机转换控制器负责在两套试验电主轴相应的测功机之间进行切换。

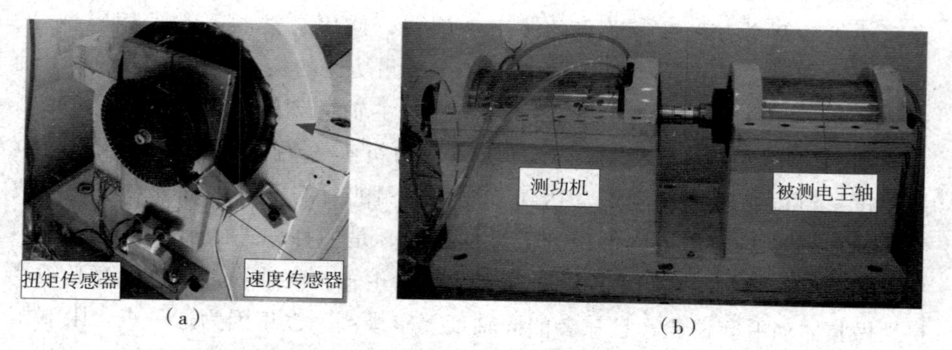

（a） （b）

图 6.2 高速电主轴的性能测试试验平台

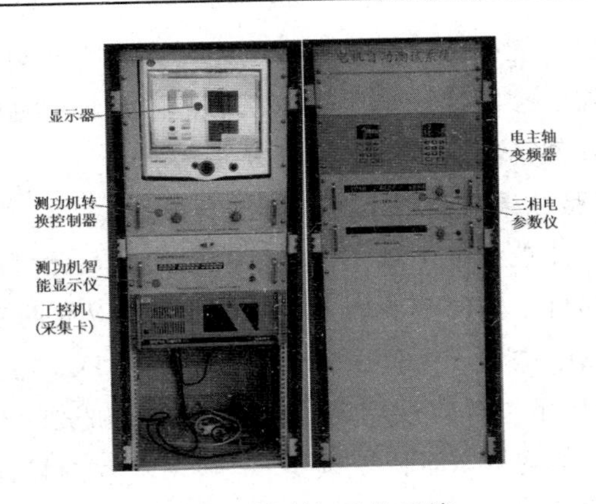

图 6.3　控制与采集系统

电源控制系统是加载系统的核心部分之一，也是改造后的测功机区别于其他测功机的显著特点。变频电源控制系统的实施方案如图 6.4。变频器利用能量转换的方法将能量回收并再次转换成电能供测试使用。能量转换单元可以将主变换器提供的电能无损耗地转换成可被控制的电能，变换器从能量转换单元汲取能量，并能对转换单元的能量转换进行平滑、稳定的控制，然后将转换后的能量回馈给主变换器，从而达到节能和降温的目的。同时通过全数字的精确而细致的控制，可以准确地测试变频器的带载性能，大大提高了管理的自动化水平，以及系统的综合可靠性。

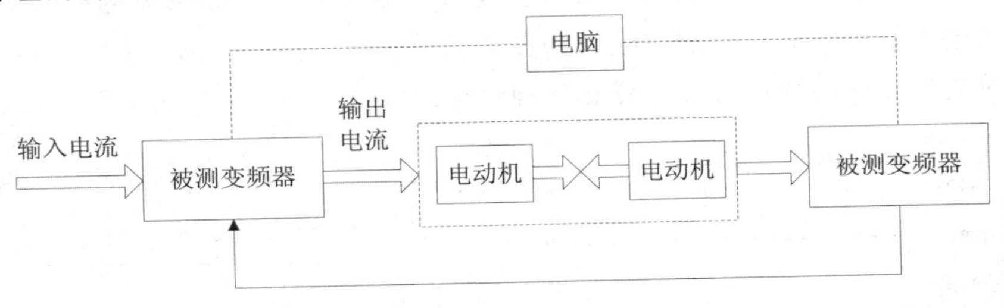

图 6.4　变频电源控制系统的实施方案

本课题组采用的多功能变频电源由向被测电主轴供电的 HFC-变频电源和为测功机供电的复励式变频电源组成。HFC-变频电源不但能够满足不同电源频率和电压的检测，而且具有高的稳压精度以保证测试的高精确性。复励式变频电源一方面为测功机提供励磁功率，改变测功机的“差频”，实现对负载的平滑调节；另一方面把异步测功机的机械能转换成电能直接回馈给 HFC-变频电源。这样，在对被测电主轴进行试验时，电源仅需提供用于克服机械损耗和铁耗的能量，可节省大量电能，以及降低测功机的温升。测功机的电源（变频器）控制部分，做成独立的箱体，与被测电主轴的控制与采集系统相互独立，使得控制和数据检测方便。

6.1.2.3 试验结果与分析

试验开始时，让被测电主轴在低频下空载启动，此时测功机不通电，使被测电主轴与测功机主轴同步旋转不少于 5 min，以便两者充分"跑合"和预热，然后将被测电主轴无级调速到额定频率 500 Hz，稳定运转 1 min 后，让测功机在 500 Hz 下直接空载启动，微调测功机和被测电主轴的频率，使转矩传感器的输出值为 0（即转矩调零），确保两者的转速完全同步。然后逐步降低测功机的频率，使测功机和被测电主轴产生一个转速差，测功机拖着被测电主轴旋转，起负载作用。随着测功机频率的不断降低，两者的转速差不断加大，被测电主轴所受的负载转矩同时加大。当负载转矩增大使得被测电主轴达到额定电流 46 A 时，停止测功机频率的继续降低，切断测功机电源后，使电主轴降速直至停止转动。记录上述加载过程中被测电主轴输出转矩和转速的波动情况，以及记录被测电主轴的电压、电流、功率因素、输入/输出功率及效率等特性参数等。用同样的方法测量被测电主轴在频率 400 Hz、300 Hz、200 Hz、100 Hz、50 Hz 下的加载性能，试验结果如图 6.5 所示[89]。

由于试验过程中采集到的数据量较大，分别取每个频率下的两组数据：被测电主轴稳定运行时的空载数据和加载最大时的数据，列于表 6.2 中。通过对表 6.2 中的数据进行计算和处理可得表 6.3。

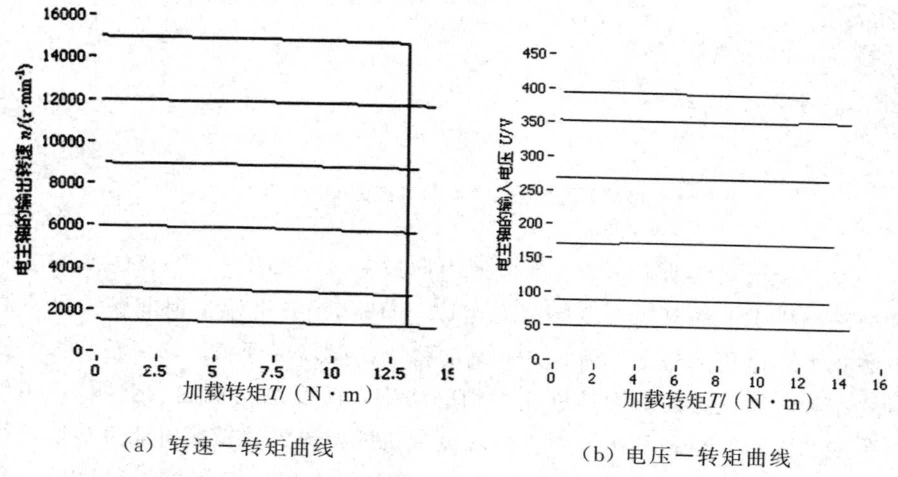

（a）转速一转矩曲线

（b）电压一转矩曲线

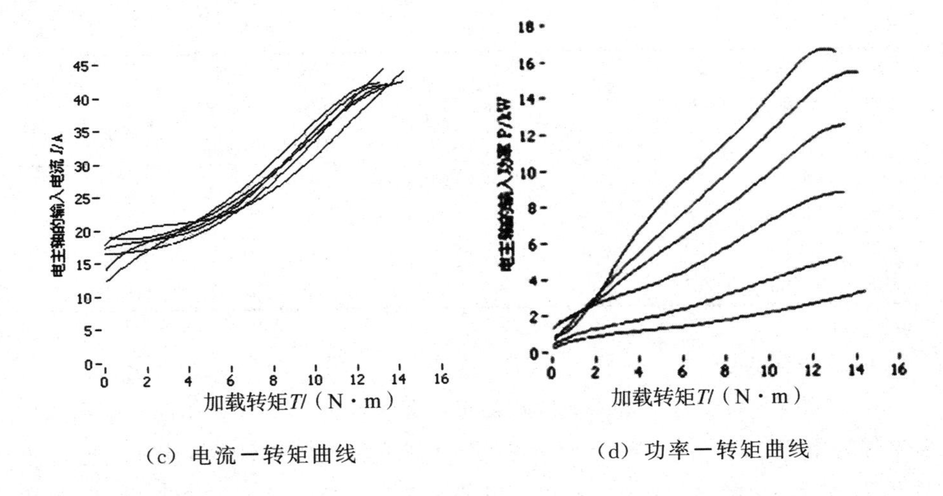

（c）电流—转矩曲线　　（d）功率—转矩曲线

图 6.5　测试数据曲线图

表 6.2　测试数据

运行频率 /f	输入电压 /U	输入电流 /I	输入功率 /P_1	主轴功率 /P_2	电主轴转速/n	外加转矩 /T
50.00	50.55	18.50	0.17	0.00	1496.00	0.00
50.00	50.75	46.30	3.41	1.77	1170.00	14.73
100.00	88.30	16.60	0.12	0.00	2992.00	0.00
100.00	87.95	46.20	5.53	3.81	2650.00	14.00
200.00	171.55	17.50	0.12	0.00	5990.00	0.00
200.00	172.10	46.30	9.87	8.31	5678.00	14.27
300.00	260.45	19.00	0.15	0.00	8990.00	0.00
300.00	260.00	46.30	14.17	12.87	8716.00	14.40
400.00	354.15	13.70	0.66	0.00	11988.00	0.00
400.00	353.00	46.40	17.71	18.15	11718.00	15.10
500.00	411.00	11.40	0.86	0.00	14988.00	0.00
500.00	380.95	46.20	18.59	20.71	14666.00	13.77

表 6.3　数据处理

运行频率 /f	计算转矩 /T_N	电压频率比 /U/f	转差 /Δn	转差功率 /P_s	转差率 /s_N	电磁功率 /P_{em}	功率因数 $\cos\varphi_1$	P_1-P_{em}	$P_{em}-P_2-P_s$
50	14.45	1.01	330	0.51	0.22	2.31	0.50	1.10	0.03
100	13.73	0.88	350	0.53	0.12	4.40	0.47	1.13	0.06

续表

运行频率 /f	计算转矩 /T_N	电压频率比 /U/f	转差 /Δn	转差功率 /P_s	转差率 /s_N	电磁功率 /P_{em}	功率因数 $\cos\varphi_1$	P_1-P_{em}	$P_{em}-P_2-P_s$
200	13.98	0.86	322	0.45	0.05	8.97	0.44	0.90	0.21
300	14.10	0.87	284	0.41	0.03	13.57	0.42	0.60	0.29
400	14.79	0.88	282	0.38	0.02	18.98	0.38	−1.27	0.45
500	13.35	0.77	314	0.43	0.02	21.41	0.37	−3.18	0.45

试验结果表明：

①由表 6.3 可以看出，U/f 比较稳定，除去外部因素和误差的影响可认为基本保持不变，$P_s=s_N \cdot P_{em}$不变，可见该主轴为转差功率不变型调速，T_{em}不变且 T_e对应的转速降落为常数，所以其机械特性曲线 $T-n$ 为一组相互平行、硬度相同的曲线 [与图 6.5（a）基本相符]；又由于电主轴做好后过载系数 λ 为定值，由 $\lambda=T_{em}/T_N$得 T_N不变，与电主轴基频以下恒转矩调速相符。

②空载时，转子电流约为 0，转速接近于同步转速，此时定子电流几乎全部为励磁电流。随着负载的增大，转速下降，转子电流增大，定子电流及磁动势也随之增大 [与图 6.5（c）基本相符]，抵消转子电流产生的磁动势，以保持磁动势的平衡。

③在电压基本保持不变的情况下，电主轴的输入功率（变频器的输出功率）随定子电流按正比增加，与图 6.5（d）基本相符。

④当频率为 400 Hz 和 500 Hz 时，由表 6.2 可看出输入功率 P_1小于主轴功率 P_2，这是由于在频率和电压较高的情况下，转速的下降使变频器自动降低了电磁频率，使转子转速高于降落后的频率所对应的同步转速，此时电主轴会出现回馈制动现象，其机械特性进入第二象限运行，主轴转子中在高频时储存的部分动能转化为磁场能和主轴动能。

上述试验结果与电主轴的一般性能[148]相吻合，说明电主轴对拖式加载方案不但可行，而且可以正确反映电主轴的特性。

6.1.3 基于测功机的电主轴非接触式扭矩加载

6.1.3.1 加载方案

当电主轴的转速超过 60 000 r/min 时，主轴的结构尺寸变小，功率降低，转矩输出能力下降，且对动平衡的要求更严格，在相同功率下，电主轴的转矩输出能力比普通电动机的转矩输出能力低很多。因此，电主轴的抗扰动能力相对较弱，此时如果继续采用对拖式加载来测量电主轴的输出特性，将无法保证被测电主轴的动平衡与同轴度要求，需要采用不需考虑加载设备的动平衡与同轴度要求的加载方式，而利用电磁感应原理对主轴施加力与力矩的非接触式加载方法正好符合这种需求。

采用非接触式加载测量电主轴的输出特性时，由于转速高、功率小，可用功率吸收型测功机对其进行加载，其中常采用电涡流测功机。电涡流测功机用直流电源励磁，产生一个稳定的磁场，电主轴带动电涡流片在磁场中高速旋转，电涡流片因切割磁感线而产生电流，进而在磁场中会受到力的作用，该力对电主轴的中心产生力矩的作用，阻碍电主轴的旋转成为负载阻转矩。再由作用力与反作用力原理，通过测量电涡流测功机的受力即可知道被测电主轴的受载情况，其原理如图 6.6 所示[149]。此加载方案可测量的转速范围在 100 000 r/min 以上，转矩范围 0.02～0.2 N·m。

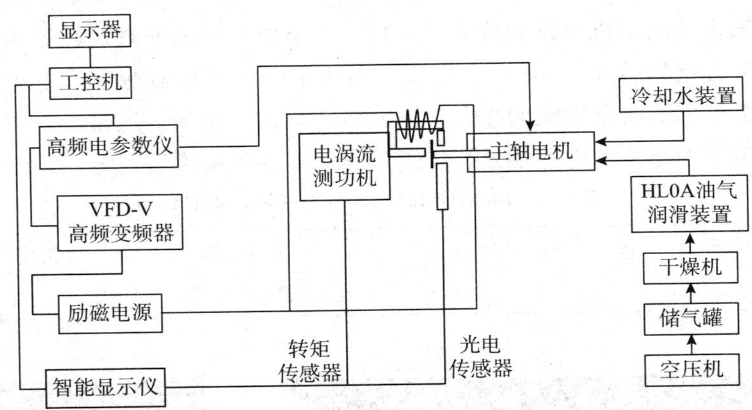

图 6.6　电主轴非接触式扭矩加载整体结构图

在图 6.6 所示的非接触式转矩加载试验中，励磁电源通过对励磁绕组供电而激发出负载磁场，磁场的强弱和稳定性是决定被测电主轴所受负载大小和恒定的关键。所以在实际测试过程中，通过在励磁绕组所激发的磁场中布置一电磁感应装置，将磁场强弱信号反馈入工控机，由工控机根据磁场的大小控制励磁电源输出电流的大小，从而构成一个磁场调节的闭环控制系统，以满足电磁加载的需求。同时，为了将励磁绕组中所产生的热量及时散发出去，从油气润滑系统的气源部分引入一冷却气管，对励磁绕组实施风冷将热量带走。

6.1.3.2　加载试验装置

根据高速电主轴非接触式扭矩加载整体结构图设计的试验装置如图 6.7

所示，整机由WD系列电涡流测功机、测功机智能显示仪、高频交流电参数仪、励磁电源、VFD-V型高频马达控制器、100MD120Y0.3型电主轴电机及油气润滑装置组成。该测试系统的主要技术参数如表6.4所示。图6.7中的励磁线圈在施加励磁电流后，会产生二极磁场，安装在电主轴输出端上的感应铝盘在磁场气隙中高速旋转而切割磁感线，受磁场力的作用而产生制动转矩。根据作用力与反作用力的原理，从而使固定测功机的支架发生偏转，而力矩传感器与支架紧密接触，所以支架任何微小的偏转都会使力矩传感器产生微应变，该应变通过转矩传感器上的电桥将作用力的模拟信号转换为数字信号，然后通过数字转矩转速显示仪中的转矩显示器显示出来。而转矩传感器的放大电路是一个用激光校准的高精度、低漂移的运算放大电路，且安装在一个由电桥构成的带基准稳压电路放大器的印板上，该印板上的电桥电源为−8 V，印板的电源电压为±24 V，由带24脚插头座的电缆将转矩信号输入到测功机电路的放大电路板上，电桥电路的原理及转矩传感器的实物安装分别如图6.8、图6.9所示。转速由光电传感器测量，单头反射形式的光电传感器将反射光的强弱产生相应变化的电信号，通过一系列的电子放大、整形输出矩形脉冲信号，经过适当运算即可得到转速。

表6.4 100MD120Y0.3型电主轴技术参数

最高转速	最大转矩	吸收功率	转矩精度范围	转速精度范围
120，000 r/min	100 mN·m	300 W	±1%满度±1字	±0.5%满度±2字

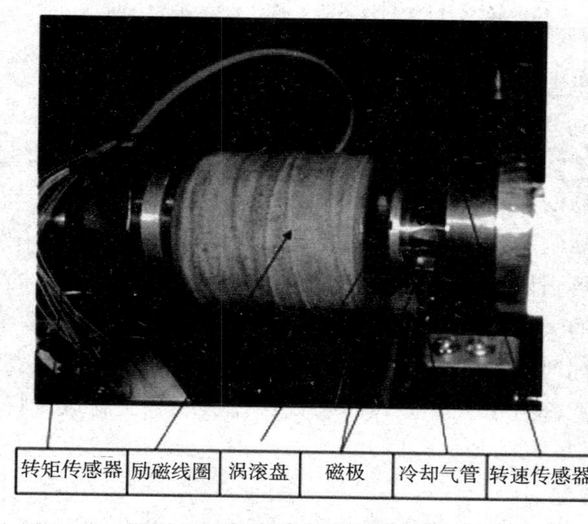

图6.7 基于电涡流测功机的电主轴非接触式扭矩加载系统

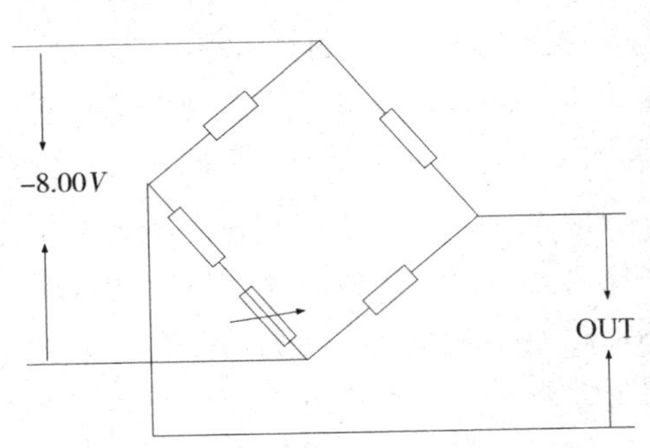

图 6.8　转矩传感器放大电路原理图

图 6.9　转矩传感器实物图

6.2　基于磁流变液的高速电主轴动态扭矩加载方法

磁流变液由于其独特的流变效应，可以制造出结构简单、响应速度快、调控方便、能耗低的各种动力传递装置[150]；其中，离合器[151]和制动器[152]就是典型的利用磁流变液剪切模型理论实现扭矩传递的例子。同样利用磁流变液的剪切模型理论，本课题组首次将其应用于高速电主轴的动态扭矩加载。本节首先详细介绍该加载系统的结构及工作原理；其次通过电磁场仿真分析与磁流变液本构方程联合推导加载扭矩理论模型；然后试验测得加载扭矩与电流、转速的对应关系，探讨了磁流变液的高速剪切特性；最后试验测量了加载系统的扭矩稳定性、温度稳定性、重复使用性等加载性能，验证了利用磁流变液可有效地为高速电主轴进行动态扭矩加载。

6.2.1　磁流变液加载系统的原理与组成

6.2.1.1　磁流变液简介

磁流变液（Magnetorheological Fluid，简称 MRF）属可控流体，是黏塑性随外加磁场变化而迅速变化的智能材料，其基本特征就是无外加磁场时，表现为一般牛顿流体的特性，但是在外磁场作用下，能在瞬间（毫秒级）发生相变，呈现可控的屈服强度；这种变化是可逆的，即撤掉磁场时又恢复普通流体的特性[153]。由于磁流变液在磁场作用下的流变是瞬间的、可逆的，而且其流变后的剪切屈服强度与磁场强度具有稳定的对应关系，因此是一种用途广泛、性能优良的智能材料[154]。

磁流变液一般由软磁性颗粒、基载液和添加剂组成。其中，软磁性颗粒决定磁流变液的磁性能，基载液为软磁性颗粒的分散介质，而添加剂保证软磁性颗粒的有效悬浮和分散，其各组分的性能直接影响磁流变液的整体特性[155]。

根据受力部件结构的不同，用于扭矩传递的磁流变液装置主要分为三种基本结构形式：圆盘式、圆柱式、圆筒式，如图 6.10 所示[156]。圆盘式传动装置结构简单，输出部分转动惯量小，反应迅速，但由于结构特点，传递扭矩较小，且磁流变液的铁磁颗粒易受惯性离心力的作用被甩向周围，造成磁流变液稀化。圆柱式传动装置结构简单，磁流变液在工作间隙的分布较为均匀，且惯性离心力的影响较小，但轴向尺寸较大，从动部分转动惯量大，常用于需要传递大扭矩场合。圆筒式传动装置从动部分转动惯量小，响应速度较快，但结构较为复杂，径向上有双层工作间隙，磁流变液容易受到惯性离心力的影响。

综合考虑上述各结构的特点，由于圆盘式具有结构简单、径向尺寸小、转动惯量小等特点，其更适用于高速工况，因此本课题选取圆盘式为高速电主轴实现动态加载。

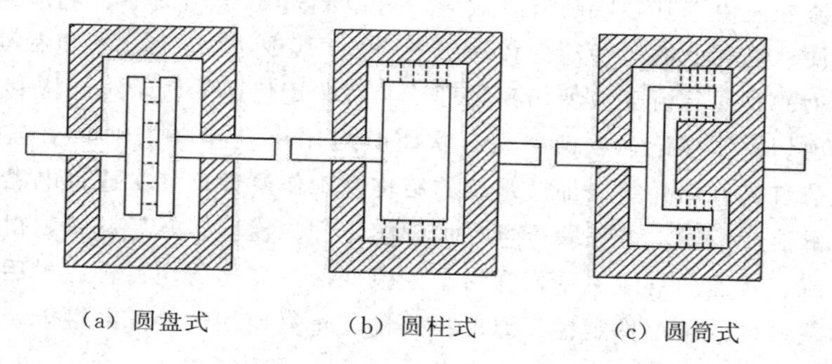

(a) 圆盘式　　(b) 圆柱式　　(c) 圆筒式

图 6.10　磁流变液扭矩传递装置的结构形式

6.2.1.2　加载原理与加载器结构设计

磁流变液加载器主要由壳体与加载盘两部分组成，结构简图如图 6.12 所示[157]。壳体与加载盘作为两个极板，其间充满了磁流变液，当线圈不通电时，磁流变液保持其流动性，不影响电主轴的回转运动，此时磁流变液加载器传递的扭矩仅为较小的黏性阻尼扭矩。当线圈通电后，在空腔内产生磁场，磁流变液中的磁性固体粒子被磁化，并沿着磁感线方向呈链状分布，这种链状结构使得磁流变液的剪切应力增大，表现出塑性体的特征，电主轴带动加载盘转动剪切磁流变液中的链状结构，从而加大了转动的阻力，起到了加载的作用。此时磁流变液加载器所传递的扭矩主要来源于由流变效应所引起的剪切阻尼扭矩，其大小远远超过黏性阻尼扭矩，且可以通过调节磁感应强度对其进行控制。

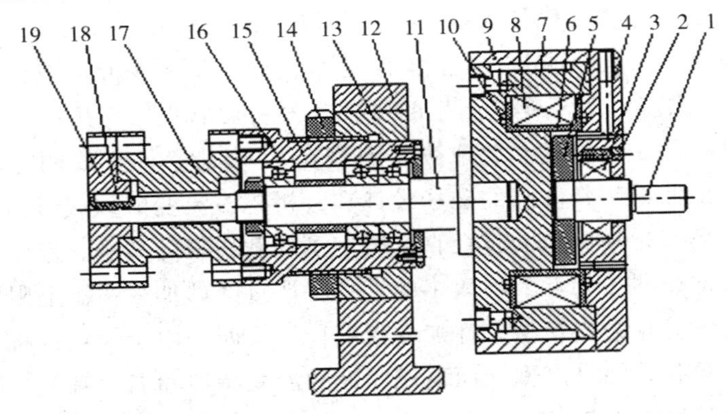

1—刀柄轴　2—温度传感器（PT100）　3—油封　4—右壳体　5—加载盘
6—U形筒管轴　7—左壳体　8—线圈　9—水套　10—O形密封圈　11—传动轴
12—基座　13—支承座　14—防松螺母　15—轴承座　16—轴承　17—扭矩传感器
18—平键　19—端盖

图6.12　磁流变液加载器的结构简图

刀柄轴（1）采用类似刀具的安装方式安装在电主轴上。加载器的最高温升在最靠近热源的右壳体（4）上，因此在右壳体（4）上安装了温度传感器（2）来监测加载过程中的温升，避免磁流变液在高温下失效。油封密封圈（3）选用氟橡胶TC型，其具有耐高温、耐腐蚀、耐磨的特点。右壳体（4）上设置了进液和出液口。U形筒管轴（6）上缠绕了铜丝线圈（8）。左壳体上设计了循环水槽，可有效地为加载器进行冷却。水套（9）热装在左壳体（7）上。O形密封圈（10）可有效地密封左/右壳体（7，4）形成的空腔，防止磁流变液从左壳体的出线孔泄露。传动轴（11）由3个角接触球轴承支承，轴承的组配方式可有效地提高对加载器悬臂部分的支承刚度。基于作用力与反作用力相等的原理，将加载盘受到扭矩的反作用力通过传动轴（10）传递给静态扭矩传感器（17），实现了将动态扭矩转化为静态扭矩，方便测量。轴承座（15）和支承座（13）之间是螺纹连接，通过旋转轴承座（15）可以调节加载盘（5）在空腔中的位置，目的是保证左右间隙的大小相等，因为单侧较大的间隙会显著削弱磁感应强度。通过反向旋紧防松螺母（14）可以固定轴承座（15）和支承座（13）的相对位置。支承座（13）通过基座（12）固定在试验台上。

在设计磁流变液加载器结构时，以下几个设计因素需特别注意：第一，较大的间隙会导致空腔内磁感应强度迅速减小，并且磁场强度沿厚度方向不均匀；而较小的间隙会导致较大的剪切率，易导致剪切稀化。因此，壳体和加载盘之间的间隙需要设计为一个合适的值。为了便于制造和装配，实际间隙通常在 0.25～2 mm 之间[158]。本课题组设计的磁流变液加载器的空腔间隙为 1 mm。第二，磁流变液产生的屈服应力主要取决于作用在磁流变液上的磁场强度，而磁场强度主要取决于缠绕在 U 形筒管轴上线圈电流大小和线圈匝数。因此对工作间隙的磁场设计和分析是磁流变液加载器结构设计的重要部分。第三，加载盘的直径直接决定了加载扭矩的大小。但是，太大的直径将导致加载器振动增大，太小的直径将严重降低加载扭矩上限值。可根据磁流变液的剪切力矩模型设计加载盘直径。第四，由于加载过程中的摩擦热都被壳体吸收，温升严重，而磁流变液的流变特性和温度有关，因此必须在壳体上设计冷却循环水套。第五，轴承选型和布置必须为加载器悬伸部件提供足够的支承刚度。

6.2.1.3 磁流变液加载系统的组成

磁流变液加载系统的组成框图如图 6.13 所示。通过上位机控制变频控制器的输出频率，使高速电主轴按照预定转速转动。通过线圈控制电源控制加载器内线圈的电流，使空腔内产生磁场。在磁场作用下，磁流变液发生流变效应并对高速电主轴形成加载扭矩。同时，将扭矩传感器和温度传感器的信号通过信号采集系统回馈给上位机显示，以达到监测和记录的目的。循环水冷却系统主要实现对电主轴和加载器的冷却作用。

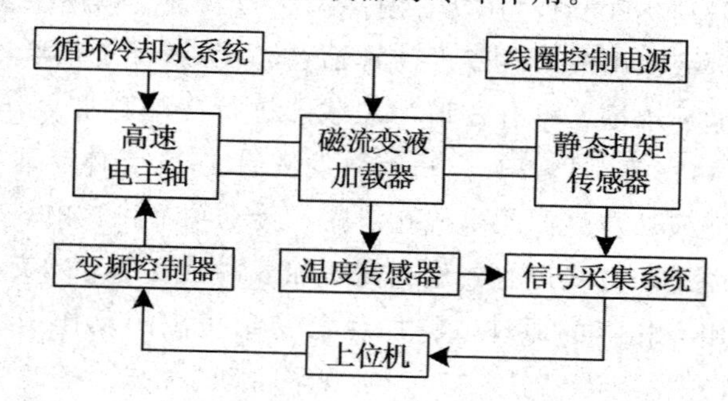

图 6.13 磁流变液加载系统的组成框图

6.2.2 加载扭矩的理论建模

①磁流变液的本构方程

无外加磁场时，可认为磁流变液为牛顿流体，剪切应力满足：

$$\tau = \eta_0 \dot{\gamma} \tag{6.5}$$

式中：τ——剪切应力；

η_0——磁流变液的零场黏度；

$\dot{\gamma}$——剪切率。

在外加磁场时，磁性颗粒沿磁场方向排成链状结构，表现出非牛顿流体特性，而且这种变化是可逆和可控的。由于电主轴转速高、剪切率大，磁性颗粒受惯性离心力影响会被甩向四周；另外，剪切过程发热量大，温升严重，都使得其剪切屈服应力降低，即磁流变液在高速工况下会发生剪切稀化现象，故采用 Herschel-bulkley 模型[156]：

$$\begin{cases}\tau=(\tau_y(B)+\tau_\eta(\omega))\operatorname{sgn}(\dot{\gamma}) & \tau>\tau_y\\ \dot{\gamma}=0 & \tau<\tau_y\end{cases}\tag{6.6}$$

式中：B——磁感应强度；

τ_y（B）——磁流变液的剪切屈服应力；

τ_η——磁流变液的黏性屈服应力；

ω——旋转角速度。

磁流变液的剪切屈服应力 τ_y（B）可以通过磁感应强度 B 调控。当磁流变液中磁性粒子未达到饱和时，剪切屈服应力 τ_y（B）可写成磁感应强度 B 的幂函数[159]：

$$\tau_y(B)=a\cdot B^n\tag{6.7}$$

比例系数 a 和幂指数 n 是磁流变液的固有值。剪切屈服应力 τ_y 和磁感应强度 B 的对应关系可由磁流变液的制造商提供，如图 6.14 所示[160]。

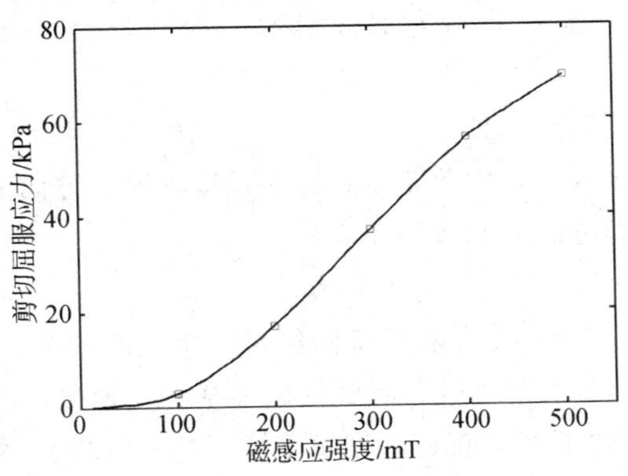

图 6.14　磁流变液的 τ_y-B（$\dot{\gamma}=200/s$）曲线

磁流变液的黏性屈服应力 τ_η 可表示为：

$$\tau_\eta(\omega)=K\ |\dot{\gamma}|^m\tag{6.8}$$

式中：m、K——流体常数。

对比式（6.5）与式（6.8）可知 Herschel-bulkley 模型中当量黏度为：

$$\eta' = \mathrm{K}\,|\dot{\gamma}|^{m-1} \tag{6.9}$$

式（6.9）表明，当 $m<1$ 时，当量黏度 η' 随着剪切应变率 $\dot{\gamma}$ 的增大而减小，描述了磁流变液的剪切稀化现象。

空腔内距离转轴中心 r 处，磁流变液的剪切应变率为：

$$\dot{\gamma} = \omega\,\frac{r}{\delta} \tag{6.10}$$

式中：δ——间隙厚度；

r——圆盘到旋转轴心的距离。

②加载扭矩的理论公式

磁流变液剪切模型中的扭矩由两部分组成：

$$\begin{aligned} T &= T_\tau + T_\eta = \int_{r_1}^{r_2} \tau \cdot 2\pi r^2 \mathrm{d}r = \int_{r_1}^{r_2} (\tau_y + \tau_\eta) \cdot 2\pi r^2 \mathrm{d}r \\ &= \frac{2\pi}{3}(r_2{}^3 - r_1{}^3) \cdot \tau_y(B) + \frac{2\pi K}{(m+3)\cdot\delta^m}(r_2{}^{m+3} - r_1{}^{m+3}) \cdot \omega^m \end{aligned} \tag{6.11}$$

T_τ 为剪切阻尼扭矩，它由类固态磁流变液的动态剪切屈服应力形成，剪切阻尼扭矩随所加磁场的变化而变化，是磁流变加载器加载扭矩的可调部分，也是加载扭矩的主要组成部分。T_η 为黏性阻尼扭矩，它是由普通流体流动所产生的，不依赖于所加磁场，只与流体黏度、主轴转速以及加载器的几何尺寸有关。r_1 和 r_2 分别为加载盘的内径和外径，分别为 7.5 mm 和 15 mm。

③磁感应强度的仿真计算

由于间隙厚度较小，因此忽略磁感应强度在厚度方向上的变化。磁感应强度是关于半径和电流的函数，即：

$$B = f(I, r) \tag{6.12}$$

采用 Ansoft Maxwell 有限元软件仿真计算磁感应强度。由于本装置的机械结构在空间上具有对称性，且纯铁磁导率大大超过其他材料，因此将模型简化为 2D 静态电磁场分析，采用通量平行边界，即磁感线无漏地通过磁路结构且平行于边界[156]。Ansoft Maxwell 2D 磁场分析包含以下几个步骤：理论建模、材料定义、边界条件设定、求解与后处理。理论建模参考图 6.12 对壳体和加载盘做适当的细节简化。材料的定义见表 6.5 所示。加载器壳体和加载盘的材料属性根据 DT4 的 B-H 磁化曲线确定。空腔的材料属性根据厂家提供的磁流变液的 B-H 磁化曲线确定，如图 6.15 所示。其余部件的材料属性可以在 Ansoft Maxwell 软件中选取。对上下两个线圈介质加载大小相同、方向相反的电流密度激励源[161]。利用 Ansoft Maxwell 软件对模型完成自适应网格划分。完成求解残差设定后即可对加载器的有限元模型进行求解。

表 6.5　加载器有限元模型的材料属性

部件名称	线圈	空腔	壳体	加载盘	油封	U形铜管轴	循环水腔
材料属性	铜	磁流变液	纯铁 DT4	纯铁 DT4	橡胶	铝	水

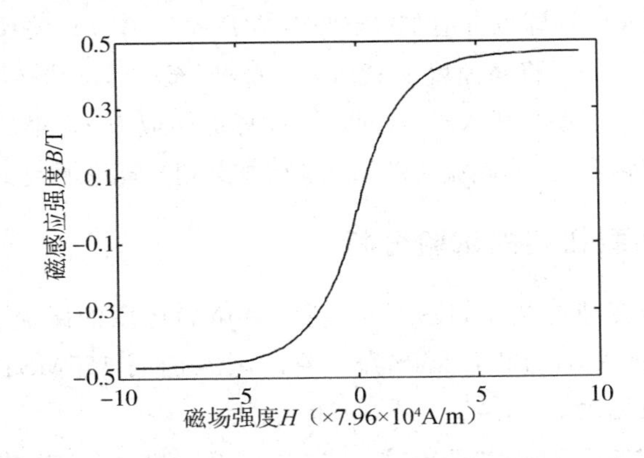

图 6.15　磁流变液的 B-H 磁化曲线

当线圈电流为 1.4 A 时，加载器的磁感线和磁感应强度分布如图 6.16 所示。由图 6.16 可知，磁感线几乎全部穿过磁流变液，说明磁动势得到了较好的利用；少部分磁感线穿过壳体和转轴的间隙，有利于加强磁流变液的密封。试验现象发现，少部分泄露磁流变液在壳体和转轴之间被固化，防止进一步泄露。提取左右空腔内的磁场强度数据，如图 6.17 所示。左空腔内距离中心线 7.5 mm 内的磁场强度较弱，归因于刀柄轴的材料为 45 钢，其导磁性较弱。右空腔内距离中心线 7.5～15 mm 的磁场强度较弱，归因于油封密封圈的导磁性较弱。

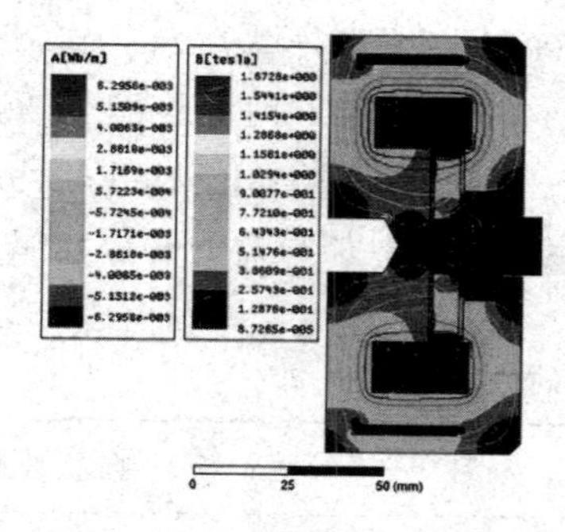

图 6.16 磁通线分布和磁通密度

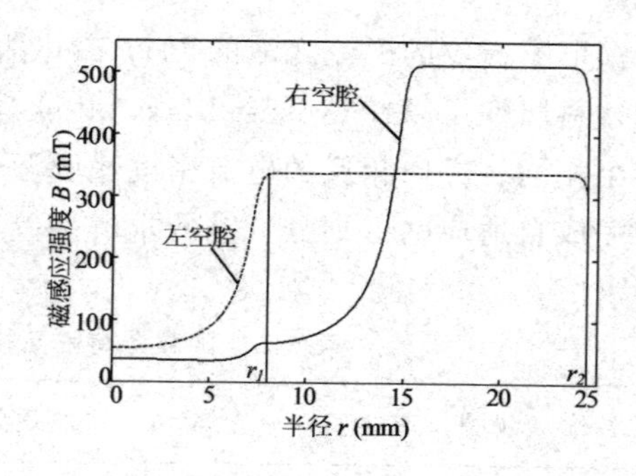

图 6.17 左右空腔内的磁通密度（I=1.4 A）

通过以上仿真计算即可得到左右空腔内的 $B=f(I, r)$ 关系，将其代入式（6.7）可计算 $\tau_y(B)$。将角速度 ω 代入式（6.8）至式（6.10）可计算 $\tau_\eta(\omega)$。然后将 $\tau_y(B)$ 和 $\tau_\eta(\omega)$ 代入式（6.6）可计算剪切应力 τ。最后将剪切应力 τ 代入式（6.11）即可计算出磁流变液加载器的加载扭矩理论模型。

6.2.3 加载扭矩的试验分析

设计的磁流变液加载器如图 6.18 所示。试验选用的磁流变液为重庆材料研究院生产的 MRF-J25T 型磁流变液。试验选用 125MST30Y3 型电主轴，电主轴参数见表 1.4。

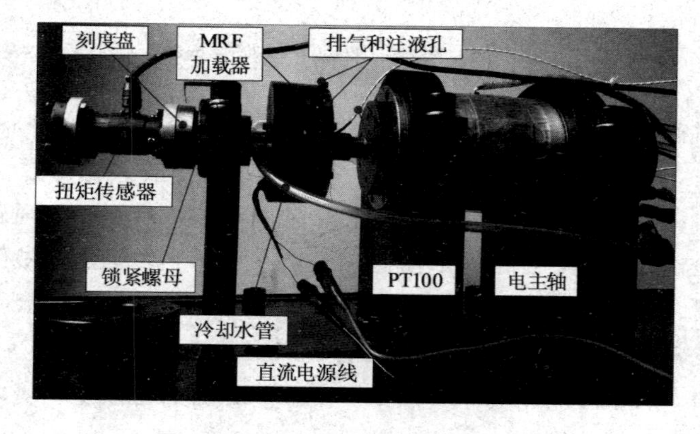

图 6.18 磁流变液加载器的实物图

在试验准备阶段，磁流变液加载器中的支承座（图 6.12 中的 13）通过压板固定在基座（图 6.12 中的 12）上。然后，磁流变液通过注射器从右壳体（图 6.12 中的 4）上的注液孔注入空腔内。在磁流变液的注入过程中，右壳体上的排气孔需要打开，这有利于空腔内的空气排出，确保磁流变液可以充满空腔。当排气孔有磁流变液溢出时，说明空腔已注满磁流变液；此时，通过螺栓将排气孔和注液孔密封。轴承座（图 6.12 中的 15）与支承座采用螺纹连接，螺距为 1.5 mm。通过旋转轴承座使得加载盘（图 6.12 中的 5）的端面与左壳体（图 6.12 中的 7）或者右壳体（图 6.12 中的 4）接触，然后再反向转动 240°，这样加载盘反向移动了 1 mm 的距离，确保加载盘两侧的空腔间距都为 1 mm，目的是防止一侧较大的间隙严重降低磁通密度。在轴承座上设置的刻度盘，如图 6.18 所示，可方便且准确地保证轴承座的旋转角度。下一步是反向旋紧锁紧螺母（图 6.12 中的 14）来固定轴承座和支承座。最后，在检查接线、冷却系统、供电和采集系统等无误后可进行试验。

在试验过程中，电流的调整间隔为 0.1 A，每个电流下的扭矩持续时间为 20～30 s，以扭矩稳定后的平均值作为该电流下的加载扭矩值。图 6.19 为转速为 6 000 r/min 时，电流与加载扭矩的试验数据监测图。图 6.20 为不同转速下剪切阻尼扭矩与电流关系曲线。

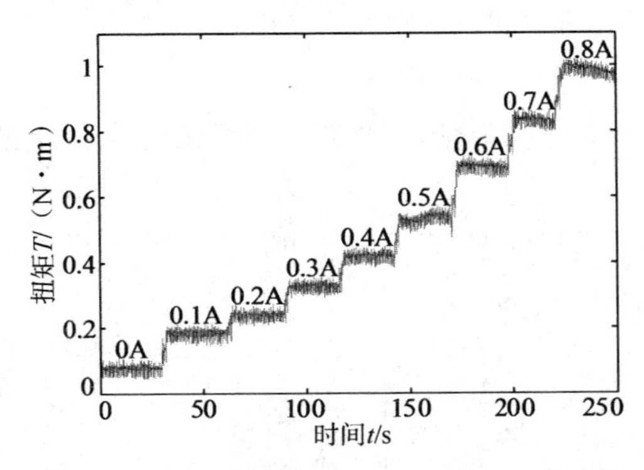

图 6.19　加载力矩在转速为 6000 r/min 时的试验数据

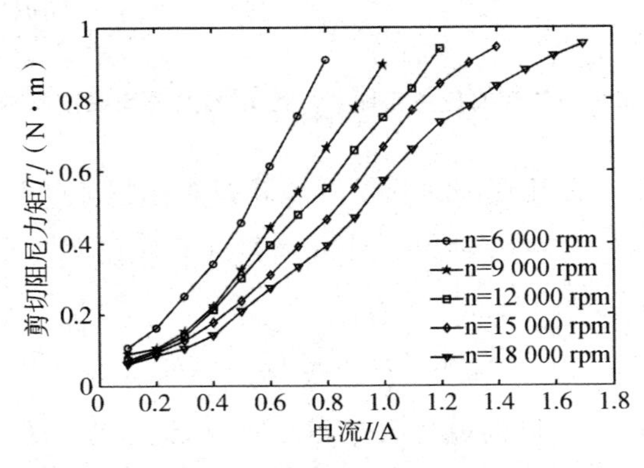

图 6.20　不同转速下剪切阻尼扭矩与电流关系曲线

在零磁场情况下，磁流变液加载器的加载扭矩只包括黏性阻尼扭矩 T_η，根据式（6.5）和式（6.10）可计算两侧间隙总的黏性阻尼扭矩 T_η 为[162]：

$$T_\eta = \int_{r_1}^{r_2} \tau \cdot 2\pi r^2 \mathrm{d}r = \frac{\pi \eta_0 \omega}{2\delta}(2r_2^4 - r_1^4) \tag{6.13}$$

根据式（6.13）计算得到黏性阻尼扭矩 T_η 标记为理论值。如图 6.21 所示，对比理论值与试验值发现：较高转速下，黏性阻尼扭矩 T_η 的理论值随着剪切率增大而增大；而试验值则相反，表明磁流变液的零场黏度随着转速升高而下降，存在明显的剪切稀化现象，且对黏性阻尼扭矩 T_η 的影响占主导地位；而且随着转速的升高，磁流变液剪切稀化现象越明显。因此，磁流变液在零磁场时应当为一种弱 Bingham 流体，剪切稀化现象主要原因是：磁流变液由于触变剂形成的触变网络结构在高剪切速率下遭到破坏[163,164]。

在 Herschel-bulkley 模型中，考虑剪切稀化现象的当量黏度表示为式（6.9），利用 Matlab 对试验值进行拟合可得零场黏度与转速的关系，如图 6.22 所示；拟合结果为[165]：

$$\eta' = 290 \times \omega^{-1.2} \eta_0 \tag{6.14}$$

由于黏性阻尼扭矩 T_η 较小，因此拟合误差对总的加载扭矩的影响可以忽略不计。

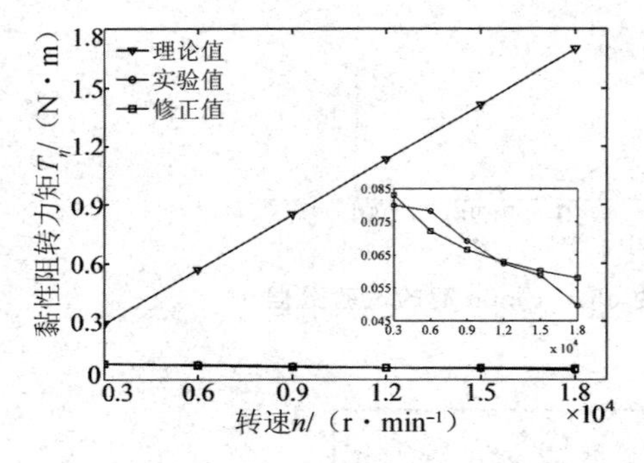

图 6.21　黏性阻尼扭矩与转速对应关系图

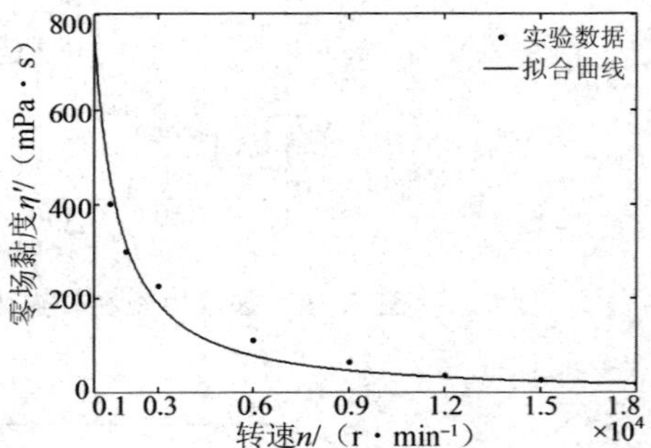

图 6.22　零场黏度与转速的对应关系

在磁场作用下，磁流变液加载器的加载扭矩包括剪切阻尼扭矩 T_τ 和黏性阻尼扭矩 T_η，根据 Herschel-bulkley 模型可计算两侧间隙总的剪切阻尼扭矩 T_τ 为：

$$T_\tau = \int_{r_1}^{r_2} \tau \cdot 2\pi r^2 \mathrm{d}r = \frac{2\pi}{3}(2r_2^3 - r_1^3) \cdot \tau_y(B) \tag{6.15}$$

由式（6.15）计算得到剪切阻尼扭矩 T_τ 标记为理论值。由式（6.15）可知，剪切阻尼扭矩 T_τ 只与磁场强度有关，与转速无关。但是，此理论仅适用于低转速情况，通过试验测量高速下加载器的剪切阻尼扭矩 T_τ 与电流和转速的关系如图 6.20 所示；显然，在相同电流下（相同磁感应强度），剪切阻尼扭矩 T_τ 随着转速的升高而降低，存在剪切稀化现象。因此，Herschel-bulkley 模型中的 τ_y（B）应当被修正为 τ_y（B，ω）。其中剪切屈服应力 τ_y 与磁感应强度 B 的关系见图 6.14。根据式（6.15）和图 6.20 的试验结果通过 Matlab 软件拟合得到剪切屈服应力 τ_y 与角速度 ω 的关系如式（6.16）所示。

通过式（6.16）修正后的 τ_y（B，ω）关系计算得到的修正扭矩与试验测量的加载扭矩的对比结果如图 6.23 所示。由图 6.23 可知：修正后曲线与试验曲线基本吻合，说明修正模型具有一定的正确性。但是在较大电流下，修正曲线依然大于试验曲线，存在这一差异的主要原因是磁流变液剪切应力随磁感应强度变化的关系十分复杂，计算所用数学模型只是基于简化条件下的一般形式，而磁流变液在实际工作过程中不完全按照这个数学模型进行[166]。

$$\tau_y(B,\omega) = k \cdot \omega^a \cdot \tau_y(B) = 100 \times \omega^{-0.77} \times \tau_y(B) \tag{6.16}$$

综上所述，修正后的磁流变液高速剪切模型为：

$$\begin{aligned}\tau &= (\tau_y(B,\omega) + K\ |\dot{\gamma}(\omega)|^{\frac{1}{m}})\operatorname{sgn}(\dot{\gamma}) \\ &= (100\omega^{-0.77}\tau_y(B) + 290\omega^{-1.2}\eta_0\dot{\gamma}(\omega))\operatorname{sgn}(\dot{\gamma})\end{aligned} \tag{6.17}$$

利用式（6.17）代入式（6.11）可计算出磁流变液加载器在高速情况下的剪切阻尼扭矩，为设计基于磁流变液剪切原理的高速传动装置奠定了理论基础。

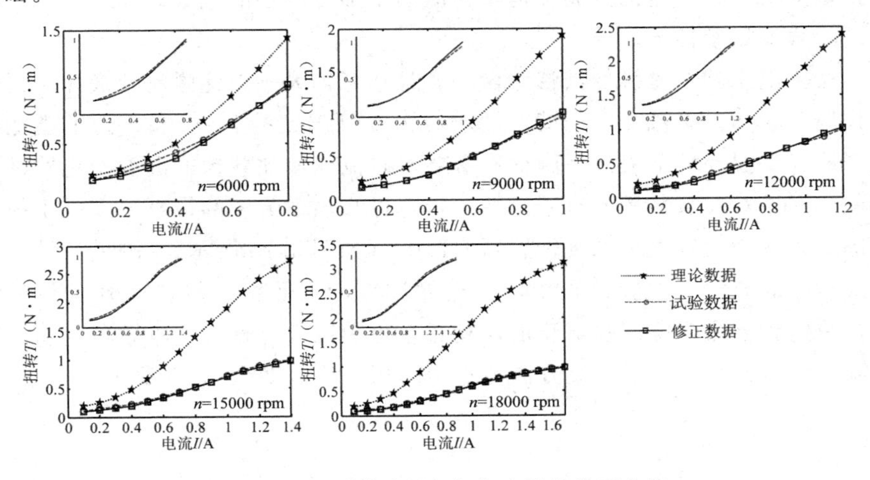

图 6.23　不同转速下扭矩与电流的关系曲线

6.2.4 加载性能的试验分析

①扭矩稳定性分析

扭矩稳定性是评估加载系统的重要因素之一，其中扭矩稳定性主要包括：幅值稳定性和时值稳定性。试验过程中，将转速升至预定转速，通过控制线圈电流，使扭矩达约 0.5 N·m 和 1 N·m，记录 300 s 内扭矩与时间的关系，如图 6.24 所示，图中数字为每 50 s 内扭矩的平均值。

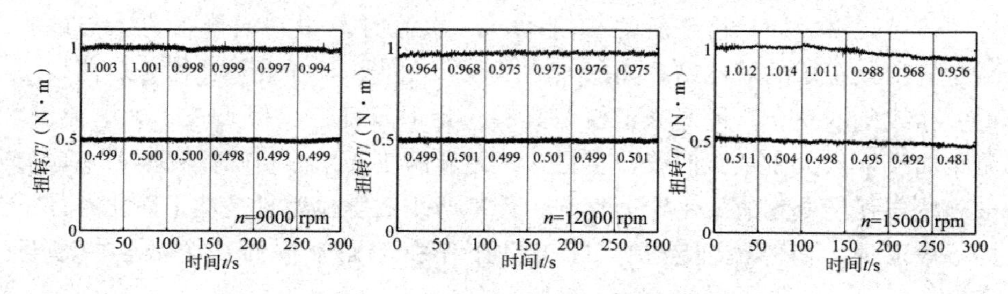

图 6.24 不同转速下扭矩随时间的变化曲线

由图 6.24 可知，加载扭矩波动幅值在 0.03 N·m 之内，扭矩幅值稳定。在 300 s 时间内，9 000 r/min 与 12 000 r/min 转速下，扭矩均值基本保持不变；在转速为 15 000 r/min，扭矩为 1 N·m 情况下，前 50 s 与后 50 s 扭矩均值的最大减小量为 0.056 N·m，基本可认为扭矩时值稳定。说明可利用磁流变液加载器对电主轴进行稳定的高速加载。加载扭矩的稳定性，随着扭矩的增大、转速的升高和运行时间的增加有减小的趋势。

②温度稳定性分析

由于电主轴对磁流变液持续做功，且功率较大，因此磁流变液加载器的工作温度较高。磁流变液的剪切屈服应力受到温度的影响[167]，为了避免磁流变液在高温环境下失效，因此有必要对磁流变液加载器的温度稳定性进行研究。根据对加载装置的有限元热分析，可知加载装置的最高温度位于为右壳体上，在该位置安装温度传感器 PT100（如图 6.18 所示），测量试验过程中加载器的温度。试验过程中，开启循环冷却水系统，将转速升至预定转速，快速将电流调至试验电流值，随着电主轴持续对磁流变液做功，加载器的温度快速升高，记录温度升高过程中的扭矩值，如图 6.25 所示。

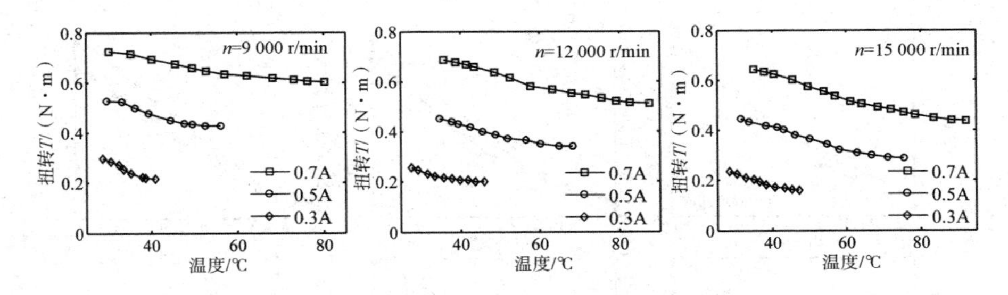

图 6.25　不同转速下扭矩随温度的变化曲线

由图 6.25 可知，随着温度的升高，扭矩在不断地减小，当温度趋于稳定时，扭矩也趋于稳定，说明磁流变液的剪切屈服应力随着温度升高而降低[168]。随着电流和转速的升高，电主轴对加载器做功越大，加载器稳定运行时的温升越大，加载扭矩的减少量越大。在工作电流为 0.7 A、工作转速为 15 000 r/min，以及冷却循环水开启的工况下，稳定运行时的扭矩为 0.43 N・m，温度为 92.3 ℃；较初始温度时的扭矩减小量为 0.2 N・m。MRF-J25T 型磁流变液的使用温度范围为－40～130 ℃，若不设置冷却装置，磁流变液加载器存在失效的可能。

③可重复性分析

磁流变液的流变效应具有可逆性，因此可被重复使用。但是，在大剪切率下，由于基载液泄露和挥发，以及磁性颗粒磨损，磁流变液流变效应会削弱。本节主要研究在一定时间内，磁流变液的可重复性或寿命测试。试验过程中，注入磁流变液，将转速升至预定转速，测量其首次加载时的电流－扭矩关系曲线，当扭矩达到电主轴额定扭矩 1 N・m 时，保持磁流变液被连续剪切 5 min；然后，关闭电主轴和磁流变液加载器电源，待充分冷却后，重复以上试验直至测量的电流－扭矩曲线较首次测量结果出现明显减小为止。最终，第 5 次重复试验中的加载扭矩较首次出现明显减小，如图 6.26 所示。

由图 6.26 可知，经过 5 次试验后，磁流变液依然保持一定的流变特性，但是加载扭矩明显减小；并且转速越高，减小程度越大，说明磁流变液在大剪切率状态下使用时的损耗较大，主要归因于在大剪切率状态下，磁流变液温升严重，热膨胀和热挥发明显。第 5 次试验后，磁流变液基载液发生泄露，磁流变液体积减小，且发生稠化，因此造成磁流变液的流变特性明显减弱。多次或长时使用磁流变液加载后，当壳体材料（DT4）达到磁饱和（线圈电流为 2 A）时，加载扭矩依然无法达到实际加载需求时，则需要更换新的磁流变液。

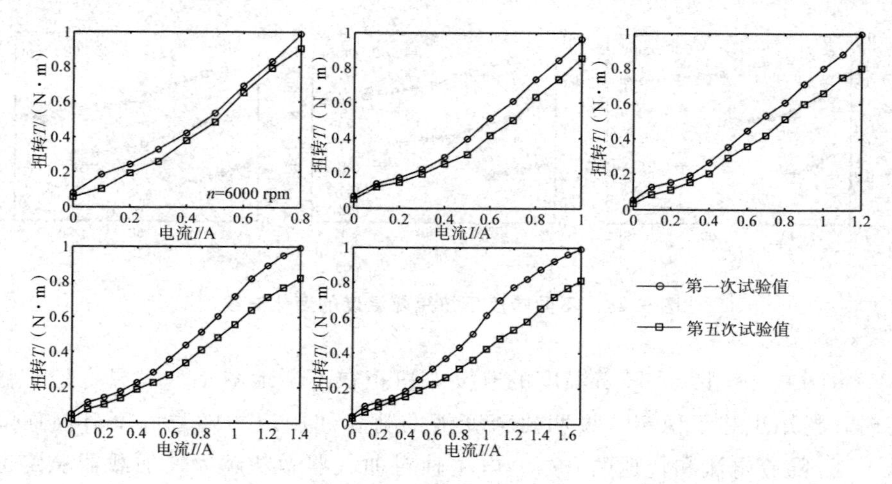

图 6.26　五次试验后不同转速下扭矩与电流关系曲线

6.3　高速电主轴动态扭矩加载的其他方法

①切削法：如图 6.27 所示，将加工时所受的切削力作为电主轴的负载，通过在工件下方安装三向力传感器测量切削力（加载力）[169]。切削法虽然使得电主轴受到最真实的负载力，但是因需配置专用的数控机床、不断更换工件等限制，不利于在电主轴的研发和生产过程中对其进行动态指标的测试。通常通过应用于电主轴加工性能检测中，比如电主轴的颤振稳定性测试[170,171]。

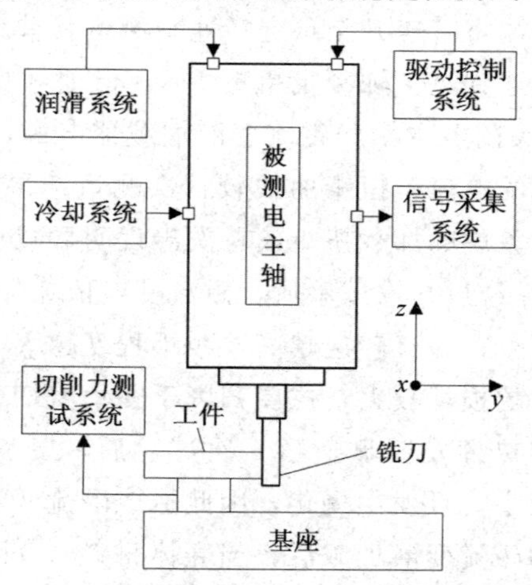

图 6.27　高速电主轴的切削力加载法

②转矩转速测量仪法：借鉴普通电动机输出特性的检测方法，将转矩转速测量仪经联轴器与电主轴相连，另一端由减速器与测功机或磁滞制动器相连。由于转矩转速测量仪或减速器的高速适用性限制，这种方法通常振动较大，启动力矩过大（易堵转），扭矩加载精度不高，因此通常应用于额定转速较低的电主轴检测中。

6.4　电主轴动态扭矩加载法的横向对比

普通测功机在高速旋转过程中会产生大量的摩擦热和磨损。当转速超过20 000 r/min时，设备振动和噪声明显增大。因此，普通测功机法难以保证电主轴在加载工况下的稳定运行。本课题组利用与被测电主轴同型号的电主轴作为测功机的核心部件，再经过适当改进实现了对电主轴的对拖式加载，将试验转速提升至60 000 r/min，加载扭矩较稳定，可长时间加载。同时，通过集成扭矩传感器和转速传感器实现了定量加载。然而，由于测功机的对拖式加载依然属于接触加载，对相关设备的高速运行技术、安装精度和动平衡等等提出了严苛的要求。

为了进一步实现对更高转速电主轴的动态扭矩加载，本课题组利用非接触式电涡流测功机，将试验转速提升至120 000 r/min，但是非接触式测功机法因电涡流效应的限制，可实现的加载力矩较小，通常只适用于小功率超高速电主轴。测功机法的设备组成复杂，成本较高，是一种专业化程度较高的设备。

磁流变液加载系统的组成简单，成本低廉。同时，磁流变液加载系统是一种柔性接触加载方法，除了加载盘外，没有其他高速旋转部件，因此，该加载系统对安装精度和动平衡的要求较低。与测功机法相比，磁流变液加载系统是一种更易获得的试验室模拟加载方法。加载扭矩可以通过线圈电流方便地调节，并且由静态扭矩传感器测量，实现电主轴动态扭矩的定量加载。磁流变液加载系统可用于电主轴在一定时间内的稳定动态加载。由于磁流变液的剪切稀化现象和设备结构尺寸限制，该方法能够实现的加载力矩有限。由于需要更换磁流变液，因此调试时间比较长。

切削法在试验过程中需要特定的刀具和机床，以及不断更换被切削件，因此安装调试时间长、成本高，测量的稳定性和精度容易受到切削环境的影响。同时，切削力易受切削参数的影响，不利于电主轴的定量加载。但是切削法使得电主轴受载最真实且可直接观察加工质量，因此在电主轴加工品质研究时中应用较多。

基于以上原因，测功机法、磁流变液加载系统与切削法的优缺点比较如表 6.6 所示。总之，测功机法依然是目前高速电主轴动态扭矩加载的主流方法，电主轴的动态扭矩加载方法还需要进一步深入研究。

表 6.6 电主轴动态扭矩加载法的横向对比

		接触式测功机法	非接触式测功机法	磁流变液加载法	切削法
组成		复杂	复杂	简单	复杂
成本		高	高	低	高
加载性能	加载精度	定量	定量	定量	非定量
	加载时间	长时	长时	短时	短时
	适用转速	低速	高速	低速	高速
	加载稳定性	稳定	稳定	稳定	不稳定
	调试时间	较短	较短	较长	较长
安装精度要求		较高	较低	较低	较低
加载量程		高	低	低	高

第 7 章　高速电主轴动态径/轴向力加载方法

高速电主轴在实际加工过程中，刀具受到来自工件的径向力和轴向力的作用，从而使得电主轴产生径向和轴向变形位移。高速电主轴的动态支承刚度反映了主轴在高速旋转状态下的抗变形能力，是评价机床振动性能和加工性能的主要指标。为了测量电主轴的刚度，首先需对其进行动态径向力和轴向力的定量加载，其次是准确测量其变形位移量[172]。同样，由于电主轴的结构特征和高速特性，使得其难以实现动态径轴向力加载。

本章主要对本课题组设计的基于滚动轴承的刚性接触式、基于高压水射流的柔性接触式、基于电磁原理的非接触式高速电主轴动态径/轴向力加载方法做详细介绍；并简述电主轴动态径/轴向力加载的其他方法；最后横向对比现有加载方法的优缺点，为高速电主轴动态支承刚度等的试验研究奠定基础。

7.1　电主轴刚性接触式动态径/轴向力加载方法

7.1.1　传统的动静转换加载法

传统的动静转换加载法是利用径向滚动轴承内圈与电主轴转子一起旋转，通过各种执行器对静止的轴承外圈施加载荷，从而实现对电主轴的径向加载；利用相同的原理，采用平面滚动轴承实现电主轴的轴向力加载。即采用滚动轴承结构将主轴的高速转动与静态加载相结合，通过压力传感器和位移传感器采集加载数值和变形数值并根据加载数值和变形数值的变化控制加载力，在避免电主轴在高速运转状态下直接加载时因机械接触所产生的摩擦热和机械磨损对测试精度影响的前提下，实现电主轴连续、稳定动态加载和实时测量。

本课题组利用伺服电机和螺杆构成执行器实现对电主轴的动态径轴向加载，试验装置如图 7.1 所示[173]。由图 7.1 可知，轴承运动转换采用在测试棒轴肩的两侧分别安装薄壁、微型的角接触陶瓷球轴承和陶瓷球平面轴承，使两轴承与测试棒接触的内圈转动，而外圈不动，从而将主轴在高速运转状态下的动态加载转化成静态加载。齿轮伺服加载系统采用伺服电机提供驱动力，再用减速器根据需要改变力的作用方向，并将伺服电机的旋转运动转化成直线运动，分别向轴向和径向按照需要提供动态、持续、稳定的加载力，确保高速电主轴在高速运转状态下动态支承刚度测试的准确性和连续性。控制系统则根据高速电主轴加载棒的受力情况控制伺服电机的转速和启停，并根据位移传感器和力传感器反馈回主轴测试棒受力点的变形情况与受力情况绘制出主轴的动态支承刚度曲线。本测试方法通过轴承避免了主轴在高速运转状态下测试棒与加载棒的直接接触，将动态加载转化成静态加载，并通过伺服电机和齿轮减速机构同时对主轴进行径向和轴向加载，真实地模拟主轴在加工过程中的实际受力状态，准确反映主轴刚度的整体性能。同时，也可通过卸载某一方向的加载器，单独进行另一方向的主轴刚度测试。

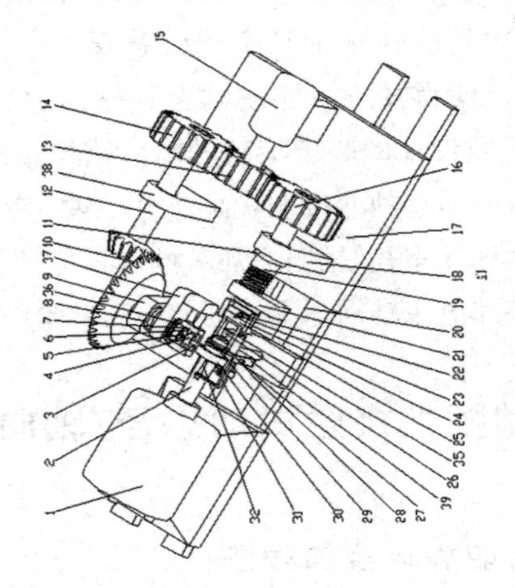

1—高速电主轴；2—测试棒；3—径向加载棒；4—压力传感器Ⅱ；5—径向锁紧螺钉；6—径向滑块；7—径向滑槽；8—径向承载轴肩；9—径向加载支架；10—锥齿轮啮合副；11—轴向承载轴肩；12—传动轴；13—主动齿轮；14—径向加载从动齿轮；15—伺服电机；16—从动齿轮；17—基座；18—轴向加载支架；19—轴向加载驱动螺杆；20—导轨；21—轴向加载驱动螺母；22—轴向滑块；23—轴向锁紧螺钉；24—轴向滑槽；25—压力传感器Ⅰ；26—位移传感器Ⅱ；27—平面滚动轴承；28—油气喷嘴Ⅱ；29—轴肩；30—径向滚道轴承；31—位移传感器Ⅰ；32—油气喷嘴Ⅰ；33—油气发生器；34—加载系统和自动控制单元；35—轴向加载棒；36—径向加载驱动螺杆；37—径向加载驱动螺母；38—支架；39—润滑系统支架。

图 7.1　电主轴径轴双向刚度伺服加载测试系统

各种基于动静转化加载法的试验装置其基本原理是相同的，不同之处在于选用的执行器，除了本课题组采用的伺服电机和螺杆的方式外，电动缸、汽缸、压电陶瓷、液压缸、激振器或者力锤等都可以作为执行器对电主轴实现加载[144,174]。无论采用哪种执行器，滚动轴承作为动静转换的关键部件是影响加载性能的主要因素。通常由于滚动轴承在高速状态下存在较高的热磨损，该方法不适合长时间加载。由于轴承内圈对转子动平衡的影响，该方法也不适合超高速加载。

7.1.2　新颖的动静转换加载法

上述静止轴承外圈加载法中，因轴承内圈安装在电主轴高速转子上，其对动平衡的影响限制了静止轴承外圈加载法适用的极限转速。本课题组提出静止轴承内圈加载法有效地提高了动静转换加载法的适用转速范围，图 7.2 展示了静止轴承内圈加载法的结构和组成[175]。试验装置由机械装置和测控装置两部分组成。机械装置由汽缸、浮动接头、滑动支柱、基座和滚动轴承等构成。试验装置固定在台架和立柱上，其中固定汽缸的立柱设计成两自由度机构，高度的可调性有效减小了汽缸的设计行程，可适用直径范围更广的电主轴测试。滑动支柱与固定于试验台上的基座构成滑动副。通过汽缸推动滑动支柱向上移动，使得安装在滑动支柱上的滚动轴承外圈与电主轴转子接触实现加载，加载原理如图 7.3 所示。通过调节汽缸的气压（推力），进而有效地调控径向加载力。为降低安装过程的同轴度误差，汽缸与力传感器之间采用汽缸专用浮动接头连接。在转子接触加载位置处采用油气润滑，对加载接触位置起到冷却和润滑的作用，以保证试验过程的稳定性和减小试验装置的磨损。

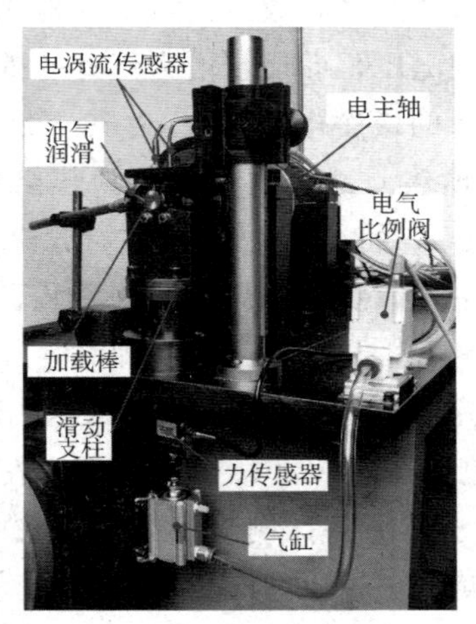

图 7.2　电主轴径向刚度气动加载测试系统

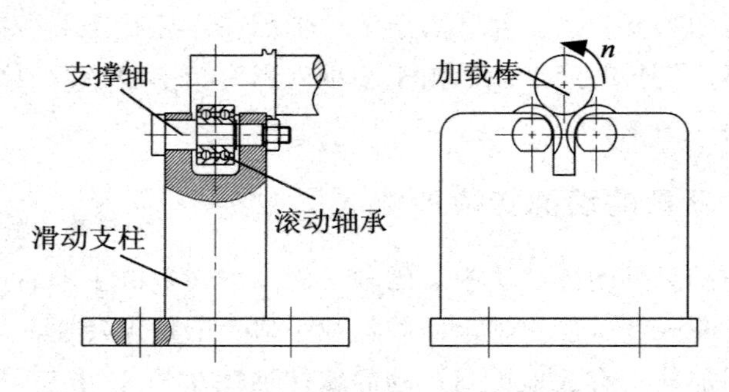

图 7.3 静止轴承内圈加载法的原理图

测控装置主要由电气比例阀、S形力传感器、电涡流传感和数据采集装置等组成。通过对电气比例阀输入模拟量的控制，使得汽缸的输入气压随模拟量电压的变化而产生线性变化，此时汽缸推力也随之产生线性变化。采用电涡流传感器测量加载棒的位移变化量；采用S形力传感器测量加载力。数据采集装置由采集卡和上位机软件组成；其中采集卡可实现对电气比例阀的模拟量控制和对传感器信号的同步采集；上位机软件通过 Labview 语言编制，主要实现对比例阀模拟量的界面控制和传感器信号的显示、分析（滤波、拟合）、存储和打印。最终在上位机软件中得到加载力与振动位移的关系，有效地测量电主轴在高速旋转状态下的动态支承刚度。

对静止轴承内圈加载法的加载效果进行试验检测。试验之前：逐步增大电气比例阀的模拟量控制电压，即逐步增大汽缸的推力，测量出使滑动支柱缓慢上升并接触到加载棒的最小电压 U_0。为安全起见，测试之前对电主轴进行 15min 以上的空载预热。试验过程中：预热结束后停止电主轴，立即将比例阀控制电压调至 U_0，使得滚动轴承与加载棒接触，避免试验过程中两者发生撞击而损坏电主轴。然后开启油气润滑装置后，启动电主轴至试验转速。待电主轴运行稳定后，开始对其实施加载，并同步测量加载力和变形位移，即将比例阀控制电压由 U_0 逐步（0.1 V/s）升至试验最大加载电压 U_{max}，然后将比例阀控制电压在 U_{max} 稳定运行 10 s 左右，再然后逐步减小比例阀的控制电压至 U_0，再然后将比例阀控制电压在 U_0 稳定运行 10 s 左右，重复上述加压、稳压、减压、稳压的过程 2～3 次。最后将比例阀的控制电压由 U_0 降至 0 V，使得滚动轴承和加载棒分离，并在 0 V 控制电压时稳定测量加载力 20 s 左右，此时的压力即为滑动支柱的自重。然后关闭电主轴系统和油气润滑系统。试验结束后：保存试验数据。高速电主轴动态支承刚度的测试流程图如图 7.4 所示。

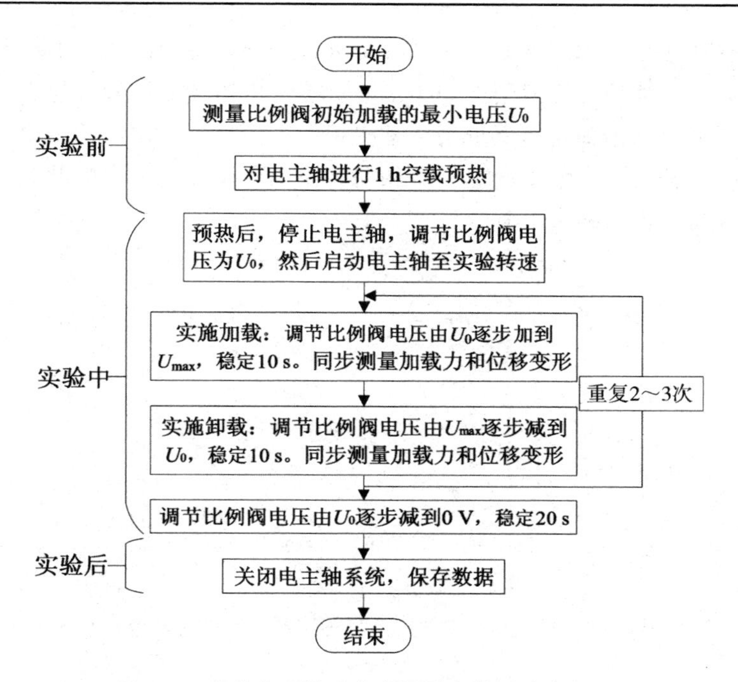

图 7.4　高速电主轴动态支承刚度的测试流程图

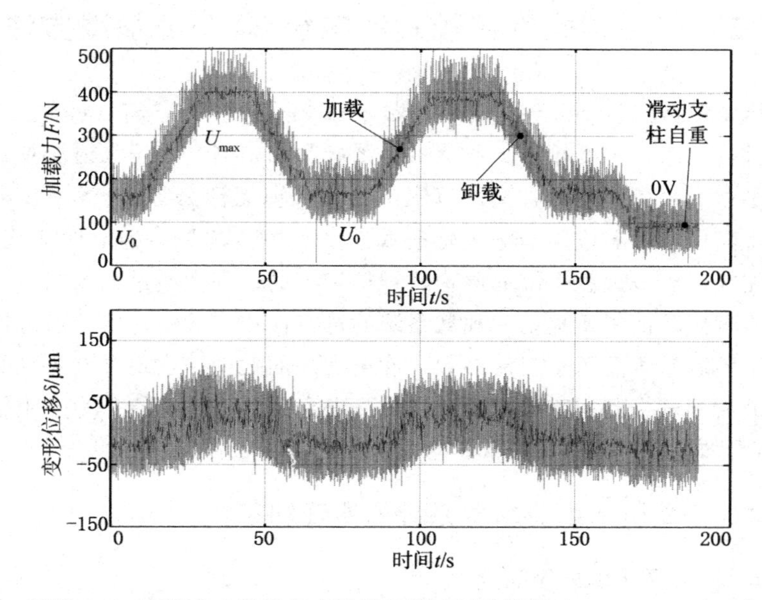

图图 7.5　高速电主轴动态支承刚度测试原始数据（n=30 000 r/min）

当转速为 30 000 r/min 时，试验过程测量的原始数据如图 7.5 所示。对以上电主轴动态支承刚度原始测试数据进行分析，得到的两次加载和两次卸载过程的电主轴动态支承刚度如图 7.6 所示。由图 7.6 可知，加载过程和卸载过程测量的电主轴动态支承刚度基本相同；而且第一次试验和第二次试验测量的电主轴动态支承刚度也基本相同，说明所设计的电主轴动态支承刚度测试装置具有较高的可重复性。

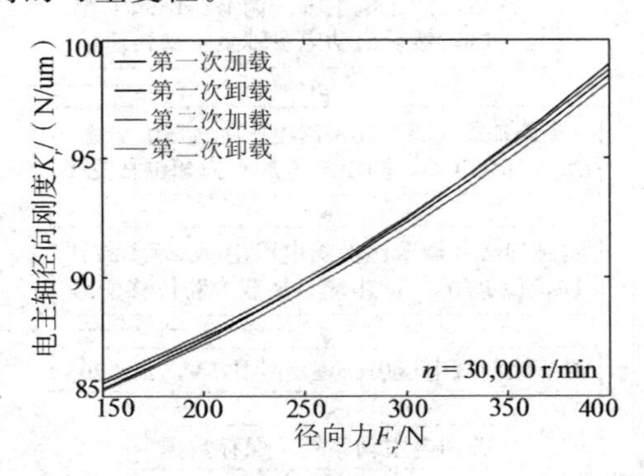

图 7.6　电主轴动态支承刚度试验装置的可重复性分析

7.2　电主轴柔性接触式动态径/轴向力加载方法

高压水射流（High-pressure water jet）是近几十年来在国际上出现的一种高科技技术，主要用于工业清洁、采矿和水切割。高压水射流具有成本低、冲击力大、操作方便、适用范围广和对环境无污染等优点[176]。本课题组首次将高压水射流应用于电主轴的动态加载中，这是一种柔性加载方法。本节首先描述了该加载系统的原理、结构和组成；其次通过流场的有限元仿真和试验测试验证了所提出的加载系统的可行性和有效性；然后通过冲击力的标定试验测量了高压水射流参数与冲击力间的关系，实现了电主轴的定量加载；最后测试了利用高压水射流加载下电主轴的动态性能。为电主轴动态径/轴向力加载提供了一种全新的方法。

7.2.1　高压水射流加载系统的原理和组成

7.2.1.1　高压水射流简介

高压水射流是指通过高压水泵将水加压至数百个乃至数千个大气压（1 大气压$=10^5$ Pa），然后再通过具有细小孔径的喷射装置转换为能量极高的水流；高压水射流亦称水弹，它的速度一般都在一倍马赫数以上，具有巨大的打击能量，可以完成不同种类的任务，比如除锈和水切割等[177]。

高压水的射流的流束包括原始段，基本段和发散段，如图7.7所示。原始段主要包括以下两个特征：第一，沿轴向流动的动压值基本恒定，即射流尖端的动压和喷嘴出口的动压相同；第二，流束的质地非常紧密，质点几乎不与空气混合，不会产生雾化水滴[178]。因此，原始段的流束符合连续性原则，并且是对电主轴动态加载的主要部分。原始段的长度与喷嘴的加工质量和形状有关，可以根据喷嘴的直径进行估算，即：

$$L_f = (53 \sim 106)d_f \tag{7.1}$$

式中：L_f——原始段长度，mm；

d_z——喷嘴直径，mm。

基本段的主要特征是：流束开始和空气发生混合，因此空穴和涡流开始形成。随着实密段的延长，射流速度和动压开始逐步减小。需要指出的是，在此段开始时会因空穴气泡的爆裂使得流束动压短暂局部增大；但是随着此段距离的继续增大，冲击力才会逐渐下降；由于基本段的距离比原始段长得多，因此它是管道清洗的主要射流段[178]。基本段的长度也可以根据喷嘴直径进行估算，即：

$$L_j = (90 \sim 600)d_z \tag{7.2}$$

式中：L_j——基本段长度，mm。

发散段的主要特征是：流束与空气完全混合，开始雾化，冲击力和射流速度都大幅度减小；因此发散段的应用价值较低，一般可用于清灰和湿润空气等[178]。

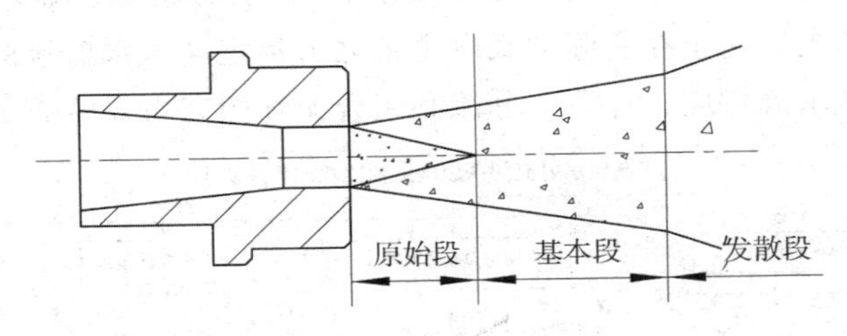

图7.7　高压水射流的结构图

7.2.1.2　加载系统的原理

图7.8显示了高压水射流加载系统的加载原理。由圆柱形喷嘴形成的水柱直接冲击加载棒，以实现径向力和轴向力的单独或联合加载。加载棒采用类似刀柄的方式安装在转子上，动平衡级别与刀柄一致。经喷嘴射流的水被一级防护罩收集，意外渗透的水由二防护罩收集，收集的水被重新抽至水箱

循环利用。涡轮流量计和压力变动器主要测量喷嘴前端高压水的流量和射流压力，实现定量加载。

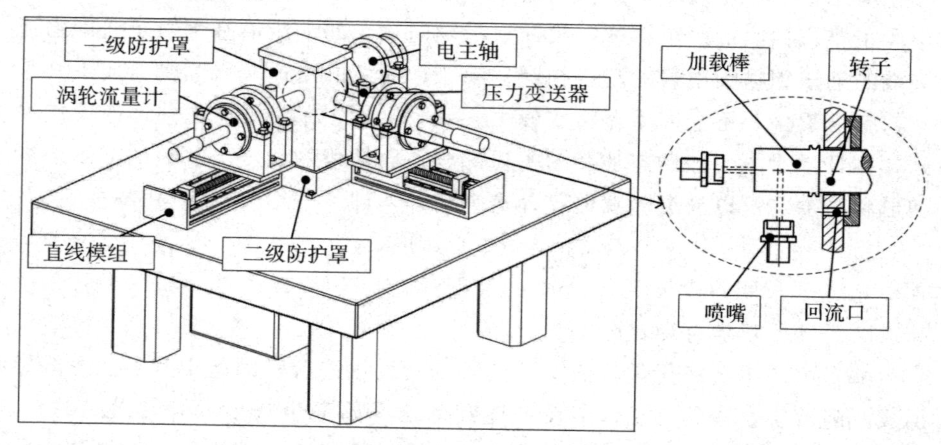

图 7.8　高压水射流柔性加载系统的加载原理

7.2.1.3　加载系统的组成

高压水射流柔性加载系统主要由五部分组成：试验平台台架、水射流动力系统、控制与检测系统、冲击力测试系统和流体循环系统[179]。图 7.9 详细说明了以上五部分的部件组成。试验平台台架主要用于支撑各部件的主体，并通过橡胶隔离垫实现隔振。水射流动力系统是产生高压水射流的动力源和执行器。控制和检测系统可实现高压柱塞泵的工况调整和参数检测。并且可以实现射流压力 P、流量 Q 和冲击力 F 的实时检测、显示和记录。冲击力测试系统主要用于在实际加载电主轴之前标定高压水射流的冲击力。流体循环系统是水流供应、过滤、分流和闭合循环的有力保障。

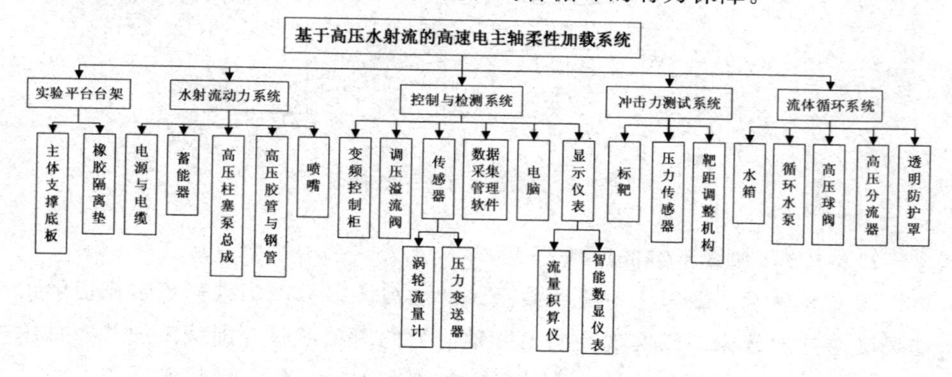

图 7.9　高压水射流柔性加载系统的组成

图 7.10 为各部件间的连接布置图。变频控制柜主要实现对加载系统的启停控制，以及对电动机转速的控制。增大电动机转速，可增大柱塞泵的流量，从而可有效地提高冲击力的上限值[179]。通过高柱塞泵上的调压溢流阀和耐震压力表可以准确且方便地控制高压水的射流压力 P，从而快速地调控冲击力的大小。经过高压分流器将高压水分为两条支路，用于电主轴的径向力和轴向力加载。高压球阀主要控制支路的通断，实现对电主轴径向力和轴向力的单独加载。涡轮流量计和压力变动器主要测量喷嘴前端高压水的流量 Q 和射流压力 P；并将测量数据经过显示仪表实时显示，方便观察流量和压力的数值和变化。同时，显示仪表将测量数据传递给电脑，并通过数据采集管理软件对数据信号进行处理、显示和储存。经喷嘴射向高速电主轴转子的水被防护罩收集，并储存在回收水箱内，由循环抽水泵抽回到蓄水箱内重复使用。图 7.11 是高压水射流柔性加载系统和电主轴系统的实物图。

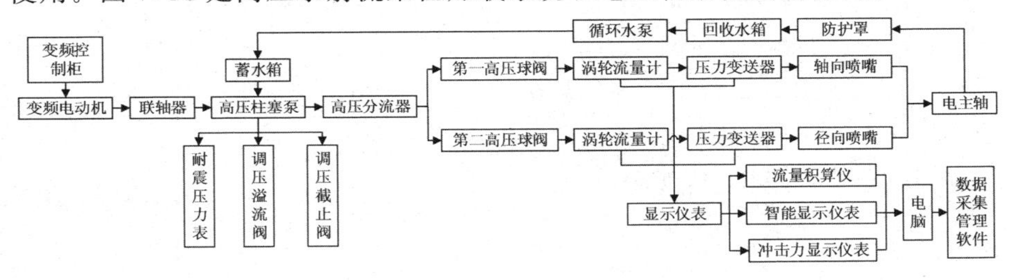

图 7.10　各部件间的连接布置图

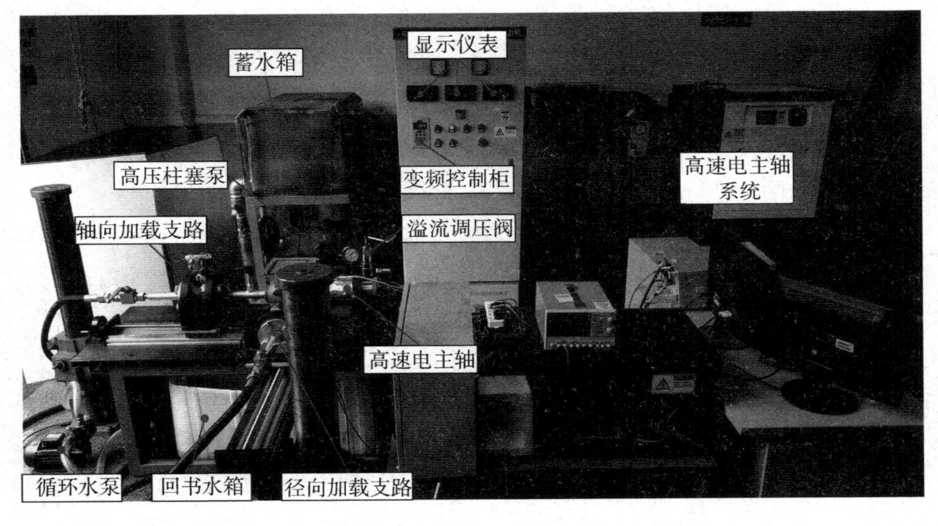

图 7.11　高压水射流柔性加载系统和电主轴系统实物图

7.2.2 高压水射流加载系统的设计和分析

7.2.2.1 射流冲击力的理论建模

因为高压水射流原始段的连续性，流束符合动量方程规律，即冲量和动量相等[178]：

$$F \cdot \mathrm{d}t = I = \mathrm{d}(mv) \tag{7.3}$$

应用伯努利方程和初始截面内外两点之间的连续性方程，可以得到以下关系：

$$v = \sqrt{2p_0/\rho} \tag{7.4}$$

$$\mathrm{d}m = \rho Q_0 \cdot \mathrm{d}t \tag{7.5}$$

$$\mathrm{d}v = v(1-\cos\varphi) \tag{7.6}$$

式中：F——射流冲击力，N；

I——动量，kg · m/s；

$\mathrm{d}m$——瞬时流体的质量，kg；

v——入口速度，m/s；

P_0——入口压力，Pa；

Q_0——流量，m^3/s；

ρ——流体密度，kg/m^3；

φ——射流方向变化角度，rad。

高压水射流冲击物体的效果图如图 7.12 所示。图 7.12（a）模拟利用高压水射流对电主轴径向加载，（b）模拟对电主轴的轴向加载。由图 7.12 可知：标靶形状的不同对射流方向变化角度 φ 具有一定的影响，需通过试验测量标靶形状对冲击力的影响。

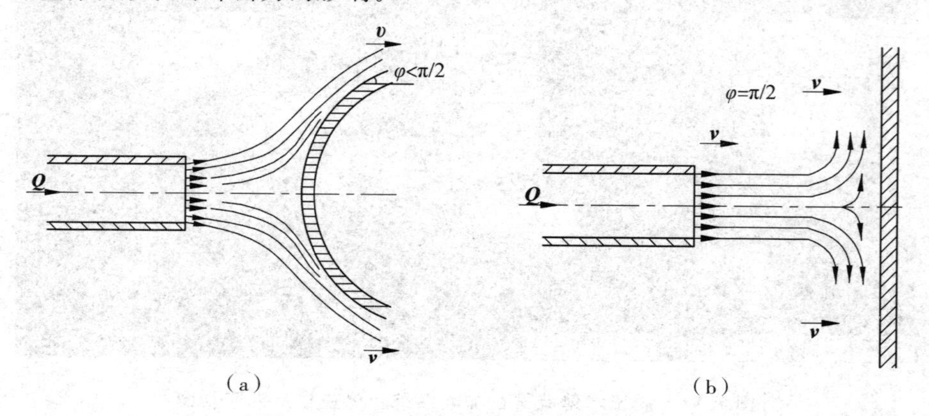

图 7.12 高压水射流冲击物体的效果图

通过式（7.3）～式（7.6）求解得到的高压水射流冲击力的理论公式为：

$$F = Q_0 \cdot \sqrt{2\rho \cdot P_0} \cdot (1 - \cos\varphi) \tag{7.7}$$

式（7.7）可以定性地分析冲击力与高压水射流参数之间的关系。也就是说，冲击力 F 与流量 Q_0、喷射压力 P_0 成正相关关系，但是增加流量 Q_0 比增加喷射压力 P_0 对增加冲击力 F 更有效。因此，当需要较大冲击力时，可以选择具有大流量和低压力的高压泵。但是以下三个原因使得实际冲击力比上述理论冲击力要小：第一，由于射流从喷嘴射出时，喷嘴孔突然变窄变尖，使得射流实际截面积变小。第二，由于射流截面积的突变，使得射流在喷嘴内部的流动摩擦系数和能量损耗增加，故使得射流在喷嘴出口处的流速下降。第三，最为关键的是由于射流离开喷嘴后的扩散及空气阻力等因素的影响，实际冲击力远比上述理论冲击力 F 要小得多。试验研究表明实际总冲击力由于上述原因的影响能达到的最大冲击力为[176]：

$$F_L = (0.6 \sim 0.85)F \tag{7.8}$$

式中：F_L——通过经验公式得到的实际总冲击力，N。

7.2.2.2　射流冲击力的流场仿真分析

上述式（7.7）中描述的只是高压水射流冲击力的理论模型。在实际过程中存在的空气阻力等因素的影响是理论模型无法考虑到的。因此，为了获得更加准确的高压水射流冲击力数值，采用计算流体力学（Computational Fluid Dynamics，CFD）软件 Fluent 19.0 对高压水射流过程进行有限元仿真[179]。通过高压水射流冲击力的流场仿真分析可以验证高压水射流的最大冲击力是否满足电主轴的加载要求；同时由于电主轴在高速旋转过程中所受到的冲击力难以通过传感器测量，通过有限元仿真还可以分析转子旋转速度对高压水冲击力的影响。

高压水射流冲击力的流场仿真分析流程如图 7.13 所示。首先，选择工程上使用最为广泛的锥直形喷嘴作为研究对象；其次，通过软件 Solidworks 2016 建立整个流体域的三维模型，导入到软件 ANSA 16.1 中进行前处理，其中包括流体域网格划分、设置平流层、设置边界条件类型和对高压水流过的区域进行网格加密等操作。最终将前处理后的模型保存为 .msh 文件，并将其导入软件 Fluent 19.0 中进行求解。

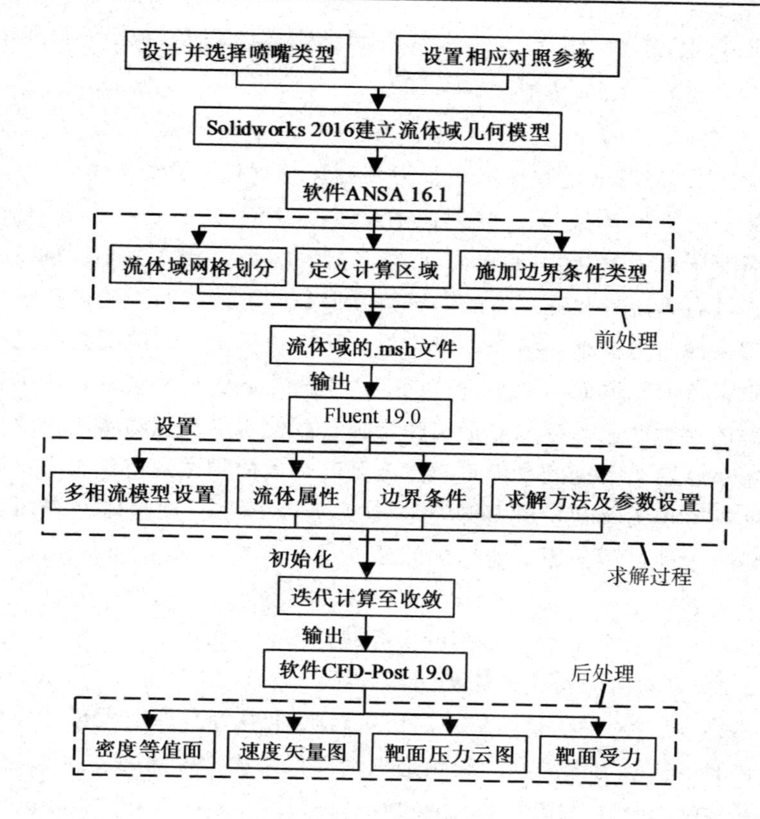

图 7.13 流场仿真流程

通过软件 Fluent 19.0 对模型进行的求解设置主要包括：多相流模型设置、流体属性设置、边界条件设置、求解方法及参数设置。高压水射流过程中流体属性包括水和空气两种流体，因此在进行流体仿真时需要考虑多相流问题。在软件 Fluent 19.0 中提供体积流（Volume of fluid，VOF）模型、混合物（Mixture）模型和欧拉（Eulerian）模型三种多相流模型（Multi-phase Model）。其中 VOF 模型适用于空气和水不能相互掺混的流体流动，高压水通过喷嘴高速射出时空气和水不易发生掺混，因此将求解模型设置为 VOF 模型[180]。仿真分析中将空气设置为基本相（Primary Phase），将水设置为第二相（Secondary Phase）。考虑到在高压水射流实际工作过程空气和水存在一定的相互作用力中，为正确表征两者之间的相互作用在两相之间添加 0.0712 N/m 的表面张力（Surface tension）[181]，进而使仿真结果更加趋于真实工况。

高压水射流属于湍流流动，因此求解方法采用 k-ε 模型[182]。k-ε 模型包括标准 k-ε 模型（Standard k-ε model）、重整化群 k-ε 模型（Renormalization Group，RNG k－ε model）和可实现 k-ε 模型（Realizable k-ε model）三种计算模型。其中可实现 k-ε 模型适用于管道流等各类射流问题，因此可实现 k-ε 模型被采用为求解方法。通过软件 Fluent 19.0 完成的求解过程的设置总结如表 7.1 所示[183,184]。

表 7.1　数字化模型仿真设置总结

Model settings		Numerical settings	
Multiphase model	VOF	Pressure - velocity coupling	PISO scheme
VOF scheme	Explicit	Pressure	PRESTO!
Time dependence	Steady	Momentum	First order
Viscous model	Turbulent	Volume fraction	Geo reconstruct
Turbulence model	k-ε realizable	Turbulent kinetic energy (k)	2nd order
Surface tension	0.0712 N/m	Turbulent dissipation rate (ε)	2nd order

完成参数设置后即可对高压水射流对壁面的冲击力进行仿真求解。为了研究电主轴高速旋转过程中的最大冲击力，根据试验条件选择的参数设置如下：喷嘴入口处的水压 P_1 和出口处的空气压力 P_2 分别设定为 19 MPa 和 101 325 Pa；喷嘴入口直径 d_1 和出口直径 d_2 分别设定为 7 mm 和 3.56 mm；电主轴（rotated wall）的速度设置为 30 000 r/min；设计合理的喷嘴的最佳目标距离约为其直径的 50～100 倍[176]，因此目标距离设定为 178 mm。高压水的速度和冲击表面的压力的仿真结果如图 7.14。图 7.14a 显示喷嘴外的最大速度为 197.83 m/s。根据等式（7.9）计算得到的速度最大理论值是 201.64 m/s。相对误差约为 1.89%，验证了模拟的有效性和正确性。从图 7.14b 可以看出，冲击力可以从撞击壁上的平均压力获得。最大冲击力的模仿真值如表 7.2 所示。

$$v=\sqrt{\frac{2(P_1-P_2)}{\rho}\left[1-\left(\frac{d_2}{d_1}\right)^4\right]} \tag{7.9}$$

式中：v——喷嘴出口速度，m/s；

P_1——喷嘴入口压力，Pa；

P_2——喷嘴出口压力，Pa；

d_1——喷嘴入口半径，mm；

d_2——喷嘴出口半径，mm。

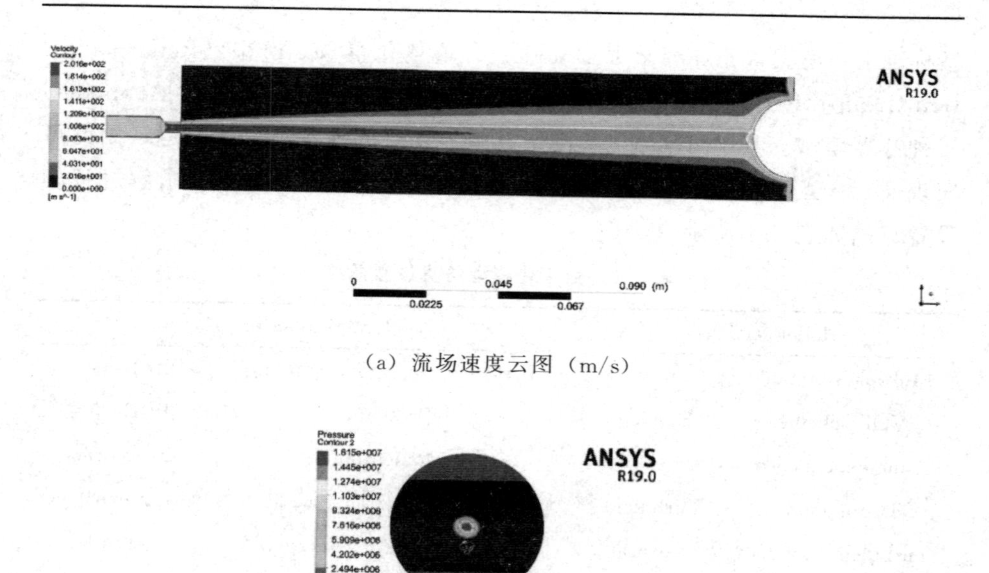

（a）流场速度云图（m/s）

Pressure
Contour 2
1.615e+007
1.445e+007
1.274e+007
1.103e+007
9.324e+006
7.616e+006
5.909e+006
4.202e+006
2.494e+006
7.867e+005
-9.208e+005
[Pa]
ANSYS
R19.0
0
0.03 (m)
0.015

（b）压力云图（Pa）

图 7.14 高压水的速度和冲击表面的压力的仿真结果

7.2.2.3 高压水射流的主参数设计

高压水射流的主参数直接决定了高压水射流装置的冲击力大小、设备成本等，也是确定高压水射流装置型号必须的参数[176]，主要包括：射流压力 P、流量 Q、射流功率 N 和喷嘴直径 d_2。

射流功率主要由射流压力和流量决定，其计算公式为[177]：

$$N=\frac{PQ}{60\eta} \tag{7.10}$$

式中：N——喷射功率，kW；

η——具有机械效率，通常在 0.85～0.95 之间；

P——喷射压力，MPa；

Q——流量，L/min。

喷射功率决定了高压柱塞泵的功率，液压装置（如高压软管和控制阀组）的选择，以及原动机（电动机）的选择，最终决定了系统的成本。

喷嘴直径主要是由压力和流量两个基本参数据决定的，其计算公式简化为[177]：

$$d_2 = \sqrt{Q/0.658\sqrt{P}n_1} \times \xi \tag{7.11}$$

式中：d_2——喷嘴直径，mm；

n_1——喷嘴孔数；

ξ——喷射系数，一般取 1.05～1.10；

P——喷嘴出口前端水压，kg/cm^2；

Q——喷嘴出口流量，L/min。

试验电主轴的拉刀机构符合 DIN69893-HSK-C32 的尺寸要求，刀具直径范围为 0.5～10 mm。机械加工手册[185]中的铣削力经验公式如下：

$$T_e = \frac{E_e d_t}{2 \times 10^3} \tag{7.12}$$

式中：T_e——扭矩，N·m

d_t——刀具直径，mm；

F_c——铣削力，N。

试验电主轴的额定扭矩为 1 N·m，因此由式（7.12）计算得到电主轴所受最大铣削力为 200 N。根据等式（7.7）—（7.11）选择的高压水射流的主参数如表 7.2 所示。由于射流扩散和空气阻力的影响，实际冲击力 F_L 远小于上述理论冲击力 F。经验公式（7.8）表明实际冲击力 F_L 只能达到理论冲击力 F 的 0.6～0.85 倍[177]。表 7.2 表明：本课题选择的高压水射流主参数可以满足试验电主轴的加载要求。

表 7.2　高压水射流的主参数

射流功率 N/kW	流量 QL/min	射流压力 P/MPa	喷嘴直径 d_2/mm	理论冲击力 F/N	经验公式冲击力 F_L/N	流场仿真冲击力 F_{CFD}/N	30 000 r/min 下流场仿真冲击力 F_R/N
37	95	19	3.56	308	184.5～261.8	221.48	219.98

7.2.3　高压水射流加载系统的加载性能测试

7.2.3.1　冲击力的标定试验

在对高速电主轴进行动态加载之前，需要标定高压水射流的冲击力，形成高压水射流参数与冲击力对应关系的数据库，从而指导对高速电主轴的定量加载。

标定原理是直接利用高压水射流冲击压力传感器。图 7.15 为高压水射流冲击力标定试验装置。试验测量的靶距 L、射流压力 P、喷嘴直径 d_2、流速 Q、标靶直径 D_t 对高压水射流冲击力影响和对应关系如下：

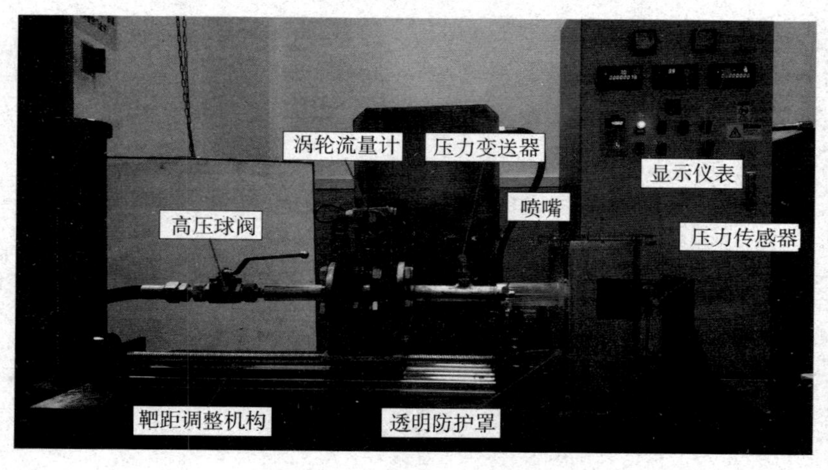

图 7.15 冲击力标定试验装置

①靶距与冲击力的关系：高压水射流作用于物体表面的冲击力不仅取决于射流基本参数，同时取决于靶距（喷嘴出口到物体表面的距离）。了解射流对物体表面的冲击力最大时的靶距（最佳靶距 L_{opt}）有利于确定射流作业的最佳工况[186]。

靶距被调整为试验目标测量靶距后，将靶距调整机构锁死。在电动机启动并稳定运行后，通过溢流调压阀将喷射压力调节到 5 MPa，通过压力传感器测量冲击力的时间不少于 30s。然后将喷射压力调节至 10 MPa，再次测量稳定的冲击力时间不少于 30s。上述喷射压力为 5 MPa 和 10 MPa 下的冲击力被重复测试三次，图 7.16 为试验过程监测数据。然后将溢流调压阀调节至 0 MPa 后停止电动机。重新调节试验目标靶距，并重复上述试验。

图 7.17 为靶距对冲击力影响的试验测量结果。试验结果表明：射流喷出喷嘴之后，对垂直其轴线的固定面的总冲击力，开始时随距离的增加而增加，在一定距离上达到最大值，然后随距离的增加而逐步递减[187]。从图 7.17 中可以发现：直径为 2 mm 和 3 mm 的喷嘴的最佳目标距离约为 150 mm，分别是其直径的 75 倍和 50 倍。文献[177]表明对于设计优良的喷嘴在最好工况时的最佳喷射靶距约为其出口直径的 50～100 倍，这与本试验的测量结果相符合。

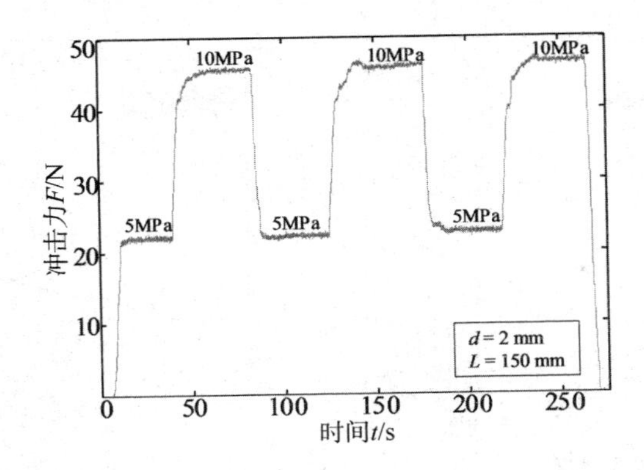

图 7.16　冲击力的试验数据（d_2＝2 mm 且 L＝150 mm）

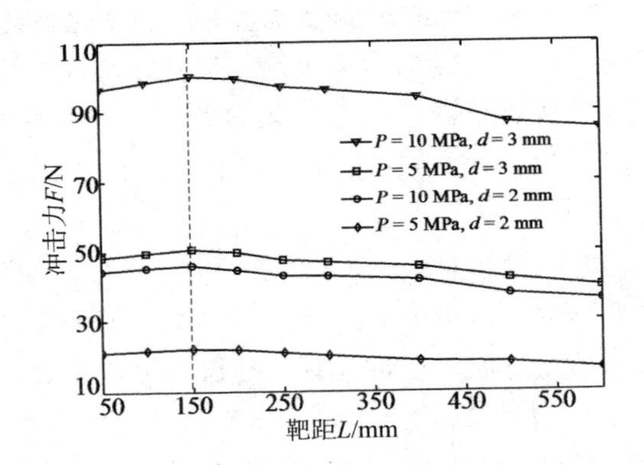

图 7.17　靶距对冲击力影响的试验测量结果

②喷射压力与冲击力的关系：确定了最佳靶距之后，主要通过喷射压力调控冲击力。因此，必要测量喷射压力对冲击力的影响，并形成相应的数据库。

将靶距固定为最佳靶距 150 mm。测试喷射压力为 5～19 MPa 内的射流冲击力，其中喷射压力的间隔为 2.5 MPa。每个喷射压力下冲击力的稳定测量时间不小于 30 秒。测量喷嘴直径分别为 2 mm、2.5 mm 和 3 mm 时，喷射压力对冲击力的影响，试验结果如图 7.18（a）可知：冲击力可以通过喷射压力方便且快速地调控。由图 7.18（b）可知：当喷射压力在 19 MPa 以内时，冲击力与喷射压力基本呈线性关系[181]。因此，根据图 7.18 的试验结果，可以通过线性插值计算任意数值冲击力对应的喷射压力。当喷嘴直径为 3 mm 时，最大冲击力为 182.5 N，与表 7.2 中的设计值基本一致。

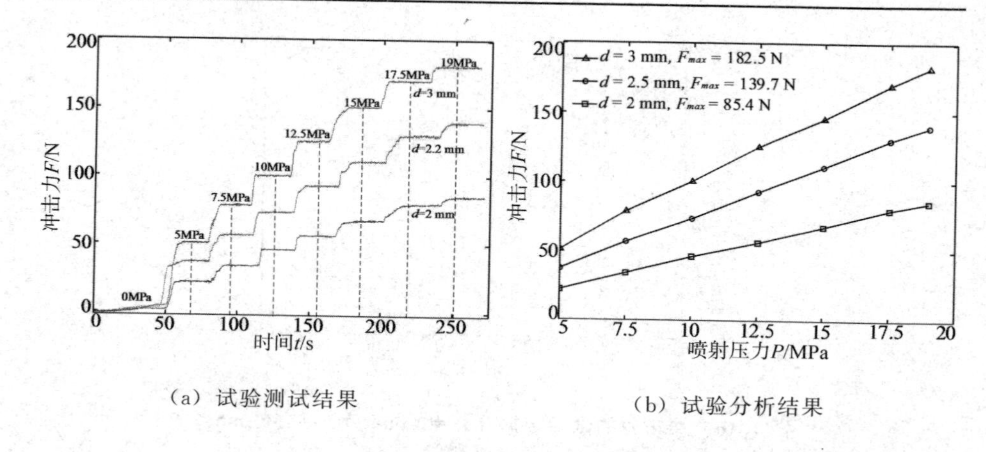

（a）试验测试结果　　（b）试验分析结果

图 7.18　喷射压力对冲击力影响的试验测量结果

③喷嘴直径（流量）与冲击力的关系：喷嘴是形成高压水射流的直接和关键组件。锥直形喷嘴被广泛应用于工程实践中，它具有冲击力大且集中、稳定的靶距和良好集束性等特点[188]。本节主要研究锥直形喷嘴的出口直径对冲击力的影响。

由图 7.18 可知，在喷射压力一定的情况下，冲击力随着喷嘴直径的增大而增大，这主要归因于流量随着喷嘴直径的增大而明显增大[189]。图 7.19 展示了上述试验中的通过涡轮流量计测量的流量随着喷射压力和喷嘴直径的变化规律。式（7.7）表明流量的增加会显著地增大冲击力，这与图 7.18 中的试验结果一致。但是较大的喷嘴直径会降低射流的集束性。总的来说，大型电主轴所需的加载力较大，且由于其转子直径较大，对集束性要求相对较低，因此可选择出口直径较大的喷嘴。对小型电主轴加载时可以选择出口直径较小的喷嘴。

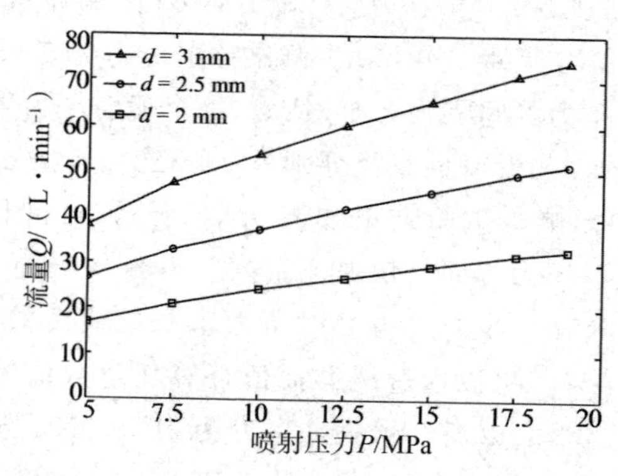

图 7.19　射流压力与流量的关系曲线

④标靶直径、转速与冲击力的关系：当利用高压水射流对电主轴轴向加载时，标靶为旋转的平面；当对电主轴径向加载时，标靶为旋转的圆柱面。本节主要研究标靶直径和电主轴转速对冲击力的影响，这有利于提高加载精度。

当射流压力为5 MPa和10 MPa时，试验测量标靶直径分别为25、30、40、50 mm和∞（平面）的冲击力。以及通过6.3.2节中的流场仿真模拟标靶在静止状态和旋转状态下的冲击力，当标靶转速为30 000 r/min时的试验测量和模拟仿真的结果如表7.3所示。试验结果表明：当标靶直径范围在25～50 mm时，冲击力随着标靶直径的增加而略有增加，但增大幅度非常小。当标靶为平面时，冲击力大于圆柱表面的冲击力。模拟仿真的冲击力大于试验测量结果，这主要归因于以下两方面原因：第一，在模拟仿真过程中忽略了喷嘴内部的局部阻力，如冲击损失、转向损失、涡流损耗和加速度损失等，因此模拟仿真流量大于试验实际流量。第二，在试验测量过程中压力变送器与喷嘴入口之间存在压力沿程损失，因此模拟仿真喷嘴入口压力也大于试验实际喷嘴入口压力。但是，模拟仿真结果冲击力的变化趋势与试验测量结果一致，说明模拟仿真具有一定的正确性。仿真结果还表明：平面和圆柱面的标靶在高速旋转状态下的冲击力较静态略有下降，但是下降幅度非常低小，基本可以忽略不计。因此在实际应用加载过程中忽略转速和标靶直径对冲击力的影响，但是平面标靶和圆柱面标靶冲击力的差别不容忽略。

表7.3　标靶直径和转速对冲击力影响的试验和仿真结果（d_2=2 mm；L=150 mm）

射流压力	途径	状态	冲击力/N				
			D_t25 mm	D_t30 mm	D_t40 mm	D_t50 mm	∞
5 MPa	试验	静态	19.25	19.35	19.55	19.65	21.95
	仿真	静态	22.19	22.25	22.33	23.12	25.49
		30 000 r/min	21.09	21.60	22.18	22.82	24.83
10 MPa	试验	静态	41.42	41.54	41.96	42.25	45.86
	仿真	静态	45.23	46.53	47.45	47.68	50.01
		30 000 r/min	44.63	46.08	47.08	47.09	49.43

7.2.3.2　受载电主轴的动态性能测试

通过高压水射流加载电主轴来模拟电主轴的实际工况，并测试外负载对125MST30Y3型电主轴动态性能的影响。测试的电主轴动态性能主要包括：温升、功率损耗和振动。前轴承、后轴承和定子的温度由安装在电主轴内部的温度传感器（PT 100）测试；利用三相电参数仪（青智8960C1型）测量电主轴的功率损耗；电主轴的振动由安装在壳体前端上的内装IC压电加速度传感器（朗斯 LC0103T 型）测量。图 7.20 展示了利用高压水射流对电主轴进行动态加载的实际布置图。

将径向加载支路的高压球阀关闭，轴向加载支路的高压球阀开启。根据操作规范将电主轴的速度升至 30 000 r/min，测试电主轴在空载条件下的动态性能。在电主轴的温度基本稳定后，高压水射流的动力系统被启动。将射流压力调至 4.38 MPa（F_a=19.25 N），测量轴向载荷对电主轴动态性能的影响。在电主轴的温度再次基本稳定后，将射流压力升至 9.05 MPa（F_a=41.42 N）。在电主轴的最终温度稳定后，关闭高压水射流的动力系统，然后再关闭电主轴系统。试验监测过程如图 7.21 所示。温度和功率损耗的稳定值取测量信号的平均值作为试验结果。对 20 s 的振动信号进行傅立叶变换以提取电主轴振动的幅值和频率。由图 7.21 的试验结果分析可知：电主轴的温升、功耗损耗和振动在负载作用下更为严重，空载测试不能反映电主轴的实际工况[190]；使用高压水射流可实现对电主轴的高速、长时、稳定和定量的动态径轴向力加载。

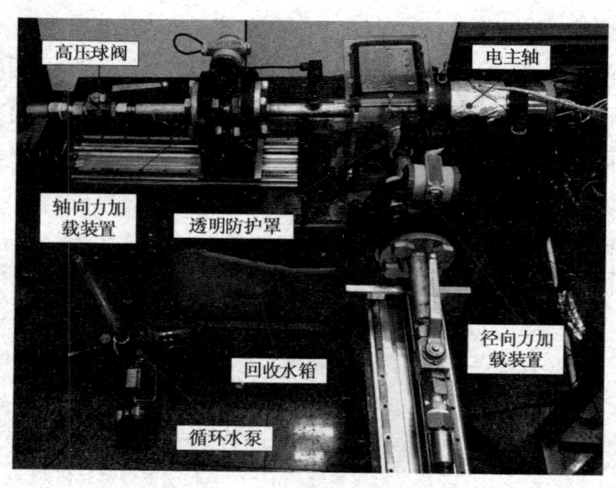

图 7.20　高压水射流加载电主轴的实物图

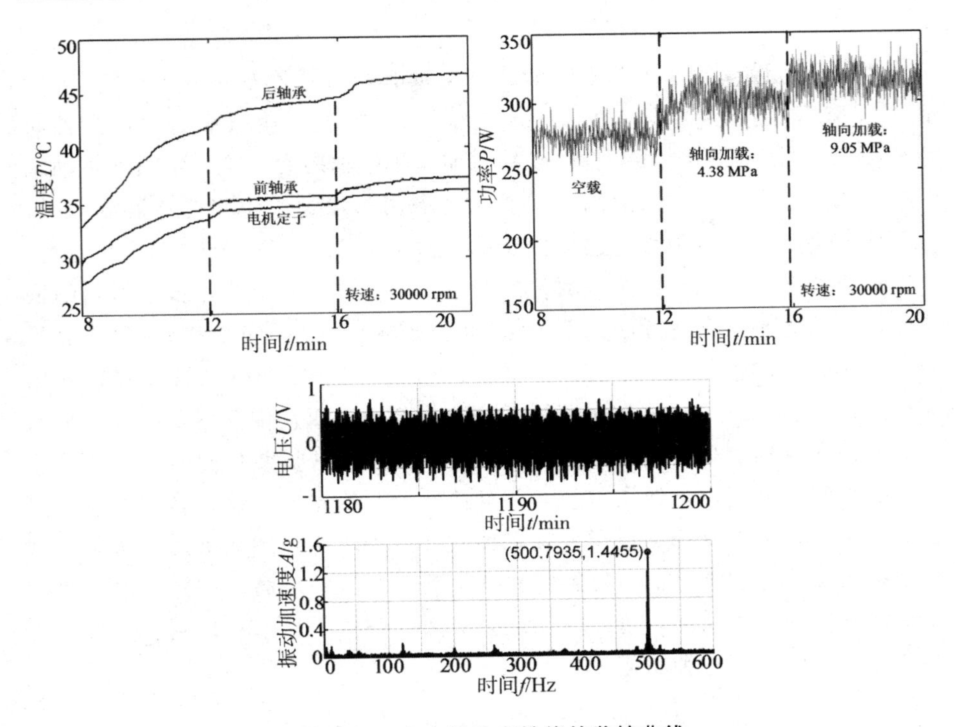

图 7.21 电主轴动态性能的监控曲线

7.3 电主轴非接触式动态径/轴向力加载方法

刚性接触式加载法适用于电主轴转速在中、低档。高压水射流加载虽然不受电主轴转速限制，但是其在位移传感器布置上存在困难，尤其是轴向振动位移传感器的布置，因此高压水射流加载方法更适合于电主轴寿命、可靠性或精度保持性等需长时间加载的试验研究中。当电主轴转速超过60 000 r/min时，需要采用非接触式加载实现电主轴的动态支承刚度测试。

7.3.1 基于电磁原理的电主轴非接触式加载方法

利用电磁耦合关系所产生的电磁力实现对电主轴的非接触式加载。采用磁场力对被测电主轴进行加载，是利用磁场对铁磁材料有力的作用原理，即首先用励磁绕组激发一个单极磁场，然后将铁磁材料置于该磁场中，使其产生力的作用，改变励磁绕组磁场（电流）的大小或磁场与铁磁材料之间的距离，就可以改变两者之间的相互作用力，从而实现对电主轴的非接触加载[191,192]。

本课题组设计的基于电磁原理的电主轴非接触式加载系统如图 7.22 所示[193]，由径向励磁绕组（14）对导磁环（6）施加非接触径向力，由轴向励磁绕组（9）分别对导磁圆盘（7）施加非接触轴向力。该方法因电主轴刚度测试牵涉到变形位移量的测量，所以当采用非接触式位移传感器测试时，需要防止励磁磁场对位移传感器的干扰。为此，采用陶瓷测试棒（3）防止电磁耦合的交叉干扰。由于位移传感器（4）和（5）只能测量金属材料的振动位移，因此必须在陶瓷测试棒（3）上安装导磁材料（6）和（15）。加载力的大小由力传感器（8）和（12）测量。位移传感器和电磁铁设置在支架（2）、（11）和（13）上，并在导轨（10）上移动；而且传感器采用可拆装的方式设置在支架上，根据测试项目不同，移动支架或拆装传感器，使传感器的功能得到充分利用，使用方便，并且使装置结构紧凑，设备利用率高。控制系统采用数字控制和测量子系统，加载部分采用电磁加载机构，从而可以在磁场下实现力磁耦合的非接触式连续加载，测量精度高，控制方便，并配以专门开发的分析软件，可以方便地完成数据采集、显示、存储、分析、运算、控制、触发等各种功能。

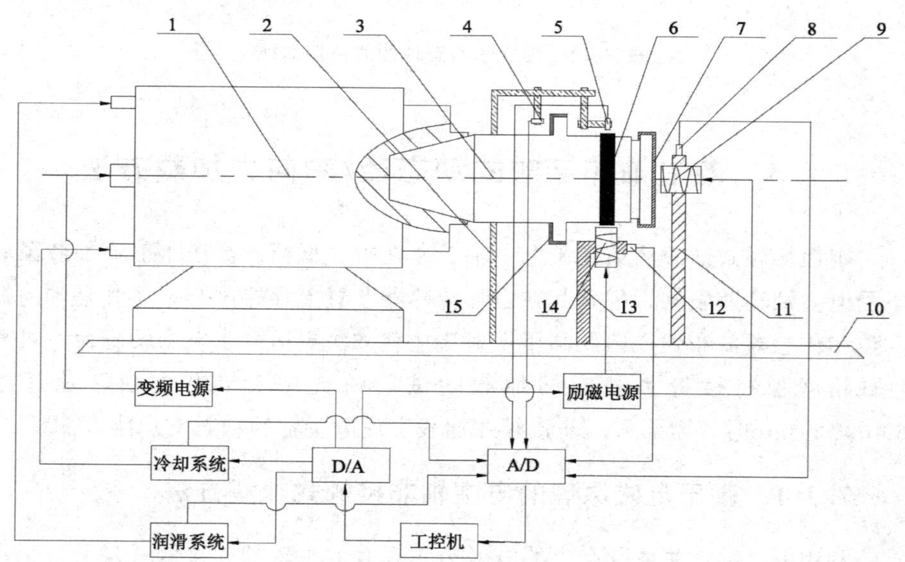

1. 高速电主轴；2. 支架Ⅰ；3. 陶瓷测试棒；4. 轴向位移传感器；5. 径向位移传感器 径向导磁环；7. 轴向导磁圆盘；8. 轴向力传感器；9. 轴向励磁绕组；10. 机床导轨；11. 支架Ⅱ；12. 径向力传感器；13. 支架Ⅲ；14. 径向励磁绕组；15. 轴向导磁环

图 7.22　基于电磁原理的电主轴非接触式加载系统

7.3.2　基于静压气膜的电主轴非接触式加载方法

冯明[194]提出了利用非接触气膜装置对高速电主轴进行加载，实现了电主轴的动态支承刚度的测试。静压气膜加载法原理如图 7.23 所示，气体径向轴瓦和被加载主轴构成轴承副，在加载过程中，利用小于 180°的静压气膜作用在主轴上的力实现对被测主轴的径向非接触加载。轴向加载则采用单向气体静压止推轴承的方式实现。在测试台设计中，针对被测主轴伸出端的尺寸和连接方式不尽相同的问题，设计了相应的测试假轴，使其一端与被测主轴相匹配，而另一端为标准结构，以便与气膜加载装置形成部分瓦静压气体轴承副，从而使气膜加载装置可适用于不同规格尺寸的主轴的测试。

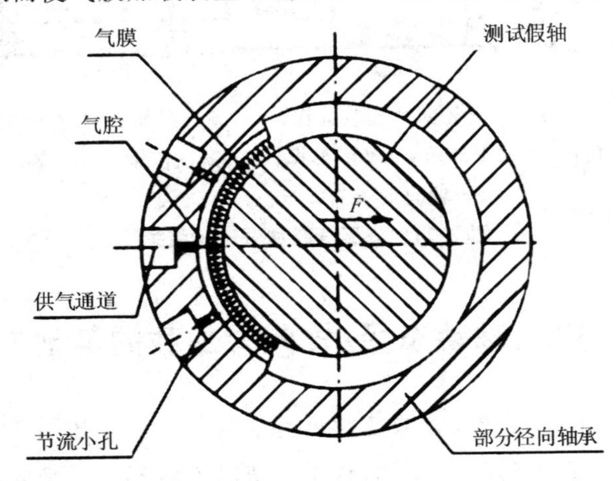

图 7.23　静压气膜加载法原理

静压气膜加载试验装置的结构如图 7.24 所示。该装置由气膜加载块（6）和其外部的五自由度调节机构组成。气膜加载块由部分径向气体静压轴承和单侧止推轴承构成。在气膜加载块外部框架上沿水平方向和轴向安装有直线导轨，即左右移动的导轨（7）和前后移动的导轨（4），以使气膜加载块在径向和轴向均能自由地滑动。这样，作用在测试假轴（9）上的径向力和轴向力的反力可以准确地传递给径向力传感器（5）和轴向力传感器（10）。通过调节旋钮（3）和（11），可以分别改变气膜加载块和测试假轴之间的径向和轴向间隙，从而改变了相应轴承副中静压气膜压力的大小，达到改变加载力大小的目的。为提高加载力大小，需尽量减小气膜加载块与测试假轴之间的径、轴向间隙。这对在结构上如何保证气膜加载块与测试假轴间有较好的同轴度提出了严格要求。为此，需通过五自由度微调机构以及相应的锁紧机构，实现对气膜加载块和被测主轴间同轴度的高精度调节。

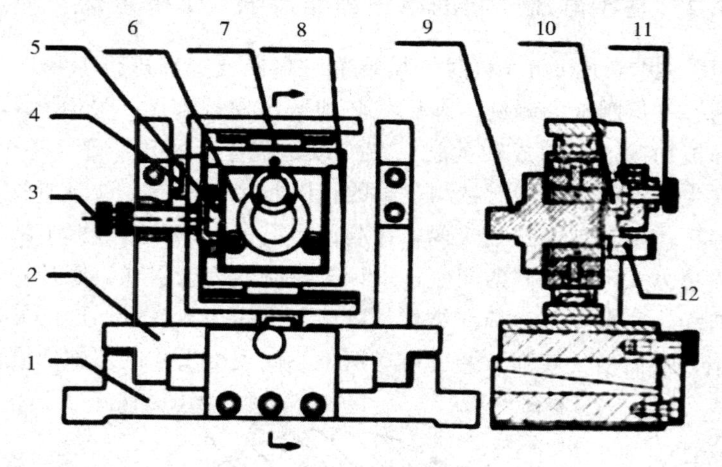

1—底座；2—外框；3—径向力调节旋钮；4—轴向导轨；5—径向力传感器；6—气膜加载块；7—水平导轨；8—U形框；9—测试假轴；10—轴向力传感器；11—轴向力调节旋钮；12—进气口

图 7.24 静压气膜加载试验装置

7.4 电主轴动态径/轴向力加载的其他方法

①减速法：利用传动方式减速后进行加载的方法，如图 7.25 所示。主轴的转速经过带传动减速后，用加载器或砝码等对其进行轴向、径向加载。这种方法使主轴所能达到的最高试验转速受传动方式的限制，直接影响到测试时所能涵盖的速度范围及试验数据的实用性，应用范围较小[140,195]。

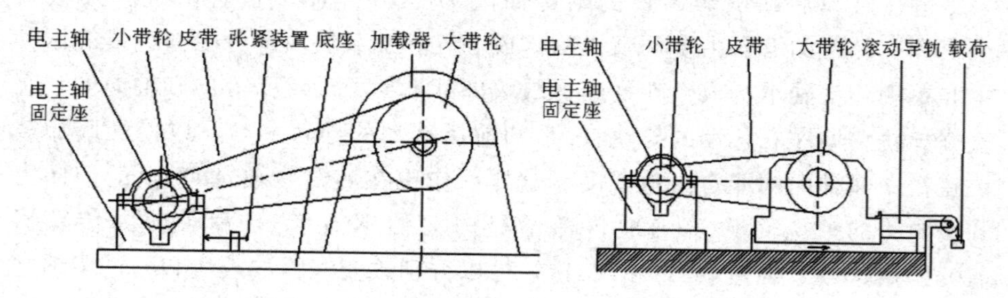

图 7.25 基于减速法的电主轴径向力加载示意图

②力锤法：通常情况下力锤在冲击端装有力传感器测量瞬时冲击力。铣刀安装在电主轴上后，有部分光滑圆柱体裸露在电主轴外部。利用力锤敲击

铣刀光滑的圆柱体，即可实现对电主轴的瞬时加载，如图7.26所示[196]。轴向加载时可利用特制加载棒/假轴代替铣刀。因力锤和铣刀的接触时间非常短，所以电主轴的高速旋转并不限制加载，在动/静态加载中都可以利用力锤法，并利用振动位移传感器测量电主轴转子的振动位移变响应。因力锤法的加载力不连续、偏小且具有随机性，所以力锤法很少应用于电主轴动态支承刚度测试中，但在电主轴动力学特性（传递函数）研究中应用较多。

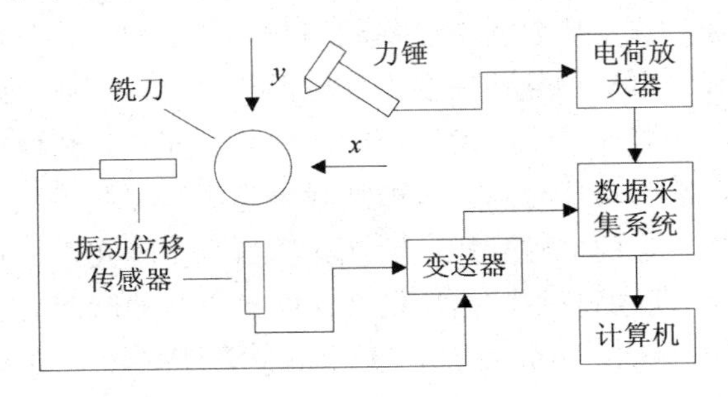

图7.26　基于力锤法的电主轴径轴向力加载示意图

7.5　电主轴动态径/轴向力加载法的横向对比

动静转换加载法是刚性接触式加载法的主流方法。动静转换加载法中滚动轴承在高速状态下存在因接触磨损而产生大量摩擦热，以及因磨损而导致加载的连续性问题，因此该方法不适合长时间加载。当对静止外圈加载时，轴承内圈会对转子动平衡产生影响；当对静止内圈加载时，轴承外圈与主轴之间的接触磨损会加剧，因此该方法不适合超高转速加载。但是动静转化法依然是电主轴动态刚度测试中应用较广的方法，这主要归因于：第一，动静转化法的结构组成简单，成本较低；第二，动静转化法的变形位移较易测量，而且受到的电磁干扰较小；第三，刚度测试时通常加载时间不需要过长，在短时加载时，动静转化法的加载力较稳定，而且加载力较大且连续。静止内圈加载法与传统的静止外圈加载法相比，该试验装置对安装精度和动平衡要求较低，适用的转速更高；试验装置适用于不同类型和尺寸电主轴的刚度测试，即试验装置的通用性较强。但是静止内圈加载法不易对电主轴实施轴向力加载。

高压水射流柔性接触式加载法与电主轴系统没有刚性接触，而且靶距误差对冲击力影响不大，因此加载系统对动平衡和安装精度要求较低，安装调试时间短，更适合高速和长时的加载需求。高压水射流技术相对成熟，冲击力稳定且可设计得非常大，同时可以通过高压水射流主参数控制冲击力，因此该加载系统可以实现电主轴的稳定和定量加载。由于加载系统独立于电主轴系统，因此该加载系统的通用性强，可在同一套加载系统中对各种型号电主轴进行动态加载。但是，该加载系统的组成相对复杂；而且为了测量电主轴动态支承刚度，还需进一步优化位移传感器的布置方式。

非接触式加载法主要包括电磁加载和静压气膜加载，其最大的特点是适用于超高速加载。电磁加载往往会引发电涡流效应，从而导致电主轴的温度升高，因此电磁加载通常也不用于长时间加载。而且，感应电涡流方向与电磁场方向相反，造成转速越高，电磁加载力越小，加载不稳定。电磁加载的控制磁场会产生一定的电磁干扰，因此在测量电主轴变形位移量时需做必要防护措施。静压气膜加载中的高压空气在喷出气孔的瞬间会急速泄压，这就要求气隙必须控制在 10 μm 左右，这对相关零件的加工精度和安装精度提出了严苛的要求，相关设备和技术需达到空气静压轴承级别，因此成本和技术难度不低。总之，非接触加载适用于超高速加载，但其间隙调整困难，负载小且易偏心。

基于以上原因，动静转换加载法、高压水射流加载法、电磁加载法与静压气膜加载法的优缺点比较如表 7.4 所示。

表 7.4　电主轴动态径轴向力加载法的横向对比

影响因素		动静转换加载法	高压水射流加载法	电磁加载法	静压气膜加载法
接触方式		刚性接触式	柔性接触式	非接触式	非接触式
组成		简单	复杂	简单	简单
成本		低	高	低	高
加载性能	加载精度	定量	定量	定量	定量
	加载时间	短时	长时	短时	长时
	适用转速	低速	高速	高速	高速
	加载稳定性	稳定	稳定	不稳定	稳定
	调试时间	较短	较短	较长	较长
安装精度要求		较高	较低	较高	较高
加载量程		高	高	低	低

第 8 章　高速电主轴的试验检测方法

在电主轴产品性能与运行品质试验方法和测试技术方面，国外仅有领先的企业掌握有该技术，是其取得高端市场竞争优势的机密技术。国内企业常常仅做电主轴产品出厂空载运转测试，或按照普通机械主轴的检测标准/规范，测试径向跳动来检测运行精度以及测量静态刚度等指标。国内高速电主轴运行品质如动态精度及精度保持性、动态输出扭矩、动态刚度、可靠性、平均无故障运行时间等关键指标的检测试验方法和技术尚待攻克并具有迫切需要[197,198]。因此，发展电主轴的试验方法和测试技术对于装备制造业升级换代并进一步提升核心竞争力至关重要[199]。

本章总结了电主轴试验或使用过程中的共性要求、注意事项和操作规范等方面的知识，并对关键、难于操作或易忽视的细节做了详细说明，为电主轴试验平台搭建和动态性能检测提供一个可信的参考样本。在第 6 章和第 7 章完成电主轴动态加载的基础上，对电主轴的轴承支承刚度、轴承摩擦损耗、回转特性、输出特性、电磁特性、温升特性等综合性能指标的检测提出了试验方案，为电主轴运行品质及关键指标提供试验检测方法、技术及应用示范。

8.1　电主轴试验平台建立的基础条件

8.1.1　电主轴试验平台对电源质量的要求

由变频器和变频电机组成的调速系统已经成为现代机械的重要组成，高速电主轴就是其中一例[200]，必须严格按电主轴电动机参数及频压曲线配置变频器（电压、频率、功率），变频器的输出电压和频率必须与主轴电机参数一致。电主轴工作时不得超过铭牌规定的转速、电压、电流值。若低速工作，电压与频率应正比例下降，同时功率也相应下降。工作转速通常不应低于额定转速的 1/2。

8.1.1.1　变频器对电网电源的质量要求

电源是维持主轴系统正常工作的能源支持部分，它失效或故障的直接后果是造成系统停机，甚至毁坏整个主轴系统。更重要的是，主轴系统的控制程序与检测数据等都存储在RAM存贮器内，系统断电后，靠电源的后备蓄电池或锂电池来保持，当停机后拔插电源或存贮器时，都可能造成数据丢失，使系统不能正常运行。

其次，高速电主轴的输入电压是远超工频50 Hz的高频电源，因此其前面必须经过高频变频器进行电压与频率的处理，以满足主轴运行的需求。从而在电源中不可避免地引入了高次谐波成分和电磁耦合干扰等[201]，而变频器的输入电压通常是三相交流的380 V、50 Hz工频电源，电网的电压波动和高频脉冲干扰同样会进入电源电压中，如把上述干扰因素带入主轴的电源电压中，将会严重影响主轴的运行质量。鉴于此，本小节将从主轴的电源质量要求和操作人员的用电安全角度出发，对主轴的电源安装及电线布置做如下规定：

①对电压波动量的控制要求[202]

电网电压波动量的控制：由于我国的电源电压波动量较大，质量差，同时隐藏有高频脉冲这一类的干扰，再加上人为因素，如突然拉闸断电与用电高峰期间电网电压所产生的超差量等，不仅会使主轴无法进行正常工作，而且会对主轴的电源控制系统造成损坏，导致有关数据的丢失。因此需要在主轴的安装车间配置具有自动补偿调节功能的交流稳压供电系统，以提高电源的供电质量。如果是单台主轴系统，则可单独配置交流稳压器来解决，使电网电压的波动量控制在＋10％～－15％之间。另一方面，为了精简线路，同时也为了防止线路间的相互干扰，主轴及其控制系统的供电电源统一从变频器输入、输出端口获得，即将变频器的输出端直接与高速电主轴的输入端连接，以获取主轴所需的高频电压；而对其控制部分，因所需的电压为220 V、50 Hz，可以直接从变频器的输入端获取。

需要注意的是，接线时，务必将电源线直接连到电源切断开关的电源端子上，或单独为电源线设置独立的接线座。电源切断开关的手柄应容易接近，应安装在易于操作的位置以上0.6～1.9 m间，以上限值不超过1.7 m为宜，这样可以在发生紧急情况下迅速断电，以减少损失和避免人员伤亡。

直流电压波动量的控制：交流电压经变频器的整流电路进行整流、滤波后，转换成恒定的直流电压。当主轴的负载增大，使得电流增加时，或者电网的供电电压降低时，都会使变频器整流后的直流电压值下降；相反，如果负载减轻，或电网的供电电压上升，则经变频器整流电路后的直流输出电压同样上升，这两种都会影响主轴的输入电压，进而影响主轴的运行质量。为了避免上述情况出现，需要在变频器的滤波电路后、逆变电路前加入直流稳压稳流装置。该装置的作用是当主轴负载增大或调流电位下降时，能自动从稳压状态转换到稳流状态；当主轴负载减轻时，或调流电位增大时，能自动从稳流状态转换到稳压状态，从而确保主轴在负载变化时始终有恒定的供电电压。

②谐波干扰的抑制要求[203]

由前述知，电网电压中含有高频脉冲成分，因此需要将其滤除。同时，当同一网络中接有多台变频器时，或含有大容量的晶闸管设备时，或变频器的容量不足供电变压器容量的$\frac{1}{10}$时，会使网络电压波形发生畸变，干扰设备的正常工作，解决的办法是在变频器的整流电路和滤波电路之间接入交流电抗器或直流电抗器，甚至采用 12 脉波整流的方式，以消弱电网的浪涌电流和电源电压不平衡的影响，进而改善变频器进线侧的功率因素，最大可能地滤除电流中的高次谐波成分。当直接采购成品变频器时，可采用变频器专用 EMC 输入滤波器，将其连接在电网与变频器之间，可有效抑制变频器和电网之间谐波分量的相互干扰。

8.1.1.2　变频器对外接线路的设计要求

因电网电压和变频器的调制方式及高速电主轴绕组的电感性质，使得从变频器中产生的输出电流中含有高次谐波成分，并通过电源网络使网络电压产生畸变；同时，通过变频器输出线路与大地之间或地线之间存在的分布电容而产生漏电流，这些漏电流经地线传播到其他设备，从而干扰其他设备的正常运行。另一方面，变频器输出电流中的高次谐波信号将通过感应耦合的方式和电磁辐射的方式，对其他设备的控制线路或采集线路产生感应，干扰电流，破坏其运行品质或采集精度等[204]。为了避免上述不利影响，需要对变频器的外接线路进行合理布置，具体方法如下：

①远离原则：由于干扰信号的大小与受干扰控制线和干扰源之间距离的平方成反比，因此高速电主轴系统的各种辅助设备的控制线应尽量远离变频器的输入、输出线。

②不平行原则：控制线如果和变频器的输入、输出线平行，则两者间的互感较大，分布电容也大，故电磁感应和静电感应的干扰信号也越大。因此，控制线在空间布置时，应尽量与变频器的输入、输出线交叉，最好是垂直交叉。

③相绞原则：两根控制线相绞，能够有效抑制差模干扰信号。这是因为两相邻绞距中，通过电磁感应产生的干扰电流的方向是相反的。控制线相绞

后，其抑制差模干扰信号的效果与绞距有关：绞距越小，则抑制差模干扰信号的效果越好。

④采用屏蔽线：为了防止外来的干扰信号窜入控制电路，控制电路应采用屏蔽线。当控制线与变频器相接时，屏蔽层可不用接地，而只需将其中一端接至变频器的信号公共端即可。但屏蔽层不论是接公共端，还是接地，都只能在一端进行，切不可两端都接。

⑤正确接地：设备接地的主要目的是安全，同时也具有将高频干扰信号引入大地的功能，接地时，应注意以下几点：第一，接地线应尽量粗一些，接地点尽量靠近变频器；第二，接地线应尽量远离电源线；第三，变频器所用的接地线必须和其他设备的接地线分开，绝对避免把所有设备的接地线连在一起后再接地；第四，变频器的接地端子不能和电源的“零线”相接。

⑥变频器的输出端不允许接电源：因变频器逆变电路中的逆变管是单向交替导通，当其输出端外接电源时，很容易在某一瞬间因逆变回路中的一个逆变管导通而造成外接电源短路，进而烧毁该逆变管。又由于双极性调制时，逆变回路中各逆变管的间隔时间只有几微秒，因此，当一个逆变管损坏时，基于同样的原理，在转瞬间，其他几个逆变管也将损坏殆尽。

⑦变频器输出端不允许接电容：如果在变频器的逆变回路中接入了电容器，则当与直流电路“＋”端相接的逆变管导通时，逆变管将额外增加了电容器的充电电流；而当与直流电路“－”端相接的逆变管导通时，逆变管将额外地增加了电容器的放电电流。因充电电流和放电电流的峰值往往是很大的，所以，将影响逆变管的使用寿命。如果电容器的容量足够大，甚至可使逆变管立即损坏。

⑧ 主动抑制谐波干扰：采用以上方法依然无法避免变频器对其他设备的电磁干扰时，可在变频器和电主轴之间接入变频器专用 EMC 输出滤波器，用于抑制变频器产生的传导干扰和无线电干扰，防止变频器工作时对其他数字设备产生的干扰，同时具备共模和差模抑制能力。将变频器设置在独立的控制柜中，将控制柜准确接地，也会起到一定抑制电磁干扰的作用，但是控制柜需配置散热扇，防止变频器在密闭空间内因散热不良而故障报警。

本课题组搭建的一套电主轴驱动控制系统主要包括：变频器、控制柜、断路器和 EMC 输入/输出滤波器等，如图 8.1 所示。变频器专用 EMC 输入/输出滤波器用于抑制变频器工作时对电网和其他数字设备产生的干扰。断路器主要用于变频器的过载保护和供电电源的通断。控制柜外端设置外引控制面板、启动/停止按钮、急停开关等，可实现方便且安全地操控变频器，同时将控制柜接地后可进一步减小变频器对试验环境的电磁干扰。

图 8.1　高速电主轴驱动控制系统

8.1.2　电主轴对安装环境的要求

高速电主轴是精密高速加工设备，当环境的温度和湿度相差比较大时，会对主轴的运行性能产生影响。当主轴运行在潮湿的环境下时，会降低高速电主轴的可靠性；尤其在酸气较大的潮湿环境下，会使印制线路板和插件接口锈蚀，使主轴的电气故障增加，因此在夏季和雨季时应对高速电主轴的运行环境有去湿的措施。另一方面，高速电主轴的轴承是采用油雾或油气进行润滑和冷却，因此需要空压机和储气罐提供干燥、清洁的冷却气源。而空压机和储气罐的安装需要根据高速电主轴的安装环境、主轴对气源的质量要求等进行合理布置。

鉴于上述情况，为了确保主轴的运行精度，高速电主轴的安装环境与规格，应满足以下要求：

①主轴安装环境的要求

A. 工作环境温度应在 0～35 ℃之间，避免阳光对高速电主轴的直接照射，室内应配有良好的灯光照明设备。

B. 为了提高主轴的运行精度，减小主轴的热变形，尽可能将高速电主轴安装在相对密闭的、加装空调设备的厂房内。

C. 工作环境相对湿度应小于 75%，高速电主轴应安装在远离液体飞溅的场所，并防止厂房滴漏。

D. 对油雾润滑型电主轴，安装场地应安装有排气扇，以便从轴承溢出的剩余油雾能被及时排出，以免油雾被操作人员吸入，损害健康。

②空压系统的安装要求

为高速电主轴提供气源的空压系统主要包括：空压机、储气罐、干燥器、过滤器等设备。空压机的作用是生产压缩空气，为主轴的润滑提供气源。常用空压机有往复活塞式空气压缩机和螺杆式空压机，前者成本低、噪声大，后者成本高、噪声小。储气罐的主要作用是对压缩空气进行保压和储存，并分离压缩空气中液态的水分和油分。干燥器的作用则是分离压缩空气中气态的水分，并将高热的压缩空气温度降低，使压缩空气中 99% 的水分释放并吸收。过滤器的作用是将压缩空气中的粉尘和油污最大限度地过滤掉，从而为高速电主轴的润滑提供干燥、清洁的气源。

因空压机的噪声比较大，振动比较明显，会对主轴系统的运行精度和数据检测产生影响；同时，储气罐中的压缩空气如操作不当而发生泄漏，可能会对人体或设备造成损害。所以安装时，需要满足如下几点：

A. 空压机、储气罐一定要与高速电主轴的安装环境相隔离，既是为了防止空压机的噪声和振动对主轴运行时的精度和数据检测产生影响，同时也是为了防止储气罐漏气时对人体或设备造成损害。

B. 空压机、储气罐、干燥器、过滤器等安装时，每个设备之间的距离一定要摆放好，空压机与储气罐之间的距离不能小于 100 cm；储气罐的接法应遵循低口进，高口出的原则；储气罐与干燥器之间的距离不小于 30 cm；当有独立的过滤器时，干燥器与过滤器之间的距离应不小于 30 cm，以方便设备维修、人员的通过和线路布置，如图 8.2 所示。

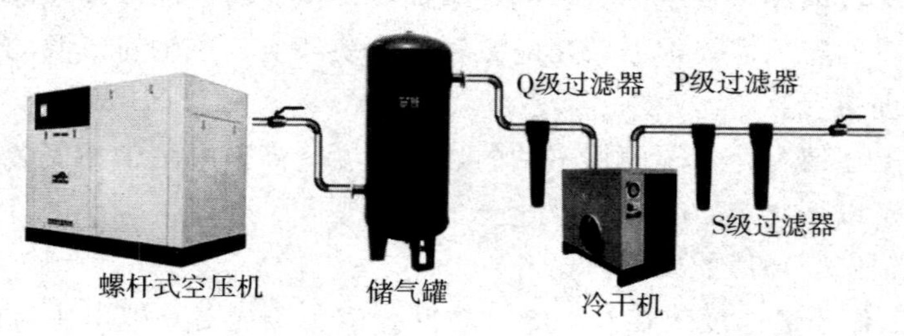

图 8.2 普通空压系统的组成和布置

C. 为了以后维修设备方便，摆放这些设备时，空压机与储气罐在空压机房中与四边墙体的直线距离应不少于 100 cm，并保持空压机房良好的通风条件，必要时加装排风扇，以便最大限度地保证空压机的使用寿命。

图 8.2 为普通空压系统组成和布置图，该系统占地面积较大。当放置空

压系统的场地受到空间限制时，可采用空压系统一体机，其实物见图 8.3 所示。空压系统的占地面积减小后，同样必须和电主轴系统相隔离，否则空压系统的噪声和振动会对电主轴系统造成干扰。

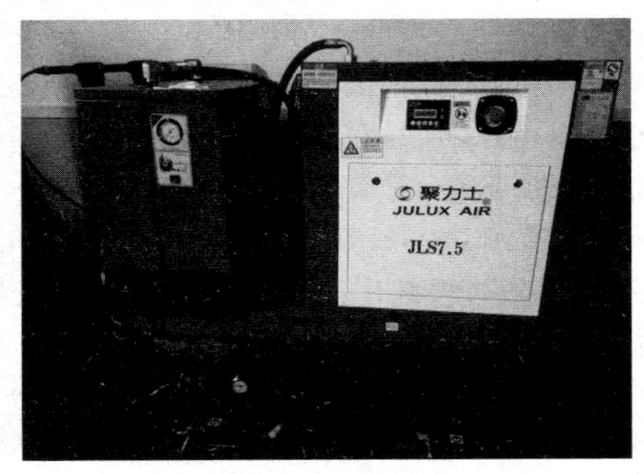

图 8.3　空压系统一体机

8.2　电主轴的操作规范

8.2.1　启动前的安全检查

按前述方法对高速电主轴进行安装和接线后，在正式启动高速电主轴之前，必须做好如下安全检查工作：

①空压机和储气罐中冷凝水的排尽检查

空压机在产生压缩空气的过程中，会使空气中的水汽和空压机中的油雾混合冷凝在空压机的汽缸中，而储气罐又直接与空压机相连，并且储气罐起着分离压缩空气中的水分和油分的作用，因此也同样会将这部分的油水冷凝在储气罐的底部。因此，为了确保主轴轴承润滑冷却气体的干燥和清洁，在空压机开启之前必须将空压机和储气罐内的油水全部排出。具体方法为：在空压机开启之前，先使空压机和储气罐中的气压保持在 0.1～0.2 MPa 之间，然后依次拧开空压机汽缸底部的排污口螺栓和储气罐底部的排污阀门，油水在气压的作用下从排污口喷射排出，并用容器或导管将油水排进专用的排污池中。待汽缸中的油水和气体都排尽后，拧紧螺栓并关闭储气罐的排污口阀门。

②气压检查

排尽空压机和储气罐中的油水后，开启往复活塞式空气压缩机空压机，待空压机达到原来设定的气压停机后，检查储气罐的压力是否在0.4～0.6 MPa之间。如果不是，则用螺丝刀在线调节空压机的气压调节阀，使空压机和储气罐的压力均达到规定的范围。如果是螺杆式空压机，需检查储气罐的压力是否达到空压机的额定压力。

当气源压力达到规定范围后，打开供气阀门，向被测电主轴供气，检查油雾或油气发生器的进气压力是否在规定范围（通常在0.2～0.8 MPa之间）。如果气压偏低，则说明管路有漏气；如果油雾或油气发生器的入口气压偏高，说明空压机的压力设置过大，应当将空压机的设定气压调低。在确认油雾或油气发生器的入口压力满足要求之后，根据试验对油气压力的具体要求，调节油雾或油气发生器上的气压调节旋钮，如图8.4和8.5所示，将入口压力固定在某一具体值，然后进行试验。

在油雾或油气发生器的进气压力满足要求后，保持气源压力、油雾或油气发生器的进气压力不变，用手依次按下油雾或油气发生装置中初次和二次过滤器下面的排污按钮（见图8.4和8.5），利用气流将积压在过滤器下面的粉尘、水和油排除干净，确保进入油雾或油气发生器的气流是纯净、干燥的气体。

③润滑油量的检查

在高速电主轴运行时，如果进入主轴轴承的气流是干燥的空气，而不是所需的油雾或油气，则轴承会因干摩擦而急剧磨损或烧毁。因此，在电主轴启动前，需要重点检查油雾或油气发生器在规定气压下是否上油。检查方法首先是检查油雾或油气发生器中储油罐的油量是否在规定的最低控制线以上，且未超过最高容许线；其次是检查油雾或油气发生器能保证正常供油；最后是对油雾或油气发生器的供油量进行调节，调节方法如下：

油气润滑系统如图8.4所示。油气发生装置中的每次供油量是由递进式分配器定量供给，并分两步进行：首先根据需要通过油量控制器设置高压油泵快速向输油管道循环注油的周期，然后设定高压油泵的每次灌油量。当进气压力达到输油管道末端分配器所需的压力差时，分配器动作，将输油管道中的润滑油通过定量元件定量（如0.025ml/次）压送到油气混合模块，最后由气流带动润滑油输送到润滑点。

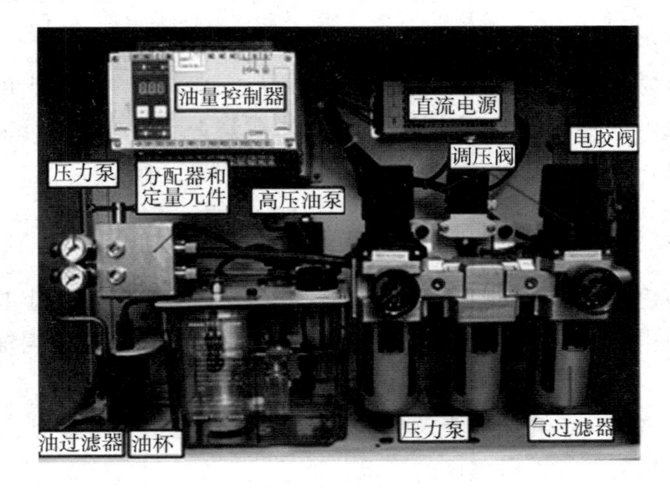

图 8.4　高速电主轴油气发生器结构图

油雾发生器的每次供油量是固定不变的，相当于油气发生装置中的定量元件，但每分钟的供油次数可调，尽管不能像油气发生装置那样精确，但大体上依然是可控和可调的，方法是：开启气源，保证油雾发生器的进气压力满足要求，然后根据需要调节油雾发生器上的供油量旋钮，手动设定每分钟的供油次数。它不能像油气发生装置那样，由 PLC 控制模块方便、快捷地精确设定供油周期，每设定一次，都需要经过多次调整，如图 8.5 所示。

图 8.5　高速电主轴油雾发生器结构图

④冷却水路检查

在检查完气路和油路后，开启冷却水泵后立即观察电主轴进出口水的流量是否充足，水路是否发生堵塞或漏水、水源是否清洁等，如有损坏，需立即关闭水泵，并进行更换。

8.2.2 操作规程细则

由于高速电主轴的使用目的不同，操作方法各异，所以本小节只对高速电主轴在使用过程中的共性问题进行归纳和总结，得出高速电主轴的操作规程如下：

①排：将空压机和储气罐、油雾发生器的初级过滤器中的水分排除，以保证进入主轴润滑部位时气体的干燥、清洁。

②查：对高速电主轴的气压、油雾或油气发生器中的储油量、水路和气路等进行检查。

③校准：对高速电主轴的各类传感器进行校准或调零。

④通：在上述检查合格的基础上，在主轴启动前，接通空气压缩机电源，对空压机充压。而后通气，观察润滑系统是否有油气对电主轴润滑，此过程需同时接通排气扇，将润滑油气排出室内；通水，观察冷却液管道，确保回油路有冷却液流出。

⑤启动：接通水和气 5 min 以保证主轴轴承进行充分的润滑和冷却后，接通变频器电源，先低频和空载状态下启动高速电主轴，观察电主轴是否堵转；且在主轴运行时，一定要将主轴的防护罩盖上，以防意外。

⑥闻：当主轴启动后，让其在空载下稳定运行，看是否闻到焦味，若有则紧急停机，并关闭电源。这一是防止电源短路，二是检查轴承是否发生干摩擦。

⑦听：在主轴启动后、加载前，检查主轴是否发生异样的噪声，如果有，则需要紧急停机并关闭电源。这是因为如果发生干摩擦，则必然损坏轴承，从而发出异样的噪声，同时，如果主轴的动平衡状态发生改变，产生振动或转子发生碰磨，则一定会发出非常刺耳的噪声。

⑧采：上述低速、空载条件下听和闻的过程也是电主轴的跑和过程，通常需要几分钟。此过程开启所有传感器，检查传感器通讯和读数是否正常，否则停机检查。

⑨加载：跑和结束后，将电主轴转速升至试验转速，待主轴在新的转速下运转稳定后，方可对主轴进行加载。加载时负荷需从低到高逐步增加，不

可对主轴造成剧烈的冲击性加载，以免主轴损坏或精度丧失。

⑩停机：在试验测试完成后，先保存数据，然后关闭测试软件，最后再关闭主轴的电源；

⑪停水、停气：主轴停转 5 min 后才能关闭气源和水泵，使主轴定子和轴承的热量大部分被带走，切忌在主轴停转前关闭气源和水泵。

⑫关电：拷走试验数据后，关闭所有设备电源（排气扇可最后关闭），以及切断高速电主轴系统的总闸电源，以保护系统在不用时与电源完全隔离，以防止非试验室人员进入时产生误操作或触电。收拾试验工具，打扫试验平台后方可离开试验室。

8.2.3　维护保障制度

①当主轴长期不用时，用压缩空气通过电主轴的进水口吹入，将主轴中的水排尽，以免因锈蚀而堵死水路。

②将储气罐和空压机中的气压排尽，并用润滑油涂抹定子表面和主轴端部，以免生锈。对不经常使用的部件应保持清洁并做好防锈处理，定期检查，检验合格后才能继续使用，保持仪器零部件的完整。

③设备不得在故障报警下使用，发现故障应及时报告，以便组织维修；在没有故障的情况下，每半年检查一次，记载使用、维修和保养情况。

④梅雨季节，需每隔 10 天左右开启机器一次去湿；平常当主轴长期不用时，也需至少每隔 20 天开启一次去湿。

⑤保持仪表清洁，若表面有油污等，需用干燥软布配合无水酒精擦洗，切勿使用汽油之类。

⑥保持测功机清洁，并定期在测功机外轴承上滴入几滴仪表油，以保证其偏动正常。

⑦实际操作时，严禁未经培训者上岗操作高速电主轴系统，操作人员必须熟悉上述操作和维护规范。

8.3　电主轴运行品质的测试方法

8.3.1　前后轴承动态支承刚度的测试方法

基于第 7 章的电主轴动态径轴向力加载方法，可以有效地测量电主轴转子的刚度。而电主轴前后轴承的刚度是决定其转子刚度的关键，具有重要的研究价值。第 3 章建立了单个轴承和配对轴承的刚度求解方法，但缺乏相应的试验验证方法，本小节主要介绍电主轴内置前后轴承动态支承刚度的测试方法。

8.3.1.1 试验方案

为了通过测量加载棒的加载力和位移变形间接地分析电主轴前/后轴承的动态支承刚度，建立的电主轴等效模型如图 8.6 所示。试验方案主要解决以下 3 个问题：第一，轴承支承作用点的确定；第二，转子位移变形的类型；第三，单个轴承和多联组配轴承动态支承刚度的关系。解决以上问题是对电主轴前/后轴承刚度的试验测量值和理论模型求解值进行对比的前提[205]。

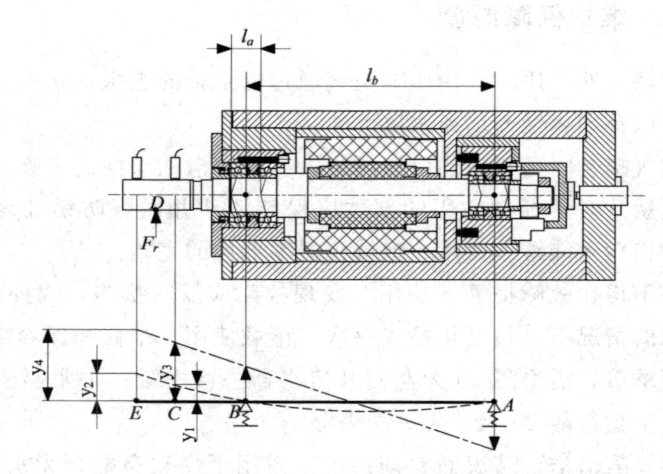

图 8.6 高速电主轴的等效模型

单列角接触球轴承的支承反作用力的作用点是滚动体和外圈滚道接触点（线）处公法线与轴心线的交点，又称为轴承的压力中心[206]。试验电主轴的前后轴承可视为一套双列轴承，分析双列轴承的径向载荷 F_r 时，需要先确定径向载荷 F_r 的有效作用点。如果轴向载荷 F_a 为 0，径向载荷 F_r 作用在双列轴承的压力中心。如果轴向载荷 F_a 不为 0，径向载荷 F_r 的有效作用点将向承受轴向载荷的那一列滚动体的压力中心移动。但当前后两个双列球轴承压力中心之间的距离 l_a 大于单个双列轴承中的两个轴承压力中心之间的距离 l_b 时（如图 8.6 所示），F_r 作用点的移动可被忽略。电主轴轴承支承结构满足上述条件，因此试验电主轴前/后轴承的支承点都简化为各自两个轴承压力中心连线的中点处 A 点和 B 点。将径向力作用点命名为 D 点。两个电涡流传感器测量的加载棒位移变形的位置命名为 C 点和 E 点。

如图 8.6 所示，等效模型中的 AB 段和 BE 段都为梁单元，每个轴承都简化为一个弹簧，以弹簧的刚度来代表轴承的刚度。虚线表示主轴在径向载荷 F_r 作用下的挠度曲线，此时假设支承轴承为刚性，无径向位移变形[207]，点 C 和点 E 的位移量分别用 y_1 和 y_2 表示。点划线表示主轴由于轴承弹性支承在径向力 F_r 作用下而产生位移曲线，此时假设主轴为刚性，无弯曲变形[207]，点 C 和点 E 的位移量分别用 y_3 和 y_4 表示。

电主轴的配置方式多为多联组配轴承，多联组配轴承可以有效提高轴承-转子系统的支承刚度。其中应用最广的多联组配方式包括：背对背＋串联（TBT）和串联后背对背（QBC）。其轴向刚度和径向刚度可以近似地由单个角接触轴承的刚度乘以表 8.1 中的系数得到[208,209]。由图 8.6 可知，试验电主轴的组配方式为 QBC，故测量得到的前/后轴承的刚度为单个轴承的 2 倍。

表 8.1　多联组配轴承的轴向和径向刚度系数

常用轴承组配方式	轴向刚度系数	径向刚度系数
TBT	1.47	1.54
QBC	2	2

8.3.1.2　试验数据分析方法

由静力学平衡条件可计算出转子上等效支承点 A、B 位置处的载荷分别为：

$$F_{\mathrm{A}} = \frac{l_{BD}}{l_{AB}} F_r \tag{8.1}$$

$$F_{\mathrm{B}} = \left(1 + \frac{l_{BD}}{l_{AB}}\right) F_r \tag{8.2}$$

式中：l_{ij}——等效模型图中各等效点间的水平距离，mm。

δ_A 和 δ_B 的数值难以通过试验直接准确地测量，可通过 C 点和 E 点的位移间接测量。通过电涡流传感器测量的 C 点位移 y_C 和 E 点位移 y_E 为：

$$y_C = y_1 + y_3 \tag{8.3}$$

$$y_E = y_2 + y_4 \tag{8.4}$$

由材料力学分析转子在外力 F_r 作用下的挠度曲线可得[210]：

$$y_1 = \frac{F_r l_{BD}^2}{6EJ}(3l_{BE} - l_{BD}) \tag{8.5}$$

$$y_2 = \frac{F_r l_{BC}^2}{6EJ}(3l_{BD} - l_{BC}) \tag{8.6}$$

式中：E——转子的弹性模量，MPa；

J——转子的等效惯性矩，mm^4。

$$J=\frac{\pi d_v^4}{64} \tag{8.7}$$

式中：d_v——转子的当量直径，mm；

用当量直径 d_v的光轴代替阶梯轴作近似计算的公式为[211]：

$$d_v=\sqrt[4]{\frac{L}{\sum_{i=0}^{n}\frac{l_i}{d_i^4}}} \tag{8.8}$$

式中：d_i——第 i 段阶梯轴的直径，mm；

l_i——第 i 段阶梯轴的长度，mm；

L——阶梯轴的总长度，mm；

n——阶梯轴的轴端数。

由变形位移的几何关系可得：

$$y_3=\frac{l_{AC}}{l_{AB}}(\delta_A+\delta_B)-\delta_A \tag{8.9}$$

$$y_4=\frac{l_{AE}}{l_{AB}}(\delta_A+\delta_B)-\delta_A \tag{8.10}$$

联立式（8.3）一式（8.6）可计算出 y_3和 y_4，并将其代入式（8.9）和式（8.10）即可联立方程组求解点 A 和点 B 的径向变形量 δ_A和 δ_B。由式（8.11）和式（8.12）可计算出点 A 和点 B 的径向加载力 F_A和 F_B。根据轴承刚度定义即可得电主轴前/后轴承的动态径向支承刚度：

$$K_A=\frac{dF_A}{d\delta_A} \tag{8.11}$$

$$K_B=\frac{dF_B}{d\delta_B} \tag{8.12}$$

8.3.1.3 试验结果与分析

利用第 7.1.2 节的加载装置对 125MST30Y3 型电主轴进行了径向刚度测试试验。通过试验之前的静态加载试验确定的比例阀的控制电压节点值 U_0和 U_{max}分别为 0.9 V 和 3 V。前轴承和后轴承对应的加载力范围分别为 150～450 N 和 50～150 N。按照图 7.4 的试验步骤，测试转速 0～30 000 r/min 范围内的径向力对前/后轴承径向刚度的影响，转速间隔为 6 000 r/min。试验测量结果经过上述分析方法得到的前/后轴承加载力和位移变形量的关系如图 8.7 和图 8.8 所示。其中图 8.7（a）和图 8.8（a）为静止状态下的测试结果，其余为转动状态下的测试结果。对试验测量的原始数据（图 8.7～8.8 中宽带宽数据）进行低通滤波得到修正的数据（图 8.7～8.8 中窄带宽数据）；然后通过多项式拟合得到加载力和位移变形量的一一对应关系（图 8.7～8.8 中带宽中间曲线）[194]。由图 8.7 和 8.8 可知，前/后轴承的径向变形 δ_r 随着径向力 F_r 的增大而增大。由式（8.11）和式（8.12）可知，加载力对位移变形求导即可得到前/后轴承的径向刚度。

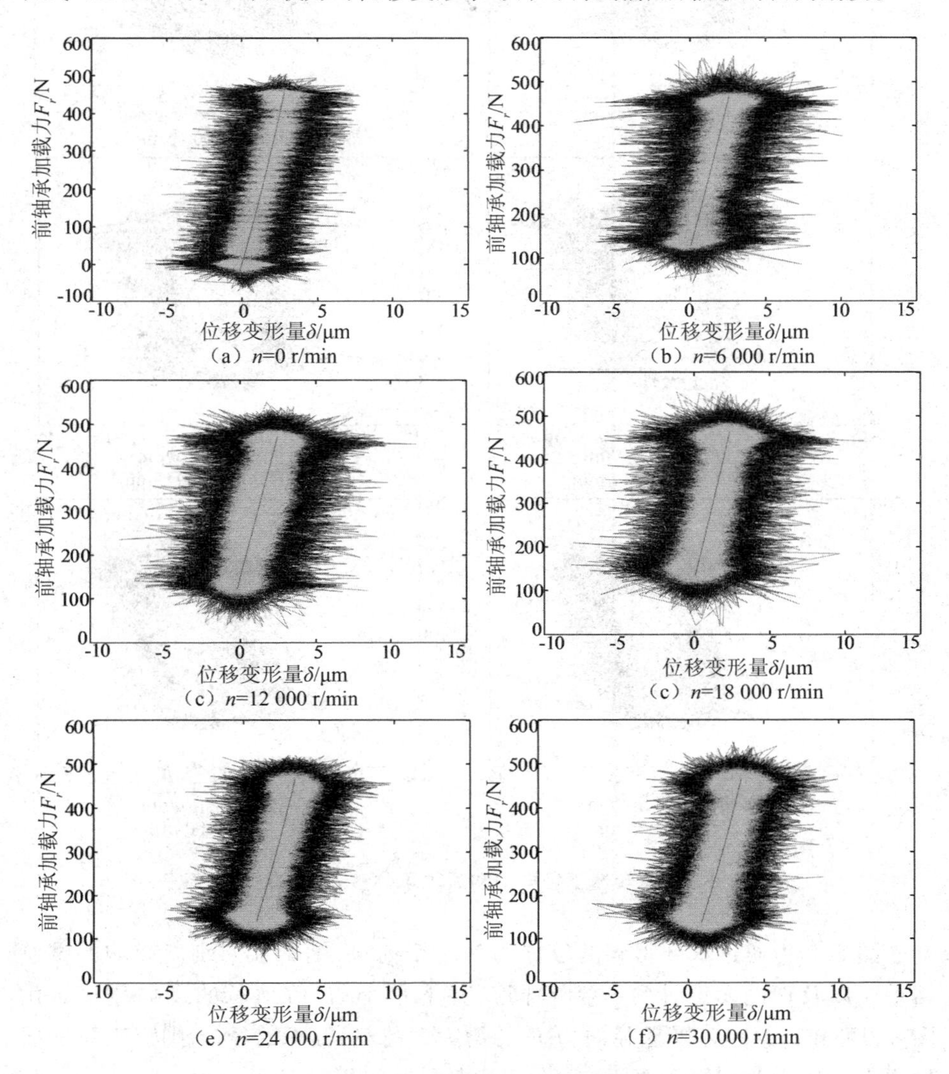

图 8.7　不同转速下径向力和前轴承位移变形的对应关系

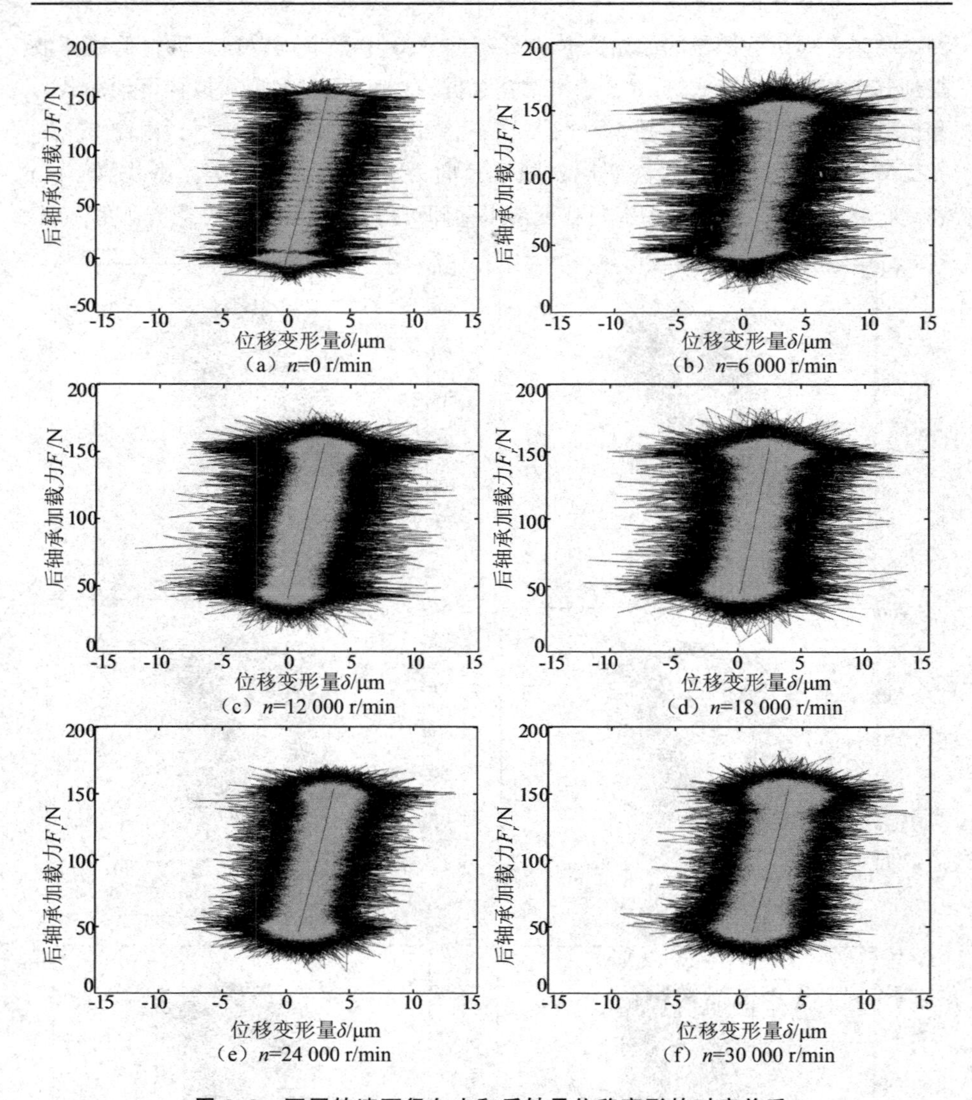

（a）n=0 r/min （b）n=6 000 r/min
（c）n=12 000 r/min （d）n=18 000 r/min
（e）n=24 000 r/min （f）n=30 000 r/min

图 8.8 不同转速下径向力和后轴承位移变形的对应关系

图 8.9 为通过求导得到的径向力对单个前/后轴承径向刚度影响的试验结果，以及理论模型计算得到相同条件下单个前/后轴承的径向刚度。由图 8.9可知：第一，随着径向力 F_r的增大，前/后轴承的径向刚度 K_r呈非线性增大。这主要归因于当径向力 F_r垂直向上作用于轴承上时，轴承内、外圈之间产生相对径向位移，上半圈滚动体接触变形量会增大，下半圈滚珠接触变形量会减小，而结合面的综合抵抗变形能力会增强，故径向刚度逐渐增

大[212]。第二，前轴承的刚度比后轴承的刚度大。这主要归因于前轴承的结构尺寸较大。第三，转子上相同的径向外力对前轴承刚度影响比后轴承大。这主要归因于前轴承受到的径向力大于后轴承。第四，理论模型计算的径向刚度比试验值大许多。这主要是由于加载棒和电主轴转子间通过锥面连接，由于锥面连接会降低转子的刚度，使试验测量的加载棒变形位移变大，因此降低了前/后轴承径向刚度的试验测量值；同时，由于理论模型中存在较多假设和忽略因素，比如，忽略了打滑和陀螺旋转、采用了滚道控制理论、忽略了弹性流体动力润滑的影响等，使得理论模型计算刚度较实际值偏大。虽然采用轴承拟静力学模型计算的轴承刚度较试验测量值偏大了许多，但是该模型计算结果的变化趋势与试验值一致，说明该模型依然具有一定的指导意义。

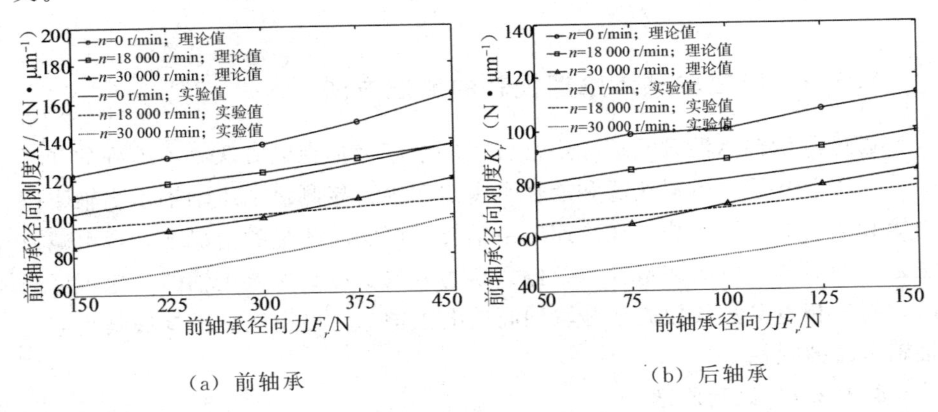

图 8.9　径向力对电主轴前/后轴承径向刚度的影响

根据图 8.7 和图 8.8 提取的转速对电主轴前/后轴承径向刚度的影响结果如图 8.10 所示。由图 8.10 可知，随着转速的增加，电主轴前/后轴承的径向刚度有下降的趋势，即转速越高，轴承刚度越低。这主要归因于随着电主轴转速的升高，轴承惯性离心力和陀螺力矩将轴承滚动体向外推，造成轴承滚动体与内圈接触面积减小，使轴承刚度软化[172]。电主轴转子刚度主要取决于其支撑轴承，因此电主轴转子的抗变形能力也将随着转速的升高而降低。轴承拟静力学模型计算的轴承径向刚度随转速的变化规律与试验结果一致，进一步说明了该模型的正确性和有效性。

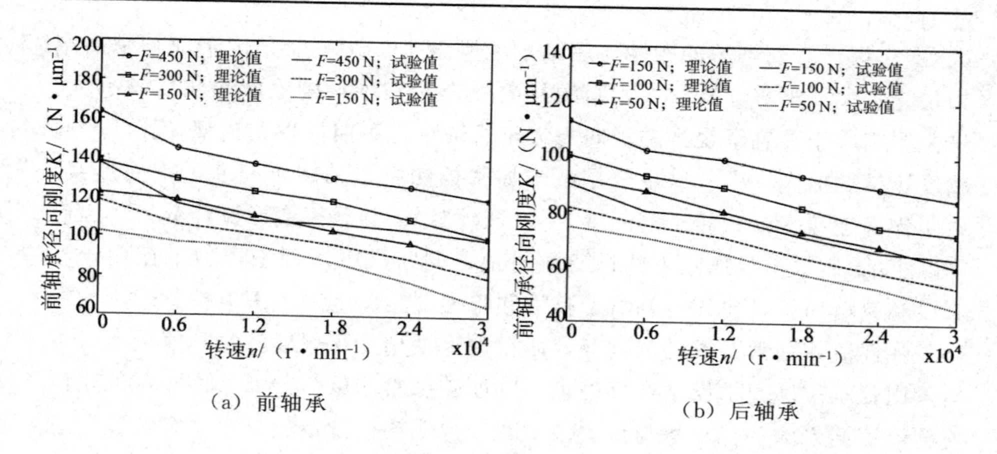

（a）前轴承　　（b）后轴承

图 8.10　转速对电主轴前/后轴承径向刚度的影响

8.3.2　电主轴轴承摩擦损耗的测试方法

通过测量轴承温升间接和定性分析轴承摩擦损耗的方法是不准确的和低效的。本节介绍自由减速法和能量平衡法两种直接测量电主轴轴承绕轴摩擦力矩和损耗的试验方法。在高速电主轴转速可实时测量的情况下，自由减速法是一种简单有效的测量轴承摩擦力矩的方法。在高速电主轴的转速不可测时，将三相电参数仪独立地并联到高速电主轴上，可用能量平衡法测量电主轴轴承摩擦损耗。

8.3.2.1　试验原理

①自由减速法

试验前将变频器的停车方式设置为自由停车。试验时使电主轴的转速升至预定测量转速的 1.1 倍，待电主轴稳定运行后，使其自由减速停车，电主轴在轴承摩擦力矩的作用下自由减速。利用速度传感器测定电主轴自由减速过程。

轴承的功率损耗为：

$$P_{\Omega} = M \cdot \omega = -J\frac{\mathrm{d}\omega}{\mathrm{d}t} \cdot \omega = -Jn\frac{\mathrm{d}n}{\mathrm{d}t}/91.2 \tag{8.13}$$

式中，J 为电主轴转子的转动惯量。电主轴转子至少由三种不同的材料制作而成，并且相互交叉，因此其转动惯量很难通过理论准确地计算。通过试验测量其转动惯量是一种简单、准确且有效的方法。在《电机试验技术教程》等文献[213]中介绍了多种测量电机转子转动惯量的试验方法。本试验采用辅助摆锤法测量电主轴转动惯量，其计算公式为：

$$J = mr\left(\frac{T^2 g}{4\pi^2} - r\right) \tag{8.14}$$

式中：J——转动惯量，kg·m²；

m——摆锤质量，kg；

r——摆锤与转子中心距离，m；

T——摆动周期，s；

g——重力加速度，m/s²。

采用的辅助摆锤法测转动惯量的试验装置如图8.11所示，力锤通过细长的铝合金棒固定在电主轴转子上，摆锤与转子中心距离 r 通过游标卡尺测量。摆锤质量通过称重传感器测量。力锤的摆动周期通过光电开关测量，并由采集卡和上位机采集和记录。

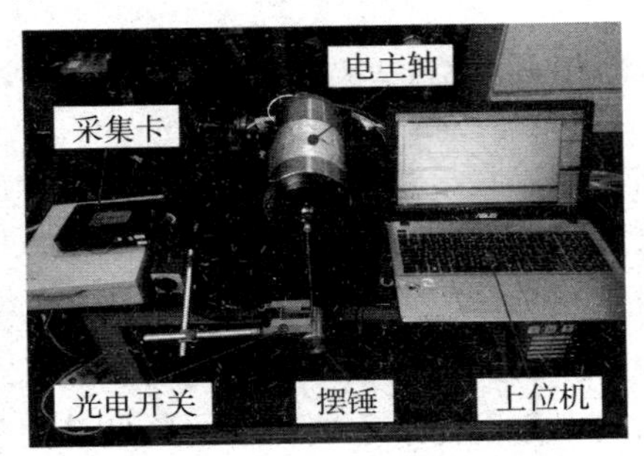

图8.11　辅助摆锤法测转动惯量试验示意图

为了测量的准确性，采用两个不同质量的摆锤进行试验，试验结果如表8.2所示：

表8.2　转动惯量试验测量结果

次数	摆锤质量 m/kg	平均周期 T/s	转动惯量 J/（$\times10^{-4}$kg·m²）
1	1.24	0.957730	2.61
2	0.95	0.958364	2.65

dn/dt 表示：当转速为 n 时，自由减速过程中的减速加速度。由于噪声和采样误差的存在，以及速度传感器采集的数据为一系列点集，因此不能直接利用速度传感器的采集数据准确地计算出减速加速度。利用多项式回归分析法对数据进行去噪和平滑，以达到减小误差的目的[214]，利用Matlab软件中的曲线拟合工具（Cftool）对试验数据进行多项式拟合。通过对拟合结果求导，即可求出减速时的加速度 dn/dt。试验电主轴在转速为24 000 r/min时，自由减速试验分析

如图 8.12 所示。由图 8.12 可知，拟合曲线 $p(t)$ 与试验曲线 $n(t)$ 基本一致。图 8.12 中蓝色切线 y 的斜率 $p'(t_0)$ 即为通过对拟合曲线 $p(t)$ 求导得到的减速加速度。

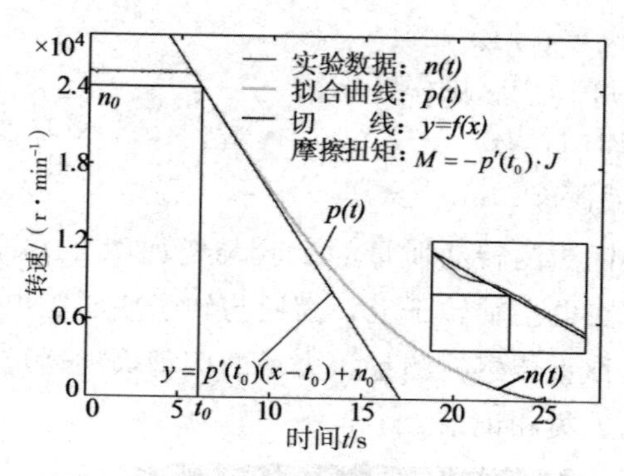

图 8.12　自由减速法试验分析图（$n_0=24\ 000$ r/min）

如果高速拟合结果可以直接用于低速情况下的轴承摩擦损耗的计算，将大大缩减试验工作量。采用的高速拟合速度称为断电速度，需计算的低速速度称为目标速度。图 8.13 比较了利用高速拟合结果计算得到的轴承摩擦损耗与目标速度下试验直接测量的轴承摩擦损耗的差值。对比表明，通过高速拟合结果计算出的轴承摩擦损耗小于试验直接测量得到的轴承摩擦损耗；而且断电速度与目标速度的差值越大，轴承摩擦损耗的差值也越大。使用30 000 r/min的断电速度的拟合结果计算目标转速为 9 000 r/min 和 18 000 r/min的轴承摩擦损耗，其绝对误差分别为 14.6 W 和 20.4 W，相对误差分别为 19.4%和 36.5%。综上所述：在减速过程中，轴承摩擦力矩处于不稳定状态，低速轴承摩擦损耗不能直接从高速自由减速试验的拟合结果计算得到。

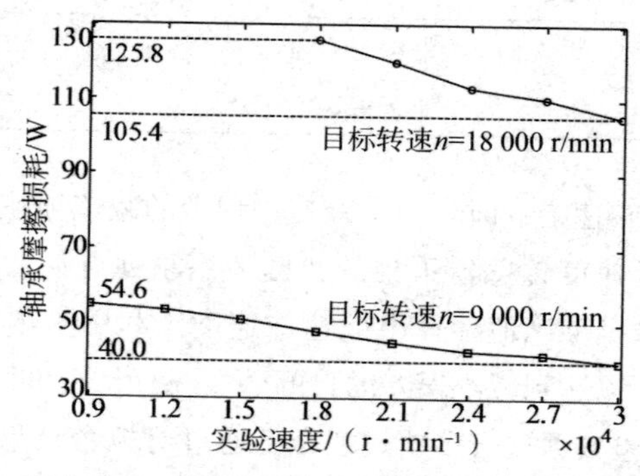

图 8.13　断电速度对目标转速的轴承摩擦损耗计算结果的影响

②能量平衡法

传统的能量平衡法是通过测量电机在恒速和变压条件下的电气参数来分析电机的机械损耗。电机的输入电压由调压器控制，只有电机在某一恒定转速下的机械损耗可以被测试。然而，由变频器和变频电机组成的调速系统已经成为现代机械的重要组成部分，高速电主轴就是其中之一。高速电主轴的输入电压由变频器提供，不能使用调压器。因此，不可能通过调压器来测试转速控制系统在不同转速条件下的机械损耗。本课题提出了一种基于变频器的U/f完全分离功能测试变频调速系统机械损耗的测试方法。变频器的U/f完全分离功能是指变频器的输出电压和输出频率可以单独控制。试验中，在变频器输出频率不变的情况下（电主轴转速不变），使定子端电压从1.2倍额定电压逐步减小，直至电主轴转速发生明显降低。通过三相电参数仪记录不同电压下，电主轴的相电压U_1、空载电流I_{10}和空载功率P_{10}。试验结束后，断开电源、润滑和冷却系统，迅速通过直流低电阻测试仪测量定子电阻R_1。

空载时，电主轴的输入功率全部用来克服定子铜耗（$P_{Cu}=3I_{10}^2R_1$）、铁耗（P_{Fe}）和机械损耗（P_Ω），因此有：

$$P_{10}-3I_{10}^2R_1=P_{Fe}+P_\Omega \tag{8.15}$$

由于铁耗基本和相电压的平方成正比，而机械损耗仅和转速有关而与相电压无关，因此把铁耗和机械损耗两项之和与相电压平方画成曲线$P_{Fe}+P_\Omega=f(U_1{}^2)$，则该线近似为一条直线[215]。通过MTALAB软件，根据最小二乘法原则求出该直线在$U_1=0$处的功率值即为机械损耗P_Ω。试验电主轴在转速为24 000 r/min时，空载试验分析如图8.14所示：

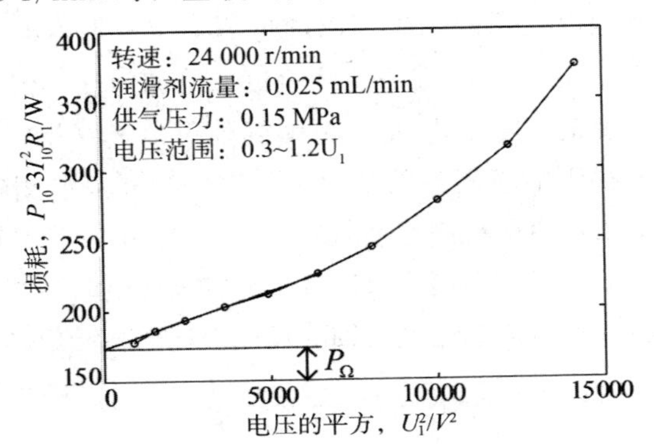

图8.14　能量平衡法试验分析图（n_0=24 000 r/min）

虽然空气的黏度非常小，但由于高速电主轴转速非常高，定子与转子间隙中的空气摩擦力相对较大，转子的风阻损耗用式（3.15）计算。高速电主轴的轴承摩擦损耗为：

$$P_{bear} = P_{\Omega} - P_{w} \tag{8.16}$$

由式（8.15）可知，定子铜损（$P_{Cu}=3I_{10}^{2}R_{1}$）将直接影响轴承摩擦损耗的测试结果。试验过程中定子的温度会升高，而定子温度升高对定子电阻R_1的影响不容忽视。定子电阻通常需要在断电状态下测量。因此，如果在断电后再测量定子电阻R_1必然会因为定子温度降低造成测量值和实际值存在偏差。为了避免这种偏差，将高速电主轴的转速升至30 000 r/min，当定子温度稳定时切断高速电主轴的电源。高速电主轴停止转动后，采用直流低阻测试仪（如图8.15所示）和温度传感器同步测量定子电阻R_1和温度T。直流低电阻测试仪被广泛用于测量各种线圈的电阻，以及电动机、变压器绕组和电缆的导线电阻。

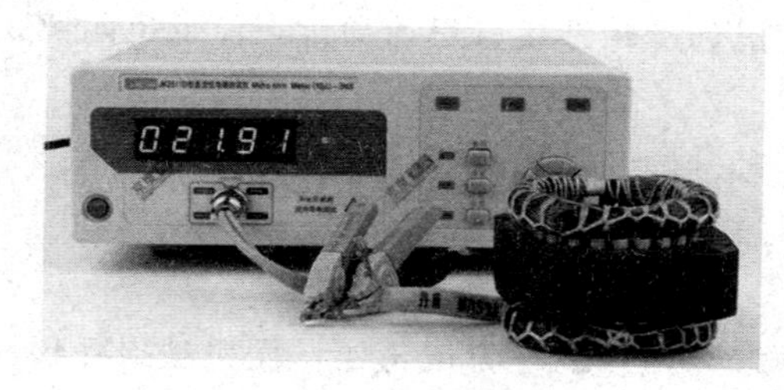

图8.15　直流低电阻测试仪

试验结果如图8.16所示，定子电阻与温度呈线性正相关关系。通过对试验数据拟合，得到了定子电阻与温度的线性关系。由于定子的温度可以在线实时测量，因此根据以上拟合结果可以通过测量定子温度准确计算出不同工况下的定子电阻R_1。这种分析方法使试验更精确和简便。但是，当定子电阻R_1不可测且温度可测时，定子电阻R_1的实际值可由式（8.17）计算得到[213]。在定子电阻和温度都不能被测量的情况下，定子铜耗只能用定子的冷电阻来计算，定子的冷电阻可由电机制造商提供。图8.17比较了上述三种方法计算得到的定子铜损耗的差异。利用式（8.17）和定子冷电阻计算出的定子铜耗均小于实际值，这会直接造成高速电主轴的机械损耗的试验值增大。

$$R_1 = R_{1C}\frac{235+T}{235+T_C} \tag{8.17}$$

式中：R_{1C}——定子的冷电阻，Ω；

T_C——定子冷电阻对应的温度，K；

T——定子的实际工作温度，K。

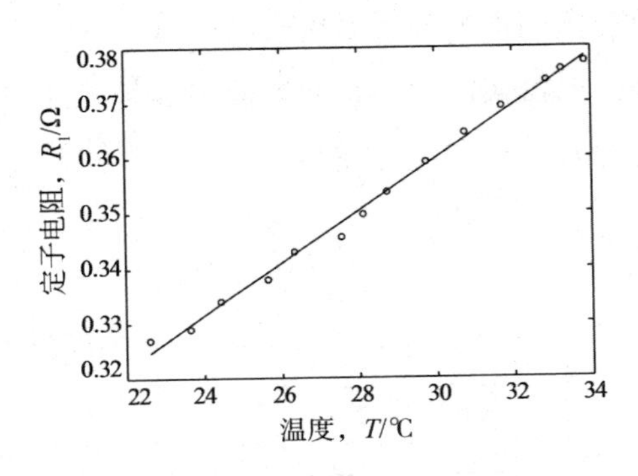

图 8.16　定子温度 T 对定子电阻 R_1 的影响

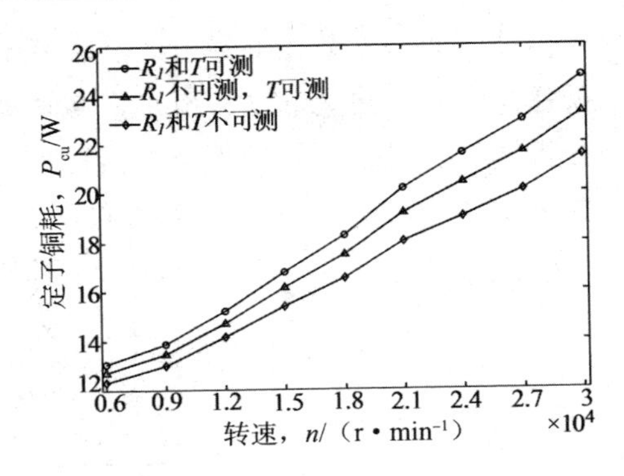

图 8.17　定子电阻 R_1 对定子铜损 P_{Cu} 的影响

8.3.2.2　试验结果分析

油一气润滑装置厂家推荐润滑剂流量为 0.025 mL/min，供气压力为 0.15 MPa。在以上条件下，利用上述两种测量方法对 125MST30Y3 型电主轴的轴承摩擦损耗进行 3 次重复测量，试验结果如图 8.18 所示。由图 8.18 可知：自由减速法和能量平衡法测量的轴承摩擦损耗基本一致，相互验证了两种试验方法的正确性和有效性；通过试验误差曲线表明了两种测量方法的可重复性较高。本课题所分析的轴承摩擦损耗的试验值为两种测量方法的平均值。根据 SKF 应用工程服务部门提供的滚动摩擦和滑动摩擦损耗可以得到黏性摩擦损耗。图 8.18 表明各种摩擦因素对轴承摩擦损耗的影响按下列顺序依次减小：滚动摩擦 H_{roll}、黏性滚动阻力 H_V 和滑动摩擦 H_{slide}。例如，在试验转速 30，000 r/min 时，黏性摩擦损耗占总功率损耗的 33.5%，而滚动摩擦损耗和滑动摩擦损耗分别达到 61.5%和 5%，说明黏性摩擦损耗是轴承功率损耗的主要组成部分。因此，有必要定量分析油气润滑参数对黏性摩擦损耗的影响。

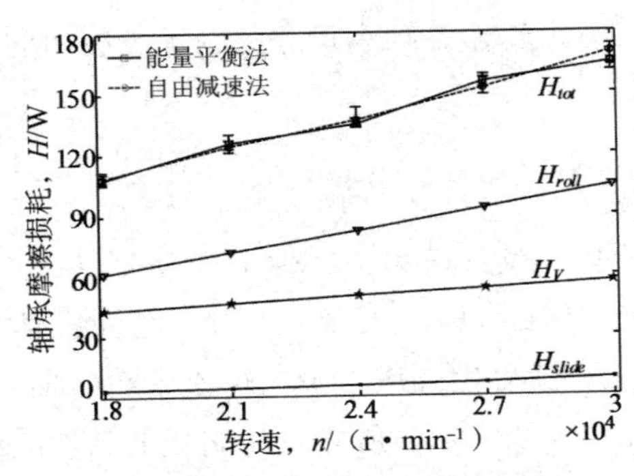

图 8.18　各种摩擦因素对轴承摩擦损耗的影响

油气润滑参数主要通过改变轴承空腔内润滑剂的含量影响轴承黏性摩擦损耗。因此，建立油气润滑参数与轴承空腔内润滑剂体积分数的关系是定量分析油气润滑参数对轴承摩擦损耗影响的关键，即需识别式（2.91）中的参数 K、a'、b'、c'、d'。求解流程图见图 8.19 所示：

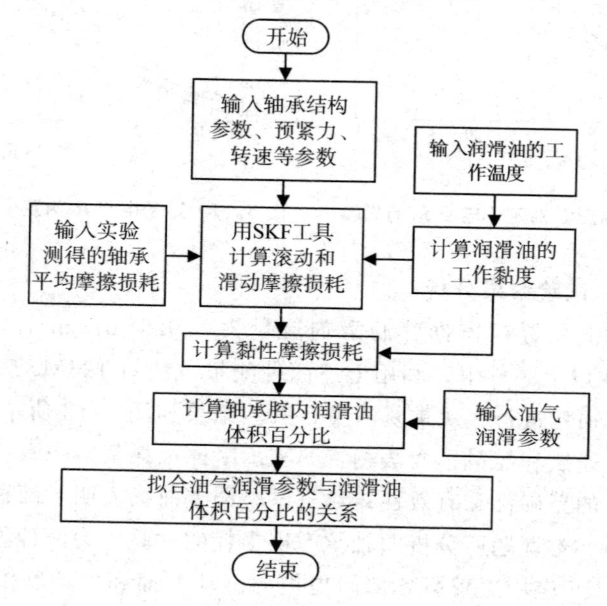

图 8.19　轴承黏性摩擦定量计算模型建模流程图

根据图 8.19 的计算流程，进行大量轴承摩擦力矩的定量测量试验，试验条件如下：供油量范围为：0.075、0.0375、0.025、0.0187、5 mL/min；供气压力范围为 0.1、0.15、0.2、0.25 MPa；试验速度范围为 18 000～30 000 r/min，间隔 6 000 r/min。通过对试验结果的拟合分析得到：考虑到润滑剂流量、供气压力、转速、轴承尺寸的轴承空腔内润滑剂体积分数可定义为[53]：

$$XCAV = 1.8 \times 10^{14} \frac{W^{0.4}}{n^{2.3} d_m^{1.7} P^{0.4}} \tag{8.18}$$

式中，当润滑剂流量 W、供气压力 P、轴承中径 d_m 和转速 n 的单位分别为 mL/min、MPa、mm、r/min 时。由式（8.18）可知：轴承摩擦损耗随着供油量 W 的增大而增大，随着供气压力 P、转速 n 和的轴承尺寸 d_m 增大而减小。将式（8.18）代入第 2.4.2 节所建立的润滑剂黏性摩擦损耗模型计算得到的轴承摩擦损耗与试验值的对比结果如图 8.20 所示。计算值与试验值吻合较好，证明了润滑剂黏性摩擦损耗定量计算模型准确地反映了油气润滑参数对轴承摩擦损耗的影响。

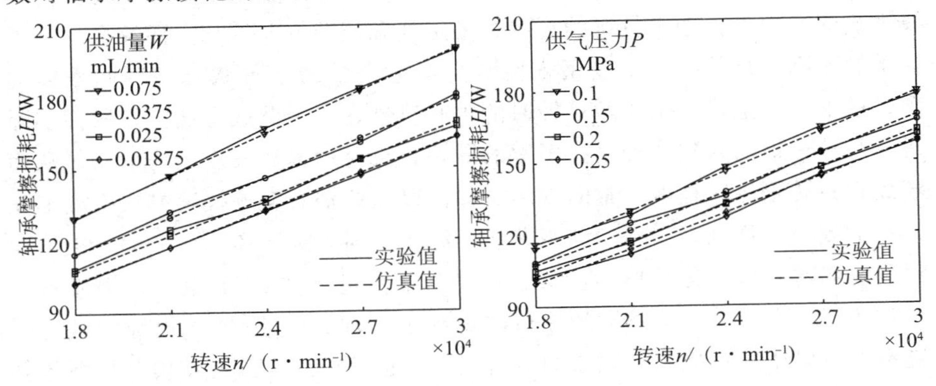

图 8.20　轴承摩擦损耗试验值与仿真值对比

8.3.3　电主轴回转特性的测试方法

8.3.3.1　试验原理

高速电主轴的回转特性（静态端/径跳、动态端/径跳）主要通过电涡流传感器测量。图 8.21 为电主轴转子回转特性的测试原理图。径向旋转敏感测试需从同一平面内垂直分开的 2 个探头采集位移数据，测量旋转中的 x 轴和 y 轴的位移，将 x 轴和 y 轴的振动位移进行提纯再合成后可得到转子的轴心轨迹。利用 x 轴或 y 轴上的一对探头，测量主轴倾斜度，并显示不同的角度位置。通过测试结果可预测沿主轴方向任意位置的性能水平。轴向运动误差测试需从 z 轴上的一个探头采集位移数据，该探头可测量主轴的轴向振动位移和热膨胀位移。

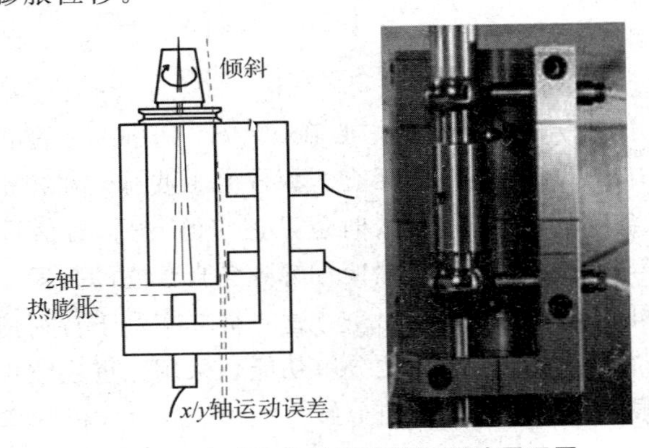

图 8.21　高速电主轴回转特性测试原理图

8.3.3.2 转子轴心轨迹的谐波小波提纯

轴心轨迹是指转子轴心上一点相对于基座的运动轨迹，这一轨迹在与轴线垂直的平面内，轴心轨迹的形状、稳定性和旋转方向等几方面综合反映了转子的实际运行状况，可以用来监测高速电主轴的运行状态和判断故障类型。理论上，主轴转子正常运转时的轴心轨迹是一个圆或是椭圆，然而实际运行时转子轴系受到各种干扰因素的影响，会显示出比较复杂的形状，从而导致判断转子运转是否正常的难度增加。以往的轴心轨迹提纯方法不能细化到各个频段，且难以实现。利用谐波小波在不同分解层和同一分解层上不同频段的局部频谱细化分析的优势，可以对信号进行逆 FFT 重构，进而可以得到在某一个或某几个感兴趣频段的提纯了的轴心轨迹[216]。提纯的轴心轨迹不仅可以用来直接判断轴系的运行状况，也可以用来验证试验分析所得到的结论。

1993 年，Newland[217]成功地构造出了具有紧支特性和极好的“盒形”谱特性的谐波小波（Harmonic Wavelet），其可以用简单的解析表达式建立，在频域的广义表达式为：

$$\hat{\psi}(w)=\begin{cases}1/[(n-m)2\pi], & 2\pi m\leqslant w\leqslant 2\pi n\\ 0, & \text{其他}\end{cases}\tag{8.19}$$

上式中 m、n 为小波变换的层次参数，其中 $m=2^j$，$n=2^{j+1}$，此时相应的小波变换为：

$$\psi_{m,n}(x)=\frac{\exp(i2\pi nx)-\exp(i2\pi mx)}{i2\pi(n-m)x}\tag{8.20}$$

给定谐波小波位移步长 $k/(m-n)$，则式（8.20）变为：

$$\psi_{m,n}\left(x-\frac{k}{n-m}\right)=\frac{\left\{\exp\left[i2\pi n\left(x-\frac{k}{n-m}\right)\right]-\exp\left[i2\pi m\left(x-\frac{k}{n-m}\right)\right]\right\}}{\left[i2\pi(n-m)\left(x-\frac{k}{n-m}\right)\right]}\tag{8.21}$$

这就是带宽为（$m-n$）2π，分析中心在 $x=k/(m-n)$ 的谐波小波的一般表达式。可以看出：①不同范围无交迭频带的小波总是互相正交的；②相同频带的小波，当 k 是任意非 0 整数时也是正交的[218]。对信号做谐波小波分解就可以将信号既无交迭又无遗漏地分解到各自独立的频段，任何能量微弱的细节信号都可以被精确地显示出来，这将极其有利于特征信号的提取。为实现任意频段“无限细化”的小波分解功能，采用二进小波包的分解方法来实现自适应无限细化的谐波小波包分解[219]。若 f_h 为分析频率，令分析频带宽为：

$$B = 2^{-j} f_h \tag{8.22}$$

且

$$\begin{cases} m = sB \\ n = (s+1)B \end{cases}, \quad s = 0,1,2,\cdots,2^{-j}-1 \tag{8.23}$$

则在任意分解层上均能在整个分析频域内得到某一个频段的分析结果。由此即可得到谐波小波包的频域分布，如图 8.22 所示。

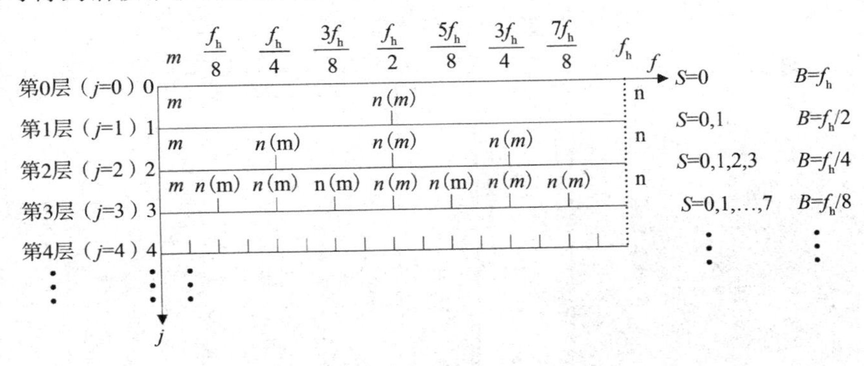

图 8.22　谐波小波包的频域分布图

8.3.3.3　试验结果与分析

图 8.23 为电主轴回转特性现场测试图。试验装置包括：最高转速为 15 000 r/min 的 170MD15Y20 型电主轴、测功机、电涡流传感器、B&K2692-014 电荷放大器、SC305-UTP 型 LMS 数据采集分析仪和 LMS 信号分析软件。在电主轴与测功机连接处沿垂直、水平、45°方向各布置一个测点。电主轴在高速旋转状态下，先通过位移传感器采集径向方向上的振动信号，再经过电荷放大器和 LMS 信号采集分析仪进行信号的传输和转换，最终传送到 PC 机上由 LMS 专业分析软件进行分析处理。

图 8.23　电主轴回转特性现场测试图

试验电主轴在 12 000 r/min 稳态运行时，对转子伸出端的某一截面上垂直方向上进行采样，得到其时域波形如图 8.24（a）所示。运用 LMS 信号分析软件自带的功能可以得到垂直方向上的振动频谱如图 8.24（b）所示，取采样频率为 f_s=4 096 Hz，分析频率 $f_h=f_s/2$=2 048 Hz，转速 n=12 000 r/min。用谐波小波包对信号进行分解，在 MATLAB 小波工具箱中，对振动时域信号运用基本小波 db2 进行五层分解，操作结果如图 8.25 所示[220]。取第 5 层的第 4 频段（即 193～256 Hz 范围内），作出其局部频谱如图 8.26 所示。

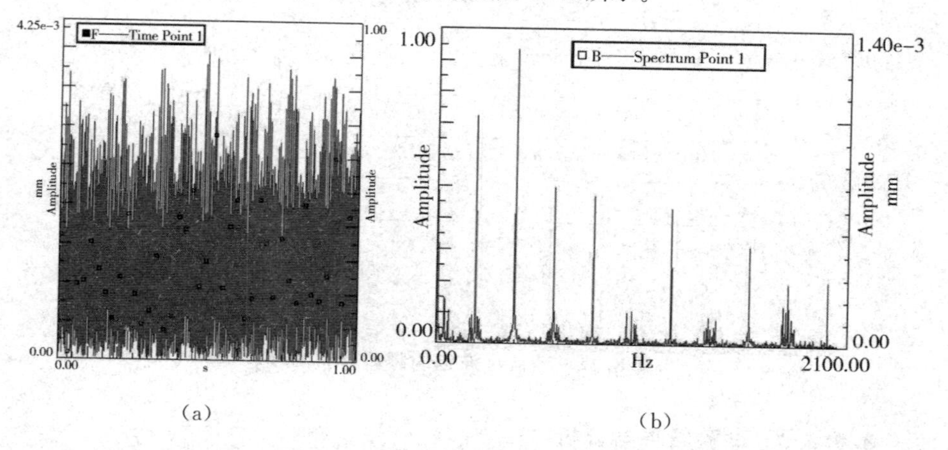

（a）　　（b）

图 8.24　高速电主轴径向时域波形和频谱图（12 000 r/min）

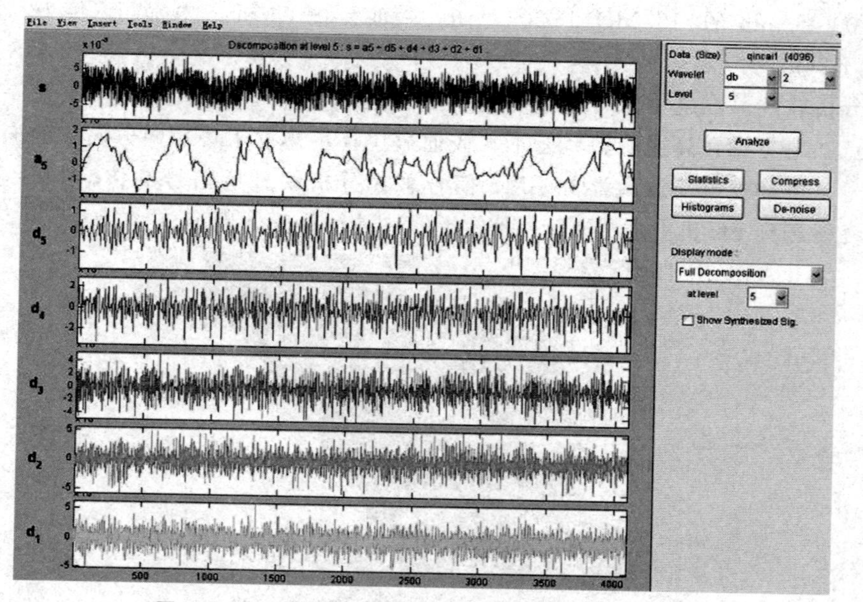

图 8.25　电主轴振动信号谐波小波五层分解结果图

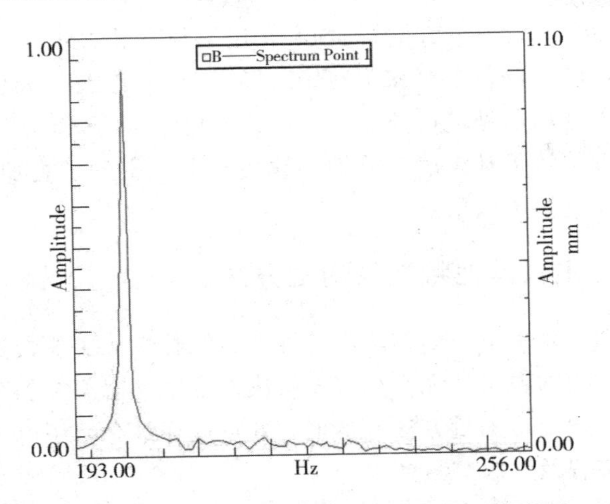

图 8.26　电主轴振动信号在第 5 层（$j=5$）谐波小波分解第 4 频段（$s=3$）的局部频谱图

从上述分析可以看出第 4 频段内仅包含主轴转子的基频谱峰，其他谱峰已被截去，它也使噪声谱基本消除干净，此例也充分展示了谐波小波分析的超窄带高分辨率检波的特性；而二进小波包分析仍存在干扰和泄漏，且谐波小波包仅需要分解和 FFT 即可，分析方法相对简单得多。根据试验装置的布置，对垂直和水平方向的振动信号同步采样，也进行同样层和同频段的谐波小波包分解，从而得到主轴转子径向的时域信号。由此提纯后再合成的转子轴心轨迹如图 8.27 所示。

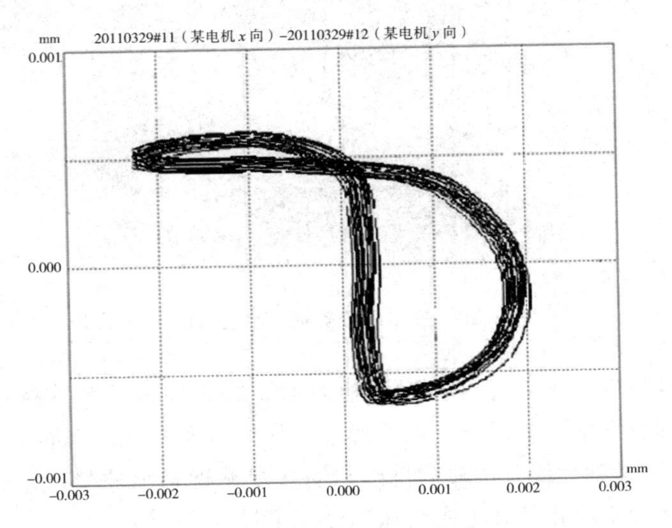

图 8.27　谐波小波包提纯后电主轴转子轴心轨迹图

从图 8.27 可以看出：提纯后的轴心轨迹呈现明显的外“8”字形，据此可以判断出高速电主轴转子存在不对中故障[221]。用谐波小波包变换对实际的高速主轴转子振动信号进行分析，在得到细化频谱的同时，直接实现了常规方法难以实现的转子基频信号的轴心轨迹提取，得到了更加精确的结果，为转子故障诊断提供了依据。

8.3.4 电主轴其他特性的测试方法

①输出特性：是指电主轴的输出转速和转矩特性，主要通过负载试验测量。因此，电主轴的输出特性必须首先解决电主轴动态扭矩加载的难题，其次是转矩和转速的定量测量方法。本书第 6 章已详细介绍了电主轴的输出特性测量的试验装置及试验测量效果。

②电磁特性：是指电主轴的功率因素、功率、效率、电压、电流等，主要通过三相电参数仪监测[222]。图 8.28 展示了一款国产三相电参数仪，其主要测试项目包括电动机启动、堵转时的电参数特性，以及稳定运行时的电压、电流、功率、功率因数、频率、电能累计等参数，测量频率为 5～800 Hz交流信号。

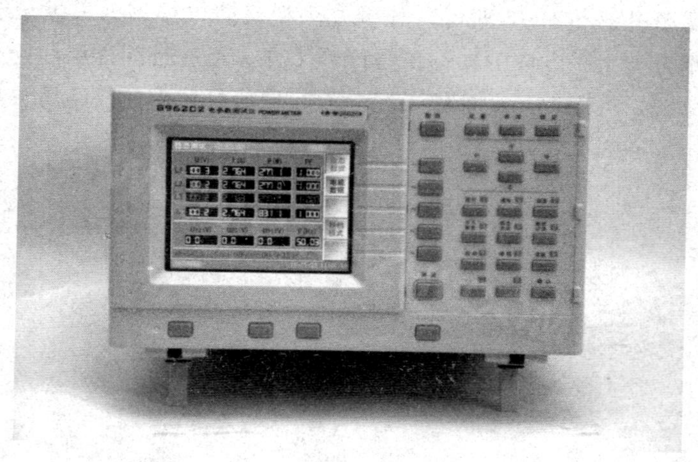

图 8.28　三相电参数仪（青智 8962C2）

③温升特性：主要通过在电主轴内部安装温度传感器（热电阻或热电偶）测量轴承和电机的温升，以及通过外部的温度传感器测量壳体和环境的温升[223]。测量轴承温升的温度传感器需尽量贴近轴承外圈，并且可在连接螺纹处涂抹胶水防止其在电主轴振动作用下松动。

参考文献

[1] 敖立文.现代机床高速主轴概述[J].设备管理与维修.2015(1):66-70.
[2] 吴玉厚.数控机床电主轴单元技术[M].北京:机械工业出版,2005.
[3] Jędrzejewskiz J,Kowal W,Kwaŝny W,et al. High-speed precise machine tools spindle units improving[J]. Journal of Materials Processing Technology.2005,162:615-621.
[4] Schulz H.,Abele E.,何宁.高速加工理论与应用[M].北京:科学出版社,2010.
[5] 徐宝信,张安琪,谭祯.国内外超高速主轴轴承技术发展研究[J].机械设计与制造.2005(5):91-93.
[6] 尹欣,张臻.超高速加工中的主轴轴承及润滑方式[J].机械制造.2003,41(12):13-15.
[7] 李东伟,杨光,刘秀娟.高速加工机床主轴支承系统的研究[J].机械研究与应用.2006,19(6):12-13.
[8] 徐延忠.高速磨削电主轴关键技术的研究[D].南京:东南大学,2004.
[9] 李劼科,马平.高速主轴的轴承技术[J].机床与液压.2005(1):24-27.
[10] 刘俊峰.高速电主轴多场耦合动力学研究[D].重庆:重庆大学,2013.
[11] 张玥,郭旭红.高速电主轴油气润滑问题的分析研究[J].机械制造.2018,56(5):53-55.
[12] 郝婷.高速电主轴轴承油气润滑试验研究[D].哈尔滨:哈尔滨工业大学,2016.
[13] Harris T A. Ball bearing lubrication[M]. 4th ed. John Wiley & Sons: Inc.,1991.
[14] 康辉民.高速电主轴静动态性能分析与实验检测技术[D].重庆:重庆大学,2010.
[15] 肖曙红,张伯霖,陈焰基,等.高速电主轴关键技术的研究[J].组合机床与自动化加工技术.1999(12):7-12.
[16] 陈小安,单文桃,周进明,等.高速电主轴驱动控制技术研究综述[J].振动与冲击.2013,32(8):39-47.

[17] 熊万里,段志善,闻邦椿.用机电耦合模型研究转子系统的非平稳过程[J].应用力学学报.2000,17(4):7-12.

[18] 吴玉厚,张丽秀.高速数控机床电主轴控制技术[M].北京:科学出版社,2013.

[19] 张伯霖,杨庆东,陈长年.高速切削技术及应用[M].北京:机械工业出版,2003.

[20] 栾景美.超高速加工机床用电主轴及其矢量控制方法研究[D].长沙:湖南大学,2003.

[21] Zhang P, Chen X A, Liu J F. Model-based dynamical properties analysis of a motorized spindle system with an adjustable preload mechanism [J]. Journal of Vibroengineering. 2014, 16(6): 2933-2948.

[22] Dai Y, Wei W Q, Zhang X L, et al. Recent patents on the structure of high-speed motorized spindle[J]. Recent Patents on Mechanical Engineering. 2019, 12(2): 125-137.

[23] 徐龙祥,朱均.大型汽轮发电机组轴系稳定性研究[J].机械工程学报.1992,28(3):6-11.

[24] 黄文虎,武新华,焦映厚,等.非线性转子动力学研究综述[J].振动工程学报.2000,13(4):497-509.

[25] Zheng T, Hasebe N. Nolinear dynamic behaviors of complex rotor-bearing system[J]. ASME Journal of Applied Mechanics. 2000, 67(3): 485-495.

[26] Lin C W, Tu J F, Kamman J. Model-based design of motorized spindle systems to improve dynamic performance at high speeds[J]. Journal of Manufacturing Processes. 2007, 9(2): 94-108.

[27] Bossmanns B, Tu J F. Conceptual design of machine tool interfaces for high-speed machining[J]. Journal of Manufacturing Processes. 2002, 4(1): 16-27.

[28] 李松生,陈晓阳,张钢,等.超高速时电主轴轴承的动态支承刚度分析[J].机械工程学报.2006,42(11):60-65.

[29] 熊万里,李芳芳,纪宗辉,等.滚动轴承电主轴系统动力学研究综述[J].制造技术与机床.2010(3):25-31.

[30] Harris T A, Kotzalas M N. Roling bearing analysis, part 1: essential concepts of bearing technology [M]. 5th ed. Beijing: China Machine

Press,2011.

[31] Harris T A,Kotzalas M N. Roling bearing analysis,part 2:advanced concepts of bearing technolog[M]. 5th ed. Beijing:China Machine Press,2011.

[32] 李松生.超高速电主轴球轴承-转子系统动力学性能的研究[D].上海:上海大学,2006.

[33] 邓四二,贾群义,薛进学.滚动轴承设计原理[M].北京:中国标准出版社,2014.

[34] Jedrzejewski J,Kwasny W. Modelling of angular contact ball bearings and axial displacements for high-speed spindles[J]. CIRP Annals - Manufacturing Technology. 2010,59(1):377-382.

[35] 吴玉厚,饶良武,赵德宏,等.陶瓷球轴承电主轴的模态分析及其振动响应试验[J].机械设计与制造. 2011(12):219-221.

[36] 王保民,胡赤兵,邬再新,等.预紧对高速角接触球轴承动态刚度的影响[J].兰州理工大学学报. 2009,35(2):30-35.

[37] 曹宏瑞,李兵,陈雪峰,等.高速主轴离心膨胀及对轴承动态特性的影响[J].机械工程学报. 2012,48(19):59-64.

[38] 陈小安,刘俊峰,陈宏,等.计及套圈变形的电主轴角接触球轴承动刚度分析[J].振动与冲击. 2013,32(2):81-85.

[39] 张朋.高速电主轴热-机耦合动力学特性及其铣削稳定性研究[D].重庆:重庆大学,2015.

[40] Shin Y C. Bearing nonlinearity and stability analysis in high speed machining[J]. Journal of Engineering for Industry. 1992,114(1):23-30.

[41] 王保民,梅雪松,胡赤兵,等.预紧高速角接触球轴承动力学特性分析[J].轴承. 2010(5):1-4.

[42] 罗祝三,吴林风,孙心德,等.轴向受载的高速球轴承的拟动力学分析[J].航空动力学报. 1996,11(3):257-260.

[43] Ngo T T,Than V T,Wang C C,et al. Analyzing characteristics of high-speed spindle bearing under constant preload[J]. Proceedings of the Institution of Mechanical Engineers Part J-Journal of Engineering Tribology. 2018,232(5):568-581.

[44] Skf. SKF general catalogue [M]. Germany:SKF,2003.

[45] Palmgren A. Ball and roller bearing engineering[M]. Burbank Philadel-

phia:SKF Industries,1946.

[46] Kakuta K. Friction moment of radial ball bearing under thrust load [J]. Trans. Jpn. Soc. Mech. 1961,27(178):945-956.

[47] Aihara S. A new running torque formula for tapered roller bearings under axial load[J]. Journal of Tribology. 1987,109(3):471-477.

[48] Aramaki H,Shoda Y,Morishita Y,et al. The performance of ball bearings with silicon nitride ceramic balls in high speed spindles for machine tools[J]. Journal of Tribology. 1988,110(4):693-698.

[49] Tong V C,Hong S W. Improved formulation for running torque in angular contact ball bearings[J]. International Journal of Precision Engineering & Manufacturing. 2018,19(1):47-56.

[50] Ohta H,Kanatsu M. Running torque of ball bearings with polymer lubricant (Running torque formulas of deep groove ball bearings under axial loads)[J]. Tribology Transactions. 2005,48(4):484-491.

[51] Schlichting H,Gersten K. Boundary-layer theory[M]. Berlin Heidelberg:Springer Nature,2017.

[52] Harris T A. Rolling bearing analysis[M]. New York:John Wiley and Sons,2001.

[53] Pouly F,Changenet C,Ville F,et al. Power loss predictions in high-speed rolling element bearings using thermal networks[J]. Tribology Transactions. 2010,53(6):957-967.

[54] Pouly F. Modélisation thermo mécanique d'un roulement *à* billes grande vitesse[D]. Villeurbanne:INSA,2010.

[55] Marchesse Y,Changenet C,Ville F. Numerical investigations on drag coefficient of balls in rolling element bearing[J]. Tribology Transactions. 2014,57(5):778-785.

[56] Parker R J. Comparison of predicted and experimental thermal performance of angular-contact ball bearings[J]. NASA Technical Paper 2275. 1984.

[57] Isbin H S,Moy J E,Cruz A J R D. Two-phase,steam-water critical flow [J]. Aiche Journal. 1957,3(3):361-365.

[58] Rumbarger J H,Filetti E G,Gubwenick D. Gas-turbine engine mainshaft roller bearing system analysis[J]. Journal of Lubrication Technol-

ogy-Transactions of the ASME. 1973,95(4):401-416.

[59] Sakaguchi T,Harada K. Dynamic analysis of cage behavior in a tapered roller bearing[J]. Journal of Tribology. 2006,128(3):604-611.

[60] Bălan M R D,Stamate V C,Houpert L,et al. The influence of the lubricant viscosity on the rolling friction torque[J]. Tribology International. 2014,72(4):1-12.

[61] Zhu D,Hu Y Z. A computer program package for the predictic of ehl and mixed lubrication characteristics friction,subsurface stresses and flash temperatures based on Measured 3-D surface roughness [J]. Tribology Transactions. 2001,44(3):383-390.

[62] Li H Q,Shin Y C. Integration of thermo-dynamic spindle and machining simulation models for a digital machining system [J]. International Journal of Advanced Manufacturing Technology. 2009,40(7-8):648-661.

[63] 康辉民,陈小安,陈文曲,等. 高速电主轴轴承热分析与实验研究[J]. 机械强度. 2011,33(6):797-802.

[64] 吴玉厚,于文达,张丽秀,等. 150MD24Y20 高速电主轴热特性分析[J]. 沈阳建筑大学学报(自然科学版). 2016,32(4):703-709.

[65] 武惠芳,郭芳. 电机与电力拖动[M]. 北京:清华大学出版社,2004.

[66] Stephen J. C. 电机学[M]. 北京:电子工业出版社,2012.

[67] 黄晓明,张伯霖,肖曙红. 高速电主轴热态特性的有限元分析[J]. 航空制造技术. 2003(10):20-23.

[68] Jorgenson B R,Shin Y C. Dynamics of machine tool spindle/bearing systems under thermal growth[J]. ASME Dynamic Systems and Control Division. 1996,58:333-340.

[69] Jorgensen B R,Shin Y C. Dynamics of spindle-bearing systems at high speeds including cutting load effects[J]. Journal of Manufacturing Science and Engineering-Transactions of the ASME. 1998,120(2):387-394.

[70] Pouly F,Changenet C,Ville F,et al. Investigations on the power losses and thermal behaviour of rolling element bearings [J]. Proceedings of the Institution of Mechanical Engineers Part J Journal of Engineering Tribology. 2010,224(9):925-933.

[71] 陈小安,张朋,合烨,等. 高速电主轴功率流模型与热态特性研究[J]. 农业机械学报. 2013,44(9):250-254.

[72] 黄栋,张华伟,郭伟科,等. 高速电主轴空气摩擦损耗数值模拟研究[J]. 机电工程技术. 2016,45(7):35-39.

[73] 俞佐平. 传热学[M]. 北京:高等教育出版社,1991.

[74] Li H,Shin Y C. Integrated dynamic thermomechanical modeling of high speed spindles,part 1:model development[J]. Journal of Manufacturing Science and Engineering. 2004,126(1):148-158.

[75] Chang C F,Chen J J. Thermal growth control techniques for motorized spindles[J]. Department of Electrical Engineering. 2009,19(8):1313-1320.

[76] 陈兆年,陈子辰. 机床热态特性学基础[M]. 北京:机械工业出版社,1989.

[77] 王经. 传热学与流体力学基础[M]. 上海:上海交通大学出版社,2007.

[78] Logan D. L. 有限元方法基础教程[M]. 北京:电子工业出版社,2014.

[79] Chien C H,Jang J Y. 3-D numerical and experimental analysis of a built-in motorized high-speed spindle with helical water cooling channel [J]. Applied Thermal Engineering. 2008,28(17-18):2327-2336.

[80] Wang J R,Feng P F,Wu Z J,et al. A FE modelling method for the thermal characteristics of high-speed motorized spindle[J]. Key Engineering Materials. 2016,4283:3-10.

[81] 吴玉厚,崔向昆,孙红,等. 高速电主轴温度分布及其影响因素[J]. 沈阳建筑大学学报(自然科学版). 2017,33(4):680-687.

[82] Holkup T,Ca O H,Kolá P,et al. Thermo-mechanical model of spindles [J]. CIRP Annals - Manufacturing Technology. 2010,59(1):365-368.

[83] Zahedi A,Movahhedy M R. Thermo-mechanical modeling of high speed spindles[J]. Scientia Iranica. 2012,19(2):282-293.

[84] 王正茂,阎治安,催新艺,等. 电机学[M]. 西安:西安交通大学出版社,2000.

[85] 夏敏静,陕春玲,肖曼. 电机与拖动[M]. 北京:化学工业出版社,2011.

[86] 单文桃. 高速电主轴驱动性能及智能控制研究[D]. 重庆:重庆大学,2013.

[87] 孟杰,陈小安,合烨. 高速电主轴电动机——主轴系统的机电耦合动力学

建模[J]. 机械工程学报. 2007,43(12):160-165.

[88] 康辉民,陈小安,陈文曲,等. U/f 控制下高速电主轴的低频电压补偿与负载特性分析[J]. 机械工程学报. 2011,47(9):132-138.

[89] 孟杰. 高速电主轴动力学分析与实验研究[D]. 重庆:重庆大学,2009.

[90] 姜培,林虞烈. 电机不平衡磁拉力及其刚度的计算[J]. 大电机技术. 1998(4):32-34.

[91] 王保民. 电主轴热态特性对轴承—转子系统动力学特性的影响研究[D]. 兰州:兰州理工大学,2009.

[92] Li H Q, Shin Y C. Integrated dynamic thermo-mechanical modeling of high speed spindles, part 1: model development[J]. Journal of Manufacturing Science & Engineering. 2004,126(1):148-158.

[93] Zhang K, Ma C, Shi H, et al. Review of research on dynamics and thermodynamics of high-speed motorized spindle[J]. Bulletin of the Transilvania University of Brasov. Engineering Sciences. Series I. 2018, 11(3):223-230.

[94] 黄伟迪,甘春标,杨世锡. 一类高速电主轴的动力学建模及振动响应分析[J]. 浙江大学学报(工学版). 2016,50(11):2198-2206.

[95] 王勖成,邵敏. 有限单元法基本原理和数值方法[M]. 北京:清华大学出版社,1995.

[96] Thomas D L, Wilson J M, Wilson R R. Timoshenko beam finite elements[J]. Journal of Sound & Vibration. 1973,31(3):315-330.

[97] Han S M, Benaroya H, Wei T. Dynamics of transversely vibrating beams using four engineering theories[J]. Journal of Sound & Vibration. 1999,225(5):935-988.

[98] Li H Q, Shin Y C. Analysis of bearing configuration effects on high speed spindles using an integrated dynamic thermo-mechanical spindle model[J]. International Journal of Machine Tools & Manufacture. 2004,44(4):347-364.

[99] 黄伟迪. 高速电主轴动力学建模及振动特性研究[D]. 杭州:浙江大学,2018.

[100] 陈小安,陈文曲,康辉民,等. 偏心电主轴动力学分析[J]. 重庆大学学报(自然科学版). 2012,35(3):26-32.

[101] 邱家俊. 机电分析动力学[M]. 北京:科学出版社,1992.

[102] Wang Z, He W Z, Du S Y, et al. Study on the unbalanced fault dynamic characteristics of eccentric motorized spindle considering the effect of magnetic pull[J]. Shock and Vibration. 2021, 2021: 5536853.

[103] Smith A C, Dorrell D G. Calculation and measurement of unbalanced magnetic pull in cage induction motors with eccentric rotors. I. Analytical model[J]. IEE Proceedings of Electric Power Applications. 1996, 143(3): 193-201.

[104] 郭丹，何永勇，褚福磊. 不平衡磁拉力及对偏心转子系统振动的影响[J]. 工程力学. 2003, 20(2): 116-121.

[105] 张丽秀，阎铭，吴玉厚，等. 150MD24Z7.5 高速电主轴多场耦合模型与动态性能预测[J]. 振动与冲击. 2016, 35(1): 59-65.

[106] 李安玲，何强. 高速精密电主轴仿真关键技术研究[M]. 武汉：华中科技大学出版社，2018.

[107] 石怀涛，赵纪宗，张宇，等. 高速电主轴转子系统临界转速的计算与分析[J]. 沈阳建筑大学学报(自然科学版). 2019, 35(2): 347-354.

[108] 王斌. 非线性方程组的逆 Broyden 秩 1 拟 Newton 方法及其在 MATLAB 中的实现[J]. 云南大学学报(自然科学版). 2008, 30(S2): 144-148.

[109] Li H Q, Shin Y C. Integrated dynamic thermomechanical modeling of high speed spindles, part 2: solution procedure and validations [J]. Journal of Manufacturing Science and Engineering. 2004, 126(1): 159-168.

[110] 刘成颖，郑烽，王立平. 高速电主轴中主轴-机壳振动传递力学模型[J]. 清华大学学报(自然科学版). 2018, 58(7): 671-676.

[111] 蒋书运，林圣业. 高速电主轴转子-轴承-外壳系统动力学特性研究[J]. 机械工程学报. 2021, 57(13): 26-35.

[112] Zhang K, Wang Z N, Bai X T, et al. Effect of preload on the dynamic characteristics of ceramic bearings based on a dynamic thermal coupling model[J]. Advances in Mechanical Engineering. 2020, 12(1): 752241749.

[113] Li Y S, Chen X A, Zhang P, et al. Dynamics modeling and modal experimental study of high speed motorized spindle[J]. Journal of Mechanical Science and Technology. 2017, 31(3): 1049-1056.

[114] 海伦,拉门兹,萨斯,等.模态分析理论与试验[M].北京:北京理工大学出版社,2001.

[115] 梁君,赵登峰.工作模态分析理论研究现状与发展[J].电子机械工程.2006,22(6):7-8,32.

[116] 范文冲.加工中心主轴系统工作模态识别[D].昆明:昆明理工大学,2005.

[117] Guo D,Chu F,Chen D. The unbalanced magnetic pull and its effects on vibration in a three-phase generator with eccentric rotor [J]. Journal of Sound & Vibration. 2002,254(2):297-312.

[118] Cheng M K, Gao F, Li Y. Vibration detection and experiment of PMSM high speed grinding motorized spindle based on frequency domain technology[J]. Measurement Science Review. 2019,19(3):109-125.

[119] Im H,Yoo H H,Chung J T. Dynamic analysis of a BLDC motor with mechanical and electromagnetic interaction due to air gap variation [J]. Journal of Sound & Vibration. 2011,330(8):1680-1691.

[120] 黄伟迪,甘春标,杨世锡,等.高速电主轴角接触球轴承刚度及其对电主轴临界转速的影响分析[J].振动与冲击.2017,36(10):19-25.

[121] 梁睿君,王宁生,姜澄宇.薄壁零件高速铣削动态切削力[J].南京航空航天大学学报.2008,40(1):89-93.

[122] Kim S J,Lee H U,Cho D W. Prediction of chatter in NC machining based on a dynamic cutting force model for ball end milling [J]. International Journal of Machine Tools and Manufacture. 2007,47(12-13):1827-1838.

[123] 丁烨.铣削动力学——稳定性分析方法与应用[D].上海:上海交通大学,2011.

[124] 崔立,张洪生,何亚飞.考虑主轴-刀柄-刀具接触特性的高速电主轴静动态特性分析[J].机械设计.2019,36(S1):150-153.

[125] Gagnol V,Le T P,Ray P. Modal identification of spindle-tool unit in high-speed machining[J]. Mechanical Systems and Signal Processing. 2011,25(7):2388-2398.

[126] 董赫.高速铣床电主轴-轴承-刀具系统动力学特性分析[D].抚顺:辽宁石油化工大学,2020.

[127] 单文桃,陈小安.计及刀具影响的高速电主轴系统动力学特性研究[J].仪器仪表学报.2017,38(12):3121-3128.
[128] 张幼桢.金属切削理论[M].北京:航空航天出版社,1988.
[129] Cao H R,Li B,He Z J. Chatter stability of milling with speed-varying dynamics of spindles[J]. International Journal of Machine Tools & Manufacture. 2012,52(1):50-58.
[130] Milfelner M,Cus F. Simulation of cutting forces in ball-end milling [J]. Robotics and Computer-Integrated Manufacturing. 2003,19(1-2):99-106.
[131] Hahn R S. On the theory of regenerative chatter in precision-grinding operations[J]. Transactions of the ASME. 1954,76:593-597.
[132] 宋清华.高速铣削稳定性及加工精度研究[D].济南:山东大学,2009.
[133] Srinivasa Y V,Shunmugam M S. Mechanistic model for prediction of cutting forces in micro end-milling and experimental comparison [J]. International Journal of Machine Tools & Manufacture. 2013,67:18-27.
[134] Bae S H,Keyhoon K,Kim B H,et al. Automatic feedrate adjustment for pocket machining[J]. Computer-Aided Design. 2003,35(5):495-500.
[135] 李忠群.复杂切削条件高速铣削加工动力学建模,仿真与切削参数优化研究[D].北京:北京航空航天大学,2008.
[136] Gagnol V,Bouzgarrou B C,Ray P,et al. Model-based chatter stability prediction for high-speed spindles[J]. International Journal of Machine Tools & Manufacture. 2007,47(7-8):1176-1186.
[137] Altinta Y,Budak E. Analytical prediction of stability lobes in milling [J]. Annals of the CIRP. 1995,44(1):357-362.
[138] Cao Y,Altintas Y. Modeling of spindle-bearing and machine tool systems for virtual simulation of milling operations[J]. International Journal of Machine Tools & Manufacture. 2007,47(9):1342-1350.
[139] Schmitz T L,Smith K S. Machining dynamics[M]. New York:Springer Science + Business Media,LLC,2009.
[140] 李松生,张朝煌,李中行,等.轴承套圈内表面磨削用高速电主轴的加载试验[J].轴承.1996(4):35-38.

[141] Yang Z, Chen F, Luo W, et al. Reliability test rig of the motorized spindle and improvements on its ability for high-speed and long-term tests[J]. Shock and Vibration. 2021, 2021: 6637335.

[142] 李茂森. 动力试验与测功机技术[J]. 电机与控制应用. 2006, 33(9): 43-45.

[143] 袁先达. 小功率测功机国内外现状及发展趋势[J]. 电动工具. 1997(3): 9-13.

[144] 呼烨, 杨兆军, 宋靖安, 等. 基于电力测功和压电陶瓷加载系统的高速电主轴可靠性试验台设计[J]. 科技导报. 2012, 30(1): 36-40.

[145] 关强, 杜丹丰. 小型发动机测功机现状研究[J]. 森林工程. 2006, 22(4): 24-25.

[146] 张锦舟. 新型异步测功机测试系统[J]. 电动工具. 2004(1): 21, 9.

[147] 何湘吉. 双气浮轴承高速无刷同步测功机研制[J]. 电机电器技术. 1994(3): 15-17.

[148] Zhang L X, Li C Q, Wu Y H, et al. Hybrid prediction model of the temperature field of a motorized spindle[J]. Applied Sciences. 2017, 7(10): 1091.

[149] 陈小安, 康辉民, 缪莹赟. 高速主轴非接触式磁力耦合动态测试装置及其测试方法[P]. CN200810070195.1. 2009-1-14.

[150] 柏宗春, 李小宁, 陈新. 基于磁流变原理的旋转制动器的研究[J]. 流体传动与控制. 2010(4): 28-30.

[151] Guth D, Maas J. Characterization and modeling of the behavior of magnetorheological fluids at high shear rates in rotational systems[J]. Journal of Intelligent Material Systems and Structures. 2016, 27(5): 689-704.

[152] Li W H, Du H. Design and experimental evaluation of a magnetorheological brake[J]. International Journal of Advanced Manufacturing Technology. 2003, 21(7): 508-515.

[153] 周云. 磁流变阻尼控制理论与技术[M]. 北京: 科学出版社, 2007.

[154] 廖昌荣, 余淼, 陈伟民, 等. 磁流变材料与磁流变阻尼器的潜在工程应用[J]. 机械工程材料. 2001, 25(1): 31-34.

[155] 浦鸿汀, 蒋峰景. 磁流变液材料的研究进展和应用前景[J]. 化工进展. 2005, 24(2): 132-136.

[156] 李培明. 基于磁流变液的高速电主轴加载实验研究[D]. 重庆：重庆大学，2015.

[157] 田胜利，合烨，李培明，等. 基于磁流变液的高速电主轴动态加载装置[P]. CN201510071848.8. 2015-6-17.

[158] Yoo J H, Wereley N M. Design of a high-efficiency magnetorheological valve[J]. Journal of Intelligent Material Systems and Structures. 2002, 13(10): 679-685.

[159] Yu L, Ma L, Jian S, et al. Magneto-rheological and wedge mechanism based brake-by-wire system with self-energizing and self-powered capability by brake energy harvesting[J]. IEEE/ASME Transactions on Mechatronics. 2016, 21(5): 2568-2580.

[160] 张平，刘奇，唐龙，等. 高性能磁流变液的稳定性及应用[J]. 功能材料. 2010, 41(6): 965-968.

[161] 赵博，张洪亮. Ansoft 12 在工程电磁场中的应用[M]. 北京：中国水利水电出版社，2010.

[162] Nguyen Q H, Jeon J, Choi S B. Optimal design of a disc-type MR brake for middle-sized motorcycle[J]. Active and Passive Smart Structures and Integrated Systems. 2011, 7977: 797717.

[163] Gudmundsson K H, Jonsdottir F, Thorsteinsson F, et al. An experimental investigation into the off-state viscosity of MR fluids [J]. Journal of Intelligent Material Systems and Structures. 2011, 15(22): 1763-1767.

[164] Pop L M, Odenbach S, Wiedenmann A, et al. Microstructure and rheology of ferrofluids[J]. Journal of Magnetism and Magnetic Materials. 2005, 289: 303-306.

[165] Xie L, Choi Y T, Liao C R, et al. Characterization of stratification for an opaque highly stable magnetorheological fluid using vertical axis inductance monitoring system[J]. Journal of Applied Physics. 2015, 117(17): 1227-1232.

[166] 马良旭. 电动汽车磁流变液制动系统的研究与开发[D]. 北京：清华大学，2016.

[167] Arief I, Sahoo R, Mukhopadhyay P K. Effect of temperature on steady shear magnetorheology of CoNi microcluster-based MR fluids [J].

Journal of Magnetism and Magnetic Materials. 2016,412:194-200.

[168] Chen S,Huang J,Jian K L. Analysis of influence of temperature on magneto-rheological fluid and transmission performance[J]. Advances in Materials Science & Engineering. 2015,2015(5):1-7.

[169] Aggarwal S, Nesic N, Xirouchakis P. Cutting torque and tangential cutting force coefficient identification from spindle motor current [J]. International Journal of Advanced Manufacturing Technology. 2013, 65(1-4):81-95.

[170] Cao H, Li B, He Z. Chatter stability of milling with speed-varying dynamics of spindles[J]. International Journal of Machine Tools and Manufacture. 2012,52(1):50-58.

[171] Wan M, Yuan H, Feng J, et al. Industry-oriented method for measuring the cutting forces based on the deflections of tool shank [J]. International Journal of Mechanical Sciences. 2017,130:315-323.

[172] Wang X P, Guo Y Z, Chen T N. Measurement research of motorized spindle dynamic stiffness under high speed rotating[J]. Shock and Vibration. 2015,2015(1):1-11.

[173] 陈小安,康辉民,合烨,等. 高速电主轴动态刚度测试装置[P]. CN200910191495. X. 2010-05-05.

[174] He Y, Chen X A, Liu Z, et al. Piezoelectric self-sensing actuator for active vibration control of motorized spindle based on adaptive signal separation[J]. Smart Materials and Structures. 2018,27(6).

[175] 李朝阳,田胜利,陈小安,等. 高速电主轴动态支承刚度测试装置及测试方法[P]. CN201910614445. 1. 2019-09-10.

[176] 杨敏官,康灿,刘海霞. 高压水射流技术基础及应用[M]. 北京:机械工业出版社,2016.

[177] 薛胜雄. 高压水射流技术工程[M]. 合肥:合肥工业大学出版社,2006.

[178] 陈玉凡. 高压水射流打击效率理论分析[J]. 清洗世界. 2006,22(10):32-35.

[179] 温继伟. 油页岩钻孔水力开采用射流装置的数值模拟与实验研究[D]. 吉林:吉林大学,2014.

[180] Liu H, Wang J, Kelson N, et al. A study of abrasive waterjet characteristics by CFD simulation[J]. Journal of Materials Processing Tech-

nology. 2004,153-154(1):488-493.

[181] Annoni M,Arleo F,Malmassari C. CFD aided design and experimental validation of an innovative air assisted pure water Jet cutting system [J]. Journal of Materials Processing Technology. 2014,214(8):1647-1657.

[182] 杨国来,周文会,刘肥. 基于 FLUENT 的高压水射流喷嘴的流场仿真[J]. 兰州理工大学学报. 2008,34(2):49-52.

[183] Fluent A. Fluent 19.0 User's Guide[M]. Canonsburg USA:ANSYS Inc,2018.

[184] Fluent A. Fluent 19.0 Theory Guide[M]. Canonsburg USA:ANSYS Inc,2018.

[185] 王先逵. 机械加工工艺手册[M]. 北京:机械工业出版社,2006.

[186] Han Q L,Zhu Z M,Huang Z Y. Selection and optimization of main process parameters in high pressure waterjet clearing HTPB propellant[J]. Advanced Materials Research. 2013,681:164-168.

[187] Wen J W,Chen C,Campos U. Experimental research on the performance of water jet devices and proposing the parameters of borehole hydraulic mining for oil shale[J]. Plos One. 2018,13(6):e199027.

[188] 杨国来,陈亮,李秀华,等. 锥直形喷嘴内部结构参数对射流流场影响的数值模拟[J]. 液压与气动. 2009(11):6-8.

[189] Zhang Y X,Wang L F,Yao F,et al. Experimental study on the influence of nozzle diameter on abrasive jet cutting performance [J]. Advanced Materials Research. 2011,337:466-469.

[190] Shan W T,Chen X A,Ye H,et al. A novel experimental research on vibration characteristics of the running high-speed motorized spindles [J]. Journal of Mechanical Science & Technology. 2013,27(8):2245-2252.

[191] 周训通,刘宏昭,邱荣华,等. 高速电主轴非接触电磁加载研究[J]. 中南大学学报(自然科学版). 2013,44(7):330-336.

[192] Matsubara A,Yamazaki T,Ikenaga S. Non-contact measurement of spindle stiffness by using magnetic loading device[J]. International Journal of Machine Tools & Manufacture. 2013,71(8):20-25.

[193] 陈小安,康辉民,缪莹赟. 高速主轴非接触式磁力耦合动态测试装置及

其测试方法[P]. CN200810070195.1.2009-01-14.

[194] 冯明,赵玉龙,杨威,等.高速主轴非接触气膜加载刚度测试台的研制[J].机械设计与制造.2013(6):102-105.

[195] 于兆勤,方富堃,肖曙红,等.高速电主轴热态特性的研究[J].广东工业大学学报.1995,6(S1):75-79.

[196] Zhang P,Chen X. Thermal-mechanical coupling model-based dynamical properties analysis of a motorized spindle system[J]. Proceedings of the Institution of Mechanical Engineers Part B Journal of Engineering Manufacture. 2016,230(4):732-743.

[197] 王立平,赵钦志,张彬彬.加工中心高速电主轴综合精度分析[J].清华大学学报(自然科学版).2018,58(8):746-751.

[198] 郑金勇.超高速磨削电主轴综合性能测试系统研究[D].郑州:河南工业大学,2020.

[199] 冯明,杨威,李辰.机床高速主轴(电主轴)性能测试技术进展[J].世界制造技术与装备市场.2013(3):69-73.

[200] 王明威. HMC80加工中心电主轴单元实验平台设计与试验研究[D].兰州:兰州理工大学,2011.

[201] 熊万里,吕浪,阳雪兵,等.高频变流诱发的电主轴高次谐波振动及其抑制方法[J].振动工程学报.2008,21(6):600-607.

[202] 高永祥.数控高速加工与工艺[M].北京:机械工业出版社,2013.

[203] 康辉民,李会强,刘德顺,等.谐波电流对高速电主轴动态性能的影响[J].机械研究与应用.2012(6):4-7.

[204] 陈超.高速电主轴动态加载可靠性试验及其故障诊断研究[D].吉林:吉林大学,2016.

[205] 运侠伦,梅雪松,姜歌东,等.高速主轴角接触球轴承动刚度分析及测试方法[J].振动.测试与诊断.2019,39(4):892-897.

[206] Gunduz A,Singh R. Stiffness matrix formulation for double row angular contact ball bearings: Analytical development and validation[J]. Journal of Sound and Vibration. 2013,332(22).

[207] 肖曙红,戴曙,杨有君,等.三联角接触球轴承主轴组件的刚度简化计算[J].制造技术与机床.1996(5):34-37.

[208] 轴研所.精密滚动轴承[M].洛阳:洛阳轴研科技股份有限公司,2001.

[209] Skf. SKF general catalogue[M]. Germany:SKF Inc,2003.

[210] 刘鸿文. 材料力学[M]. 北京:高等教育出版社,2004.

[211] 孙志礼,闫玉涛,田万禄. 机械设计(第 2 版)[M]. 北京:科学出版社,2018.

[212] 王连宝,胡小秋,冯朝晖,等. 角接触球轴承的动态参数建模与试验研究[J]. 振动与冲击. 2014,33(18):140-144.

[213] 陈宗涛. 电机实验技术教程[M]. 南京:东南大学出版社,2008.

[214] 石振东. 误差理论与曲线拟合[M]. 哈尔滨:哈尔滨工程大学出版社,2010.

[215] 汤蕴璆,罗应力,梁艳萍. 电机学[M]. 北京:机械工业出版社,2008.

[216] 潘振宁. BBO 算法在电主轴谐波及转矩脉动抑制中的应用研究[D]. 大连:大连理工大学,2019.

[217] Newland D E. Harmonic wavelet analysis[J]. Proceedings Mathematical & Physical Sciences. 1993,443(1917):203-225.

[218] Liu B. Adaptive harmonic wavelet transform with applications in vibration analysis[J]. Journal of Sound and Vibration. 2003,262(1):45-64.

[219] Vafaei S,Rahnejat H,Aini R. Vibration monitoring of high speed spindles using spectral analysis techniques[J]. International Journal of Machine Tools and Manufacture. 2002,42(11):1223-1234.

[220] Samuel P D,Pines D J,Lewicki D G. A comparison of stationary and on-stationary metrics for detecting faults in helicopter gearboxes [J]. Journal of the American Helicopter Society. 2000,45(2):125-136.

[221] 左经刚,姚树群. 异步电动机电磁故障诊断分析[J]. 电机与控制应用. 2009,36(1):50-52.

[222] 王民,张晋欣,昝涛,等. 数控加工中心高速电主轴运行状态测试[J]. 振动. 测试与诊断. 2013,33(4):660-663.

[223] 周大帅. 高速电主轴综合性能测试及若干关键技术研究[D]. 北京:北京工业大学,2011.